U0197669

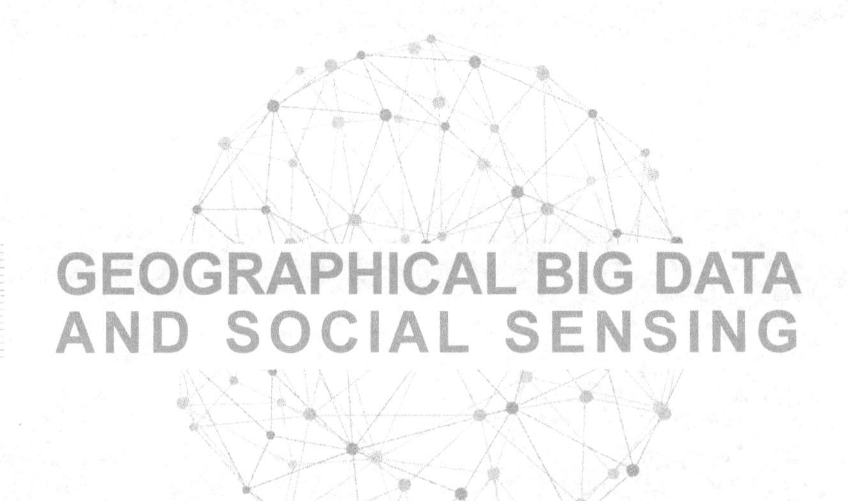

GEOGRAPHICAL BIG DATA AND SOCIAL SENSING

地理大数据与社会感知

刘 瑜 著

科 学 出 版 社

北 京

内 容 简 介

多源地理大数据的涌现，为地理学及相关学科的研究提供了有力的社会感知手段。社会感知是指基于大数据挖掘人的时空间行为模式，进而揭示其背后的社会经济特征的研究方法，它提供了一条“由人及地”的研究路径。本书介绍了地理大数据和社会感知的基本概念，然后分别从人和地两个角度，梳理了社会感知的相关方法。其中对地感知，又分为场所语义感知、空间交互感知及地理过程感知。同时，本书也介绍了社会感知和遥感集成的相关研究，并选择五个领域介绍了社会感知的应用。

本书可供地理信息科学及遥感方向的研究生参考阅读，也可以作为计算机、城市规划、交通等领域从业人员的参考书。

审图号：GS 京(2023)2087 号

图书在版编目(CIP)数据

地理大数据与社会感知 / 刘瑜著．—北京：科学出版社，2023. 11
ISBN 978-7-03-076893-3

Ⅰ. ①地…　Ⅱ. ①刘…　Ⅲ. ①地理信息学-研究　Ⅳ. ①P208

中国国家版本馆 CIP 数据核字（2023）第 215472 号

责任编辑：王　倩 / 责任校对：樊雅琼
责任印制：赵　博 / 封面设计：无极书装

科学出版社 出版
北京东黄城根北街 16 号
邮政编码：100717
http://www.sciencep.com
北京建宏印刷有限公司印刷
科学出版社发行　各地新华书店经销
*
2023 年 11 月第　一　版　开本：720×1000　1/16
2025 年 2 月第四次印刷　印张：15 1/2
字数：300 000

定价：188.00 元

（如有印装质量问题，我社负责调换）

序

地理空间是人类活动的基础，在此之上人们所见所闻以及人们自身的活动轨迹均构成信息。信息产生于数据，而数据则生成于对地理空间的观测及人在这个空间上的行为特征。地理大数据是地理环境的时空存在和变化的映射，是人类活动的产物，是地理环境要素在时空尺度上的再现，甚至孪生。地理大数据除了具有大数据的一切特征外，更具有自然和社会，或者说自然和人文的双重属性。地理科学的任务就是通过地理环境要素在时空尺度上的静态状态和动态过程的研究揭示地理环境的特征规律，服务于人类社会和经济发展。

随着人类社会进入信息时代，地理科学也不可避免地向数字化、信息化、网络化、智能化和智慧化的方向发展。20 世纪中叶以来，遥感技术和地理信息系统技术的发展进一步推进了地理科学的信息化进程。以数字城市和智慧城市为代表的新型地理科学研究方向的兴起将地理科学与经济社会发展更紧密地联系在一起。党的十九大正式将数字中国和智慧社会建设列入党和国家建设创新型国家的战略方向，党的二十大再一次强调了数字中国建设的重要性。这是党和国家对以地理空间信息研究为主体的科学工作者提出的光荣而艰巨的任务。感知是地理空间信息获取的主要手段，是任何一个智慧体的首要特征，没有感知就没有信息，更不可能有智能和智慧。正因为如此，2018 年美国麻省理工学院在评选当年全球十大突破性技术时将感知城市（sensing city）列为其中之一。

遥感（remote sensing）和社会感知（social sensing）的发展，完美概括了地理时空信息获取的全部内涵。遥感以人为主体，对客观存在的地理或地球环境通过电磁波这个载体完成感知过程，从而使人们获得包括地球各圈层在内的地理要素或地球环境的客观数据，这就是地理或地球大数据，是人们对地理或地球要素和环境认知的基础。与之不同的是，社会感知的最大特点是人成为地理空间和社会环境的一个感知单元，大量的这种感知单元的综合汇聚就可形成社会时空行为完整的信息链，从而揭示经济社会中相关事件和过程的规律，并可能在社会治理中发挥重要作用。

遥感和社会感知有着截然不同的机理，对于前者，人是感知的主体，对于后者，人则是一个感知单元。正是遥感和社会感知共同构建了信息时代人们对客观物理世界和人文世界的深度认知，成为对地理空间全面认知过程中不可或缺、相互独立又相互联系相互渗透的两个方面。一个浅显的例子，该书提到的基于APP获取的定位数据得到的空间分布热力图，这是根据数以亿计的移动通信位置数据所编辑出的图像。根据这个图像的特点很容易看出我国东西部的区域差异，著名的“胡焕庸线”不画自明，这是社会感知的结果。与此同时，从夜光卫星获取的我国灯光遥感影像也同样可以明显区分出东西部的差异，在相同的位置上“胡焕庸线”也同样可以明显勾勒出来。实际上无论是移动通信信号的密集度或地面夜间的灯光的亮度分布都是人类活动状况的客观反映。在这里，这两种感知的结果殊途同归了！

作为感知体系中的重要环节，社会感知有着它独特的地位和作用，虽然有国内外学者也注意到作为个体和群体的人在地理空间所起到的传感作用，但是将这一现象或过程提高到理论和学科的高度，该书作者及其团队是开创先河者，功不可没。在北京大学遥感和地理信息系统研究所兼职期间我有幸见证了作者团队在此方向上的努力和创新。他们是一群有心做学问之人，勤于思考，善于归纳。理论的创新往往源于偶然的发现，十多年前受一批上海市出租车轨迹和黑龙江手机数据的启发，基于作者团队对遥感和地理信息系统的深厚底蕴和理解，他们锐敏地捕捉到地理大数据这一新的方向并开始了对这一方向的研究，锲而不舍，厚积薄发，从而提出了“社会感知”这一科学概念。十年磨一剑，他们的努力赢得了丰硕的回报。随着移动通信技术的发达、大数据科学的进展以及科学算力的提升，这类以人为感知单元的数据与日俱增，从而为社会感知从概念到理论并进一步完善形成理论体系、研究方法、技术框架，以及开拓包括时空行为感知、场所语义感知、时空交互感知和地理过程感知等独具特色的研究领域奠定了坚实的基础。通过一系列的案例分析，该书进一步论述和阐明了社会感知这个科学概念的科学意义和社会意义及其对区域规划和布局、重大事件的决策、社会治理等所能发挥的作用。

刘瑜教授带领的团队在研究中得到国家自然科学基金的资助以及国内外广大学者的支持和认可，研究工作在广泛的交流和研讨中得到众多应用的验证和支持，研究内容不断丰富和完善，提升了人们对社会感知的理解、认识和应用水平，刘瑜教授还为此获得了国家杰出青年科学基金的资助。

该书系统论述了地理大数据的相关问题，特别是对社会感知从概念、理论框架、技术体系、研究方法、应用案例等方面都做了系统深入的论述，这是我国第一本涉及社会感知的科学论著，也是在这个交叉研究领域的最新探索成果。它的面世对促进学界对社会感知的认识和了解大有裨益，也必将有助于促进本领域的学术交流并进一步提升这一新兴领域研究的深度和广度。

科学探索是无止境的，我赞赏作者及其团队的创新精神和务实态度，感谢他们科学研究道路上的不懈努力和作出的贡献。伴随《地理大数据与社会感知》一书的出版，我愿以此文为序。

北京大学遥感与地理信息系统研究所前所长

中国科学院院士

2023 年 1 月 8 日

前　言

在2010年前后，研究组有幸获得了一批“新型时空数据”，包括上海市的出租车轨迹及黑龙江的手机数据等。我意识到这些数据非常有研究价值，在以高松、康朝贵为代表的几位非常优秀的年轻人的支持下，开始对这些数据进行挖掘分析。这些研究的基本模式，是通过挖掘这些数据所蕴含的海量个体的时空行为模式，并将得到的模式与地理环境之间建立联系。上述工作形成的论文，发表于*Landscape and Urban Planning*、*Journal of Geographical Systems*、*Physica A*等刊物。

在此之后，大数据的概念逐渐深入人心，国内外学界采用出租车轨迹、手机信令、公交刷卡记录等的研究也逐渐多了起来，其中地理信息科学领域的学者在其中扮演了重要角色。我由此思考应该构建一个怎样的框架，能够为这些研究建立一个体系。在这个过程中，2012年发表在*Landscape and Urban Planning*的文章所体现的思路，即利用大数据所提取活动量的日变化曲线推断城市用地特征，扮演了重要角色。这种将活动变化曲线特征与土地利用类型相关联的思路，与遥感土地利用分类中利用地物反射波谱曲线推断土地覆被类型的技术路线非常类似。因此，可以认为大数据提供了一条“由人及地”的感知路径，其中每个个体由于其主动或者被动提供带有时空标签的信息，从而扮演了“传感器”的角色。而这一点，和M. F. Goodchild 2007年提出的志愿者地理信息（volunteered geographic information，VGI）中“citizens as sensors”（公民作为传感器）的理念相吻合。考虑到遥感技术已经成为地理研究重要支撑手段，并且它长于感知地理环境中偏自然的特征，而无疑多源地理大数据为获取社会经济方面的特征提供了有力支撑，因此我们用“社会感知”（social sensing）这一概念将这些地理大数据以及相应分析、应用方法加以概括。简而言之，社会感知和遥感形成了两种互相借鉴、互相补充的感知手段，帮助我们更全面、更深入地认识地理空间。

社会感知概念的形成大致在2013年秋季。在2014年1月南京大学举办的空间行为与规划学术研讨会上，我第一次向学界同行介绍了这个概念，接着利用当年4月参加在佛罗里达坦帕市举办的美国地理学家协会（Association of American

Geographers，AAG）年会的机会，与国际同行进行了交流，得到了他们的反馈，并促使该概念进一步完善。2014 年下半年，我开始撰写论文，2015 年初，以 *Social Sensing*：*A New Approach to Understanding Our Socioeconomic Environments* 为题投稿至地理学旗舰刊物 *Annals of the Association of American Geographers*，并且被顺利接收。

2015 年以后，在国家自然科学基金、国家重点研发计划等项目的资助下，北京大学社会感知研究团队的规模进一步扩大，围绕“场所语义感知—空间交互感知—地理过程感知”形成了社会感知研究的“三部曲”，并结合相邻领域（如人工智能和复杂性科学）的最新进展，持续深入研究。我也通过和国内外同行的交流，介绍社会感知概念的相关研究议题，并且很高兴地看到越来越多的学者在这个方向积极开展工作，并取得了丰硕的成果。根据国家自然科学基金委员会地学部的统计，在 2021 年度“地理大数据与空间智能（D0116）”代码下的申请书关键词词频中，“社会感知”排名第二，这表明了该概念被接受和认可的情况。

本书是研究团队在地理大数据和社会感知方向研究的一个总结，章节安排如下：第 1 章介绍了大数据，尤其是地理大数据的基本特征，数据类型以及相关研究现状。第 2 章给出了社会感知概念的定义，以及社会感知研究的技术框架与方法论，并且指出了社会感知与相邻学科的关系以及对于地理学研究的意义。第 3 章从“人”的角度，顾及空间框架，介绍了地理大数据对于人的行为感知的相关研究，尤其是移动性、社交关系、隐私保护等研究议题。第 4 ~ 6 章则聚焦于对“地”感知，从场所语义感知、空间交互感知、地理过程感知三个方向，介绍了社会感知的方法和应用。其中场所是与人的活动及体验密切关联的地理单元，是表征空间异质性的基础，也是理解人地关系的桥梁；而空间交互体现了场所之间的联系，从而帮助深入理解空间结构；地理过程则考虑了时间要素，反映了不同地理现象的动态演化。因此，这三个方向形成了递进的关系，而地理大数据则为这三个主题的感知提供了支撑。第 7 章介绍了社会感知和遥感的集成方法和应用，这两种重要感知手段互相结合，有助于更全面地认识地理环境。第 8 章则从城市管理、交通、公共卫生、旅游、环境等五个领域，介绍了社会感知的应用。相信随着新的社会感知数据类型的出现，以及时空数据挖掘方法的发展，其应用范围必将进一步拓宽。第 9 章总结了本书，展望了未来研究方向，强调了地理空间智能技术在社会感知方法构建及应用实践中的潜力。

北京大学社会感知团队主要成员还包括邬伦教授、高勇副教授、黄舟副教授、张毅副教授，以及董磊、张帆两位助理教授，他们为拓展社会感知研究领域作出了重要贡献。邬伦教授在研究过程中悉心指导理论框架的完善，让我受益匪浅。

童庆禧院士作为遥感领域的前辈，在提出社会感知概念伊始，就十分敏锐地洞察和指出了其重要意义，给予了积极鼓励的前行动力和高屋建瓴的指导意见，尤其是亲自为本书作序，对后辈提携之情，让我感动。在本人及团队的社会感知研究工作中，十分有幸得到了李德仁、杨元喜、龚健雅、郭华东、周成虎、郭仁忠、陈军、李清泉、方精云、傅伯杰等院士前辈的关怀指导与鼓励支持，借此机会，表示衷心感谢！

在社会感知概念初步形成和论文撰写的过程中，我与 M. F. Goodchild、M. -P. Kwan、S. -L. Shaw、J. -C. Thill、M. -H. Tsou、卞玲、柴彦威、黎夏、柳林、隋殿志、王法辉、王冬根、芦咏梅、穆岚、郭庆华、童道琴、王磊、姚晓白、甄峰等国内外知名学者进行了探讨，并得到他们的建设性意见和指导。之后，在地理大数据和社会感知研究中，我还与裴韬、王姣娥、陆锋、刘耀林、骆剑承、杜云艳、张雪英、董卫华、邓敏、李海峰、刘小平、张晶、乐阳、唐炉亮、方志祥、龙瀛、尹凌、牟乃夏、袁晓如、马修军、许立言、黄波、程涛等优秀学者的团队建立了良好的合作交流关系。在这个过程中，我受益良多，而他们团队的部分成果也在本书中进行了介绍。

高校科研工作的使命，一方面是产出高质量的成果，另一方面是培养高素质人才。在社会感知方向的研究中，团队培养的数十名学生通过完成具体的研究任务完善了社会感知的理论和方法框架，列表如下：龚咏喜、袁一泓、康朝贵、高松、肖昱、龚俐、隋正伟、支野、刘曦、迟光华、曹鹏、施力、程静、王雯夫、詹朝晖、孙晓宇、吴晓瑜、陈子豪、陈逸然、陈瑗瑗、程希萌、朱递、姚欣、王玉霞、杨柳、陈磊、叶超、孙奇、伍昕钰、王舰迎、龚旭日、龚世泽、吴梦彤、赵鹏飞、张艺山、孟浩瀚、姜卓君、冯莹、鲍毅、曹文溥、丁鼎、郭浩、侯远樵、贾馥蓉、任书良、汪珂丽、王圣音、王雪辰、武晓环、邢潇月、姜颜笑、黄颖菁、齐厚基、修格致、尹赣闽、王毅、王正鸿、张维昱、郑江澎、郑允豪、程天佑、杜浩德、胡俊杰、傅琛、唐呈凌、王晗、杨桃汝、张俊龙、赵睿、邹惠霞。另外，董磊、张帆、王瑶莉、姜超、杨学习、陈世莉、董全华、周晓、陈潇健等多位博士以博士后身份与团队开展了合作研究。上述毕业生和博士后，有些已经成长为在学界具有很高影响力的佼佼者，并且与北京大学团队保持着良好的合作关系。

对于上述学界同行朋友，一并表示诚挚的感谢！

最后，感谢国家自然科学基金面上项目“基于海量时空数据的城市居民移动模式研究”（41271386）、国家杰出青年科学基金项目“地理空间模型与分析方法”（41625003）、国家自然科学基金重点项目“大数据支持下的空间交互网络理论及分析方法研究”（41830645）及国家重点研发计划项目课题“地理大数据位置多重感知”（2017YFB0503602）等的资助。

社会感知还是一个新领域，值得不断深入挖掘。期待大家一起努力，让它生根、发芽、开花、结果。本书只是一个阶段性研究总结，疏漏之处在所难免。对本书有任何意见和建议，欢迎与作者联系（yuliugis@ pku. edu. cn）。

2023 年 3 月 1 日

目　　录

第1章　大数据和地理大数据

1.1　大　数　据

大数据（big data）时代的到来，与信息技术的发展密不可分。由于能够感知多元信息且成本低廉的移动设备和物联网设备、遥感、软件日志、照相机、麦克风、射频识别读取器和无线传感网等的广泛应用，人类社会可以使用的数据类型和数据飞速增长。自20世纪80年代以来，世界人均存储数据的量级大约每40个月翻一番；截至2012年，每天产生2.5EB（10^{18}）的数据。根据美国国际数据集团（International Data Group）的报告，2013～2020年，全球数据量从4.4ZB（10^{21}）指数增长到47ZB；到2025年将有175ZB数据。

大数据一词自20世纪90年代开始出现，Mashey推广了该词①。目前，关于大数据并没有一个标准的定义。通常，大数据包含的数据集的大小超出了常用软件工具在可容忍的时间内捕获、整理、管理和处理的能力。而在处理中，大数据不用随机分析法（抽样调查）这样的捷径，而采用近乎全量的数据进行分析。

IBM总结了大数据的5V特点：volume（数据量）、velocity（速度）、variety（多样）、value（价值）、veracity（真实性）②。其含义如下：

Volume（数据量）：数据的大小决定了价值和潜在的洞察力，以及是否可以将其视为大数据，大数据的大小通常大于TB（10^{12}）甚至PB（10^{15}）量级。

Velocity（速度）：与小数据相比，大数据的产生过程更加连续，并且通常是实时可用的。一个典型的例子是社交媒体数据，由于海量用户每天都通过社交媒体平台（如Twitter、微博）发布文本、图像、视频等内容，数据生产速率很快。

---

① Mashey J R. 1998. Big Data and the Next Wave of Infra－Stress. Computer Science Division Seminar, University of California, Berkeley. http：//static. usenix. org/event/usenix99/invited_talks/ mashey. pdf

② “The 5 V's of big data”. Watson Health Perspectives. https：//www. ibm. com/blogs/watson-health/the-5-vs-of-big-data/

与此同时，大数据的数据量和生产速率，对于处理效率也提出了更高的要求。

Variety（多样）：大数据的形式包括文本、图像、音频和视频等，既有结构化数据，也有非结构化数据。对象/关系数据库等早期技术能够高效地处理结构化数据，但是，从结构化到半结构化或非结构化的类型和性质的变化对现有工具与技术提出了挑战。

Value（价值）：通过处理和分析大数据集可以获得的信息价值。然而，大数据价值密度却相对较低，这使得随着数据量的增长，数据中有意义的信息却没有成相应比例增长。

Veracity（真实性）：数据的真实性或可靠性指的是数据质量和数据价值。大数据不仅数据量很大，而且还必须可靠才能在分析中获得价值。由于大数据的获取方式不同，数据质量可能会有很大差异，从而影响分析的准确性。

大数据推动了数据科学的发展，因此，图灵奖获得者 Jim Gray 将数据科学列为科学的"第四范式"（the fourth paradigm）（四个范式分别是经验、理论、计算，以及现在的数据驱动），并断言"由于信息技术的影响，科学的一切都在改变"（Hey et al.，2009）。所谓第四范式，即基于大数据技术的科学知识生产方式，将科学研究对象的范围拓展至各种终端设备实时采集的海量数据，再利用计算机进行集中管理和统计分析，进而挖掘事物内部的相关关系，形成了数据密集型科学研究。

1.2　地理大数据及类型

大数据时代的到来，使得学者们认识到了大数据对于地理学以及相关学科研究的机遇和挑战（Batty，2013；Goodchild，2013；Kitchin，2013；Miller and Goodchild，2015）。考虑到大数据这一概念的出现与传感网、移动互联网等信息技术的发展密切相关，通常把如下途径获取的数据归于大数据的范畴：直接的（如监控设备采集的视频影像）、自动的（如手机、公交卡获取的数据）、志愿的（如社交媒体数据）（Kitchin，2013）。其中第二、三类数据近年来在地理研究中受到了广泛关注，其共同特点是每条记录具有时空标记并且可以关联到个体，因而一个数据库中包含了大量个体的行为信息。目前，地理大数据一般特指这两类数据，主要包括手机数据、社交媒体数据、公交卡数据、出租车轨迹等。

1.2.1 基于位置的手机数据

移动通信设备可通过多种方式获取使用者的位置信息，如通过塔台基站（cellular tower）、内置的全球定位系统（global positioning system，GPS）模块（或者其他全球导航卫星系统模块，如北斗），或者二者结合（assisted global positioning system，AGPS）。定位方式不同，手机定位数据的完整性及精确度也有所差异，但绝大多数此类数据涵盖以下三类信息：①定位信息；②服务使用信息；③使用者的个人信息，但此类信息通常受隐私保护条例限制，或需要参考外部人口统计学数据库获得（Reades et al.，2007；Yuan and Raubal，2010；Dashdorj et al.，2013；Liu et al.，2013）。目前研究中采用的手机数据，主要包括以下三种定位技术，但分别具有不同的数据质量问题。

（1）基站定位。基站定位作为应用最广泛的手机定位技术之一，通常依靠移动设备所连接的基站塔台来确定设备的即时位置。此类定位数据的精度与基站的分布密度密切相关。在城市中心等繁华地区，定位精度可达 200 ~ 500m；而在基站分布稀少的郊区，往往降低至 5 ~ 10km（Yuan et al.，2012）。工业中也常采用三角定位（cell tower triangulation）和差分法（timing advance，TA）来提高基站定位精度（Calabrese et al.，2015）。但是，通过基站定位的手机数据也可能存在采样率的问题。如果使用基于事件触发的数据如呼叫详细记录（call detail records，CDR），系统只有在用户发出或接收到呼叫信号时才会记录相应塔台位置，所以采样精度与用户对手机的使用频率直接相关。图 1-1 展示了利用基站定位获取的个体轨迹。

（2）GPS 定位。内置 GPS 模块的智能手机可提供更加精确的定位信息。而 AGPS 与传统 GPS 的主要差别在于，AGPS 首先与基站内部的定位服务器进行连接，获取由服务器解析的 GPS 位置数据，可快速得到更加精确的定位信息（精度可达 5 ~ 10m），且不需要依赖客户端的计算性能。这些位置信息也为手机应用研发者提供了极大的便利。

（3）其他定位技术。除基站定位和 GPS 定位外，其他相关移动通信技术（如无线局域网络定位、蓝牙定位等）也在手机定位中起到了重要作用。对于无线局域网络定位，移动设备可以通过连接的无线网络的互联网协议地址进行地理位置反解码。此外，蓝牙定位或惯性导航系统等新技术也为获取手机定位数据提供了全新的思路，如可以通过蓝牙连接来推断设备之间的相对位置。

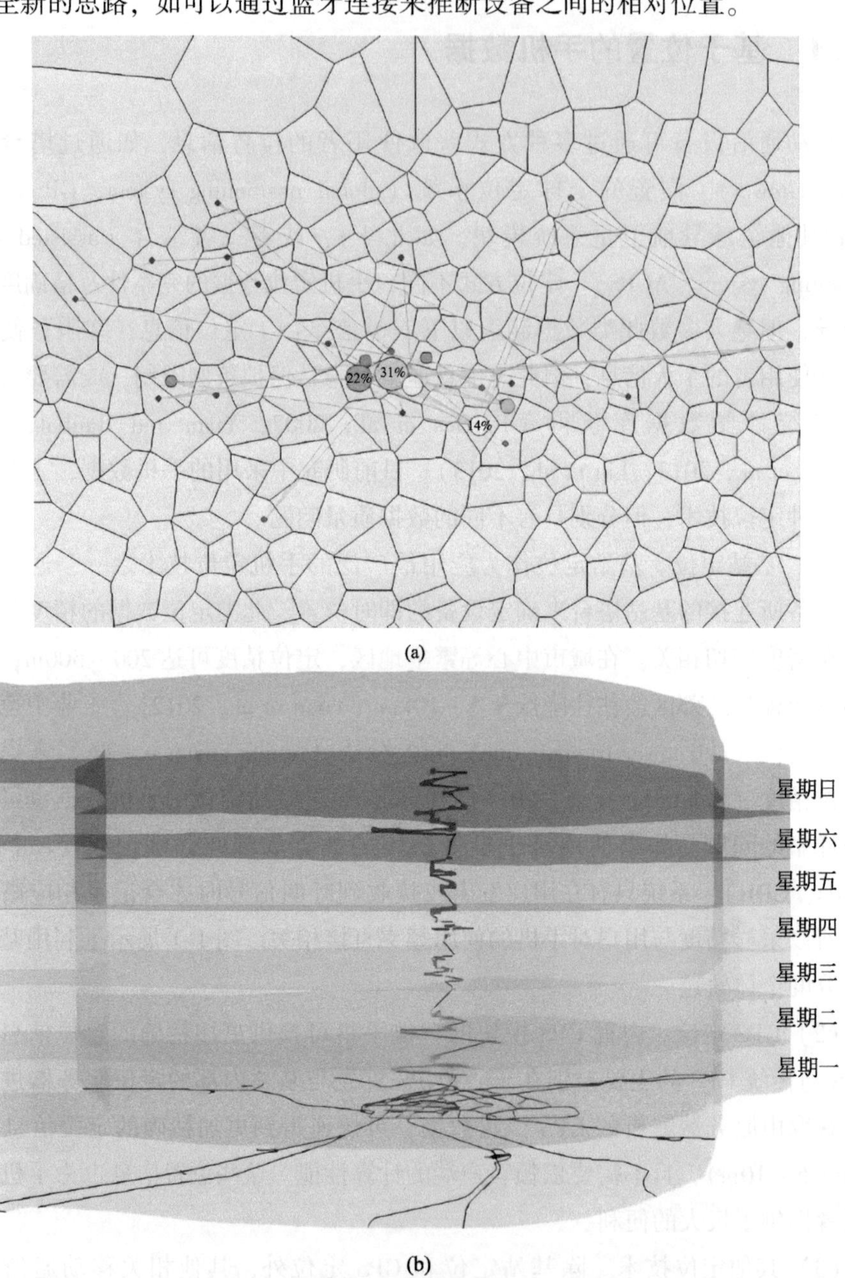

图 1-1　基于手机基站定位获取的个体轨迹

(a) 利用基站位置近似用户位置，当用户通话通过某基站路由时，可以认为其真实位置在该基站对应的Voronoi多边形内，图中圆圈大小及数字表示了用户在该基站区域内出现的频率。(b) 对一个用户，利用手机数据可以追踪较长时间（如1周）的轨迹，从而形成一个时空路径

手机数据尽管空间定位精度较低，时间采样（尤其是对于通话记录数据而言）频率不高，并且缺乏具体的活动信息，但是其优势在于：①手机的市场渗透率较高，如根据工信部2019年发布的数据，到当年4月，全国手机用户总数达15.9亿户，即人均拥有手机号码超过一个。②基于手机定位数据获取的轨迹信息与特定个体相关联，因此可以得到较长时段内（如一年）海量个体的移动轨迹，从而研究个体移动模式。③手机话单数据同时记录了个体间的通信信息，从而可以支持个体间社交关系以及其与空间移动模式之间关系的研究。

1.2.2 社交媒体数据

Web 2.0以及移动互联网的发展，使得用户能够通过手机APP等各类在线社交媒体平台感知城市地理环境，随时随地分享观点、情感及知识。这些可以从社交媒体平台中挖掘出来的志愿地理信息数据往往含有空间位置信息、时间信息和情感语义信息等丰富的内容。早在2014年，全球最早提供位置签到应用的服务商Foursquare就已拥有约4500万注册用户、50亿条签到数据。随着传统的社交网络服务商如Facebook、Twitter、新浪微博、大众点评等加入位置分享服务之后，社交媒体数据（social media data，SMD）呈现出指数级增长的趋势。

社交媒体数据除了含有精确的用户签到位置信息之外，还包括了用户的活动信息，如餐馆、商场、机场等兴趣点（points of interest，POI）信息。虽然这些数据在样本量和数据代表性上相比移动手机数据有所欠缺，也存在个体轨迹采样频率较低等问题，但由于其丰富的语义信息，研究者可以通过文本挖掘、自然语言处理、图像识别等技术获取到个体层面的属性信息，如偏好、情感、动机、满意度以及社交网络等。社交媒体数据对城市热点区域和事件较为敏感，研究尺度多样，是对社会经济环境、特殊事件以及生活状态的有效记录，被广泛应用于区域结构分析（Liu et al.，2014）、城市规划与评估（Shen and Karimi，2016）、紧急事件响应（Earle et al.，2010；Vieweg et al.，2010；Crooks et al.，2013）等领域。图1-2展示了利用含有地理位置的Twitter数据进行地震应急响应监测的可行性（Earle et al.，2010）。左上角为USGS DYFI提供的地震强度图，其余五个面板展示的是通过实时监测Twitter文本数量在不同时间节点推测的地震强度的空间分布。

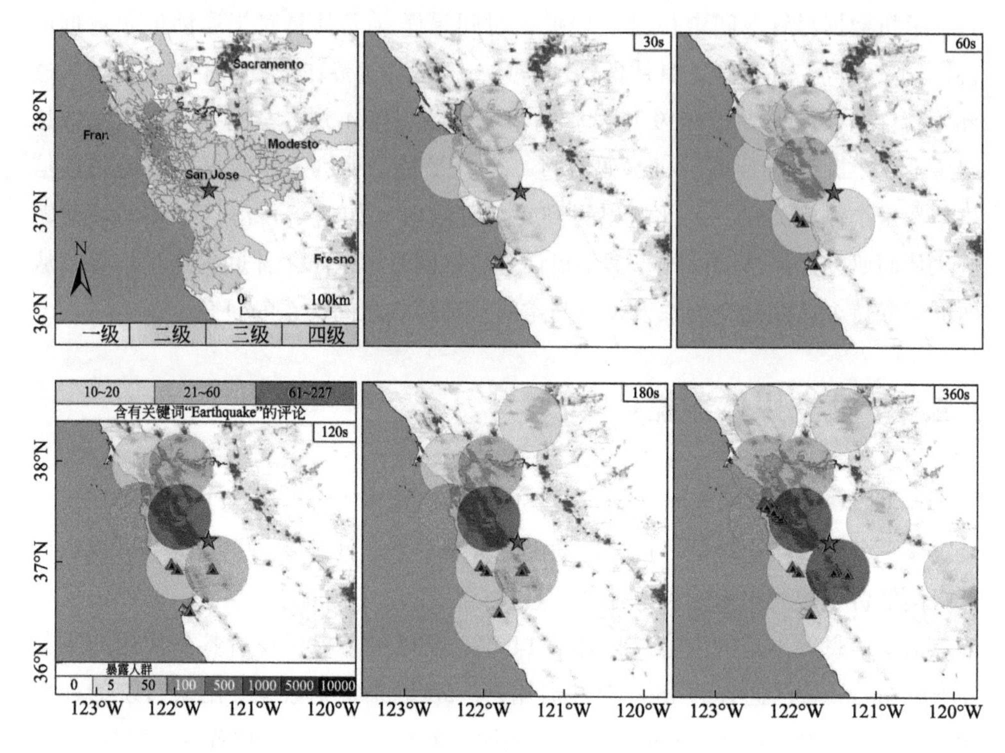

图 1-2　利用 Twitter 数量监测地震强度（Earle et al.，2010）

1.2.3　出租车轨迹数据

为了获取城市交通的实时状况并进而支持城市交通管理和优化，有关部门往往通过内置全球定位系统设备记录出租车的运行轨迹。这些出租车扮演了浮动车（floating car）的角色，而海量的出租车轨迹数据也成为分析理解居民出行行为和城市功能结构的重要数据源。

出租车轨迹数据中的空间位置通过全球定位系统模块确定，这种方式具有空间定位精度高、采样间隔规则等特点（表 1-1 和图 1-3）。但是，全球定位系统容易在遮挡环境下丢失定位信号，从而在出租车轨迹采集过程中造成不规则的采样间隔，甚至产生数据缺失。考虑到车辆行驶受到道路网络的物理限制，一方面，出租车轨迹在空间上具有近似路网的形态（Liu X et al.，2012）；另一方面，出租车轨迹容易因空间偏差或较大的采样间隔而偏离真实的行驶路径（Lou et al.，

2009）。因此，在对出租车轨迹进行分析时，需要根据真实路网数据进行地图匹配（map matching），并基于此分析城市道路的交通信息。此外，结合行车状态信息（包括行驶方向、瞬时速度、载客状态等），出租车轨迹数据还可以提供乘客的一次出行的起讫（origin-destination，OD）点信息。但是，由于无法对乘客进行个体识别，出租车轨迹数据无法反映个体粒度乘客的连续出行活动。而且，在现实生活中，出租车轨迹数据中标识的出行起讫点通常会偏离乘客真实的活动地点（Gong et al.，2016），例如居住在小区的乘客会步行到小区门口搭乘出租车，从而带来百米量级的距离偏移。

表 1-1　出租车轨迹记录样例

车辆编号	时间	经度/(°E)	纬度/(°N)	方向/(°)	速度/(km/h)	状态
1706	2014-05-31 00：00：03	114. 312432	30. 53968	10	37	载客
12040	2014-05-31 00：00：03	114. 182297	30. 604683	0	0	空驶

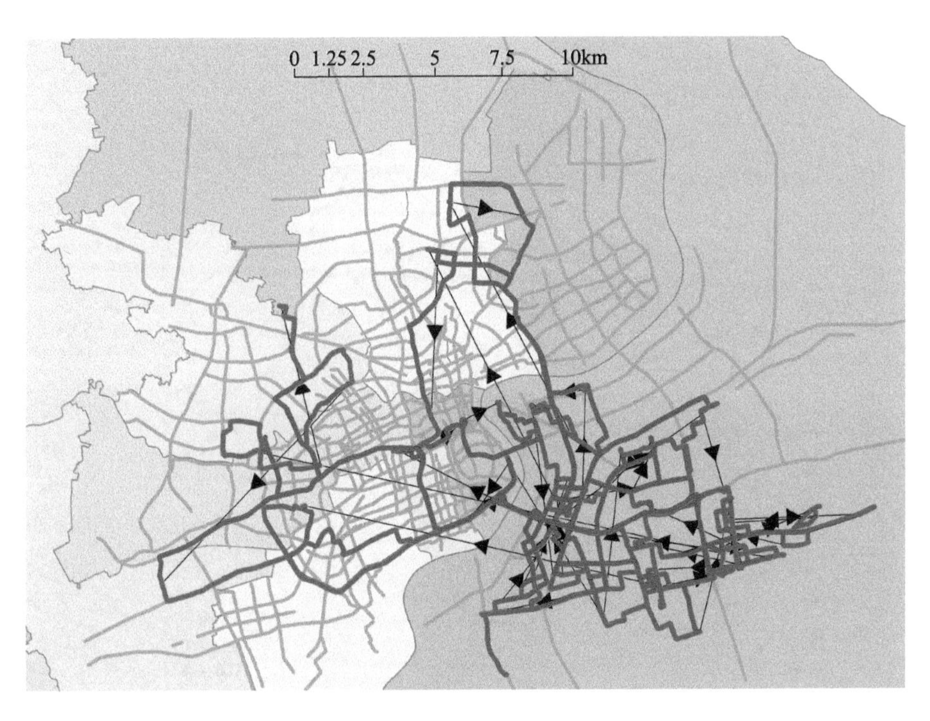

图 1-3　上海市一辆出租车一天的行驶轨迹

红色表示载客，蓝色表示空驶

1.2.4 公共交通刷卡数据

公共交通刷卡数据（smart card data，SCD）从公交车、地铁、共享自行车等公共交通系统中追踪城市人口的移动信息，是一种具有时空标识的移动数据。目前，公共交通 IC 卡已经被广泛地应用于交通费用支付上，记录了刷卡用户的 ID、公交线路编号、出行时长、上下车站点、费用等信息。SCD 能够较全面地覆盖城市各年龄人群，反映城市居民的实时出行情况和通勤行为。同时由于其含有费用信息、能够实时更新等优点，在研究城市人口通勤出行（Long et al.，2016，Huang et al.，2018）、社会经济环境（Long and Thill，2015）以及城市结构（Roth et al.，2011，Zhong et al.，2014）上得到了广泛的应用。图 1-4 展示了利用公交刷卡数据识别出的北京市六环内主要通勤 OD 流。

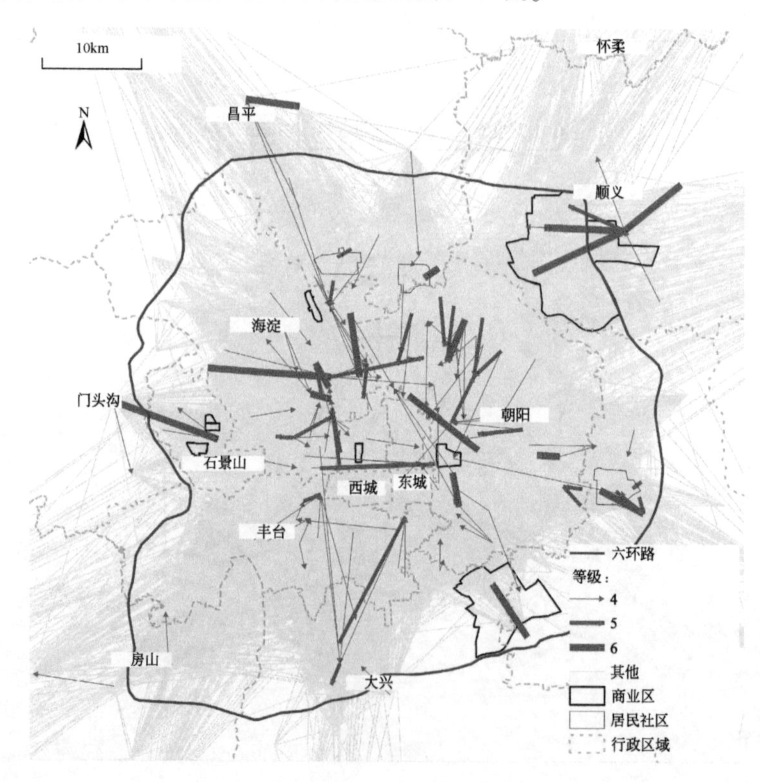

图 1-4　交通分析小区（traffic analysis zone，TAZ）尺度下的北京市六环内主要通勤模式示意图（Long and Thill，2015）

箭头表示出行方向从家到工作地

与出租车数据类似，公共交通数据（如公交一卡通、地铁月票等）直接反映了城市居民的日常出行模式。Hasan 等（2013）通过对地铁数据的分析，对不同城市区域之间的乘客流量进行建模，研究了城市功能分区的差异。从个体尺度，他们还对单独乘客的出行记录进行了模式挖掘和兴趣点提取。而另一基于法国公交数据的研究则更侧重时间尺度的分析，对不同时间段内的公交乘客活动规律进行聚类（Mahrsi et al.，2014）。然而，与其他地理大数据类似，公交数据同样存在取样偏差问题，即只对公交服务的使用者而非整个人群进行采样。

1.2.5 四类主要数据的比较

上述四类大数据目前在地理及相关领域的研究中被广泛应用。这些数据各有优缺点，如手机数据可以获取个体的较长时间的移动轨迹，但是空间定位精度低；而出租车轨迹数据时空精度高，但是由于缺乏乘客信息，因此无法获取一个个体在一个较长时段的移动。这些数据各自不同的优缺点，决定了相应的应用场景（表 1-2）。

表 1-2 四类地理大数据的优缺点及应用场景归纳

数据类型	优点	缺点	典型应用场景
移动手机数据	高时空分辨率 样本量大 信令数据能够得到个体的出行链 通话数据能够得到用户联系信息	无个体属性信息 空间定位精度不高，存在信息偏差 丢失信息无法补全	个体移动模式 人群类别划分 城市空间结构与社区发现 城市功能分布
社交媒体数据	高时空分辨率 除兴趣点数据外，易实时获取 丰富的个体属性信息 丰富的语义信息	样本量较少 数据代表性不足 轨迹信息不连续	个体行为模式 城市空间结构与功能分布 城市环境评估、场所情感 热点事件发现
出租车轨迹数据	高时空分辨率 轨迹完整性高 起讫点信息完整	数据冗余度高 无个体属性信息 数据代表性不足	出行模式挖掘 交通模拟 城市空间交互与结构 热点区域发现、城市功能分布

续表

数据类型	优点	缺点	典型应用场景
公交交通 刷卡数据	实时更新 群体覆盖率高 起讫点信息完整	样本量较少 真实起讫点与站点存在地理位置偏差 无个体属性信息 受限于已规划好的城市交通网络，较单一	城市空间交互与结构 城市通勤模式 公共交通评估与优化

1.2.6 其他数据

除较为常用的社交媒体网络、手机数据、出租车轨迹数据外，其他类型的地理大数据也在人类行为模式的研究中有所应用，为大数据背景下的定量地理学研究提供了更多元化的解决途径。主要介绍如下三类数据。

(1) 商业数据

利用银行卡交易、纸币等商业数据，也可以获取海量个体的移动轨迹，从而对人类行为模式和地理学基本规律进行探索。信用卡交易数据由于刷卡记录带有时空标记信息，可以提取个体粒度的移动轨迹，其特点类似于基于带位置社交媒体数据获取的轨迹，时间分辨率较低。Lenormand 等（2015）利用信用卡数据分析了巴塞罗那和马德里两地不同年龄性别的居民的出行差异。此外，纸币等便于携带的物品也成为观察人们移动轨迹的手段，因为一张纸币自身不会在空间中移动，而是要依靠特定一个或多个个体的移动形成时空轨迹。一美元纸币追踪网站（https://www.wheresgeorge.com）通过用户自愿输入方式，采集注册钞票的出现位置［图 1-5（a）］，得到纸币的轨迹从而推断个体的移动性特征。Brockmann 和 Theis（2008）对纸钞的流动模式进行追踪，发现其流动轨迹依然可用逆重力模型建模，体现了较强的距离衰减效应［图 1-5（b）］，他们也利用该数据集验证了人类移动性模型（Brockmann et al.，2006），并揭示美国基于空间交互的层次化分区结构（Thiemann et al.，2010）。

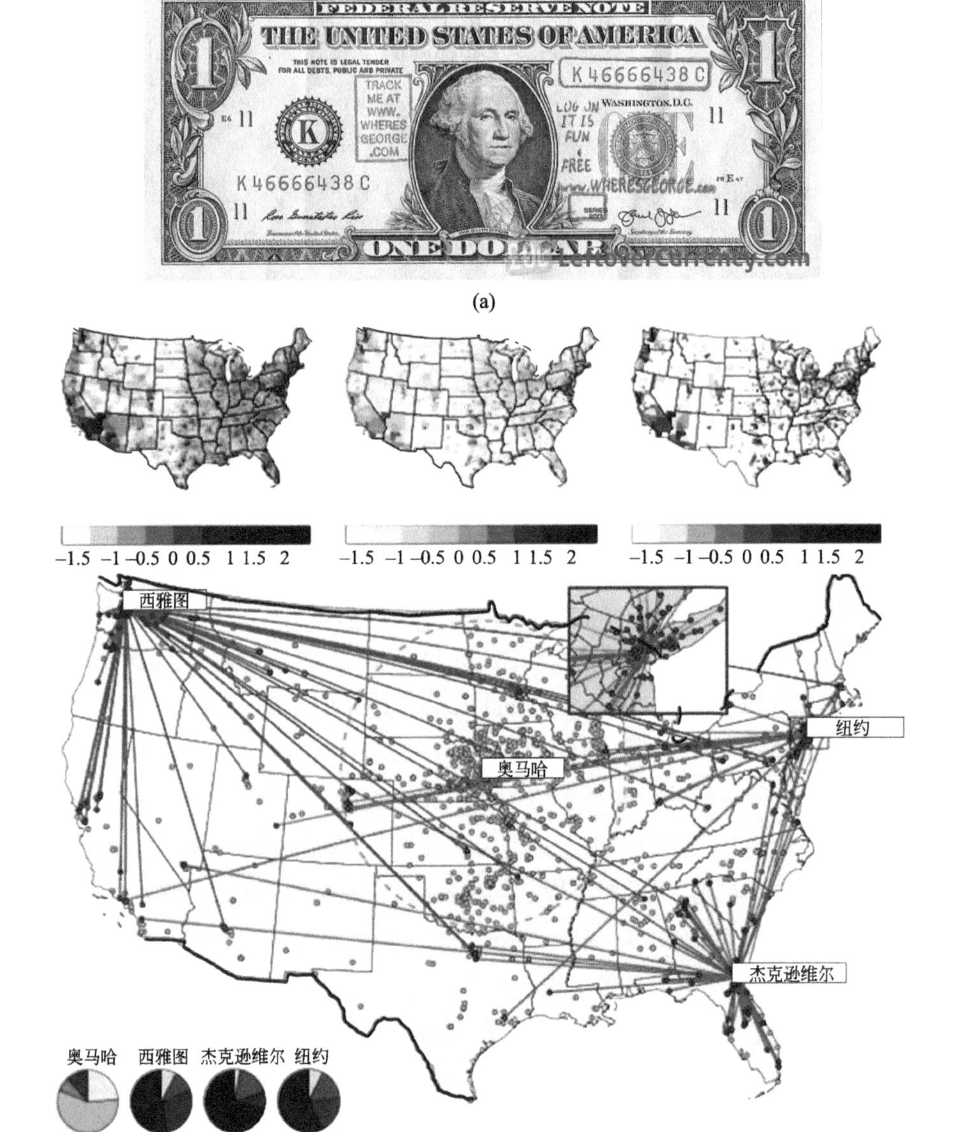

图 1-5 通过追踪钞票轨迹研究美国城市之间的联系①

(a) 注册的一美元纸币样张，由于其绘制总统头像为美国第一任总统乔治·华盛顿（George Washington），因此供用户登记注册钞票的网址是 www. wheresgeorge. com，当用户接收到这样一张纸币时，可以通过该网站输入相应的地址和时间，然后把它正常支付出去；(b) 基于 464670 张带有 ID 的 1 美元钞票登记记录，量化美国城市的联系强度（Brockmann and Theis，2008）

① 本书中对美国的研究都是基于本土的研究，不包括两个海外州。

(2) 室内定位数据

除了室外定位数据外，蓝牙（Bluetooth）、射频识别（radio frequency identification，RFID）、Wi-Fi 等技术为室内定位提供了技术支持，可以获取移动目标在室内的位置并进行导航（舒华等，2016）。相比手机基站、卫星定位等途径获取的室外位置信息，室内定位数据同样是个体粒度，但是对应空间尺度较小，通常获取的轨迹时间长度也不长，因为个体在室内（如大型展览馆）的停留时长一般只有几个小时。基于室内定位大数据，可以分析人在室内的时空分布模式，如 Yoshimura 等（2012）利用蓝牙传感器，获取游客在卢浮宫内的参观序列数据，从而得到参观者在卢浮宫内时空分布和活动的基本特征。而在移动性模式方面，室内移动模式和室外移动模式存在机理上的差异，许多学者也对此进行了探讨（Delafontaine et al.，2012）。

(3) 大众传媒数据

信息技术的进步不仅带动了社交网络和自媒体的蓬勃发展，也为传统大众传媒提供了新的信息分享平台。随着大量的新闻信息在网络上发布，互联网为传播学、社会学、政治学、地理学的研究者提供了大量实时更新的数据源。例如 Global Database of Events，Language，and Tone（GDELT）是由雅虎、乔治城大学（Georgetown University）及其他合作者联合开发的在线新闻数据库，随时对全球在线新闻信息进行机器编码并存入结构化数据库，便于研究者使用（Leetaru and Schrodt，2013）。利用 GDELT 数据，大量研究者对国际前沿的新闻热点（如国家之间的双边冲突）进行了预测和建模（Hammond and Weidmann，2014；Jiang and Mai，2014）。Yuan 等（2017）基于时间序列分析，对 1979 ~ 2013 年三十多年内中国与邻国/友国的外交关系做了聚类分析，并为进一步探讨该数据在政治地理学中的意义提供了定量支持。类似的大众传媒数据库还包括 World- Wide Integrated Crisis Early Warning System（ICEWS）。这些数据库具有数据量大、时间空间尺度大、事件影响力大等特点，因此非常适合作为大数据时代国际关系研究和政治地理学的源数据。

1.3 地理大数据的数据模型

概括不同来源的地理大数据，可以发现它们大都具有时空标记，并且每条记录反映了个体粒度的行为信息。从建模角度，与传统的空间数据相比，地理大数据模型需要考虑时间信息，并且区分个体和汇集两个层面的信息表达。除了空间信息外，非结构化文本、图像等形式的大数据所蕴含的丰富语义信息，也需要在数据管理中进行建模。因此地理大数据的数据模型主要包括以下三类。

1.3.1 个体粒度数据模型

在个体粒度，不同类型地理大数据的数据模型主要包括时空点、流和轨迹三类（图1-6）。

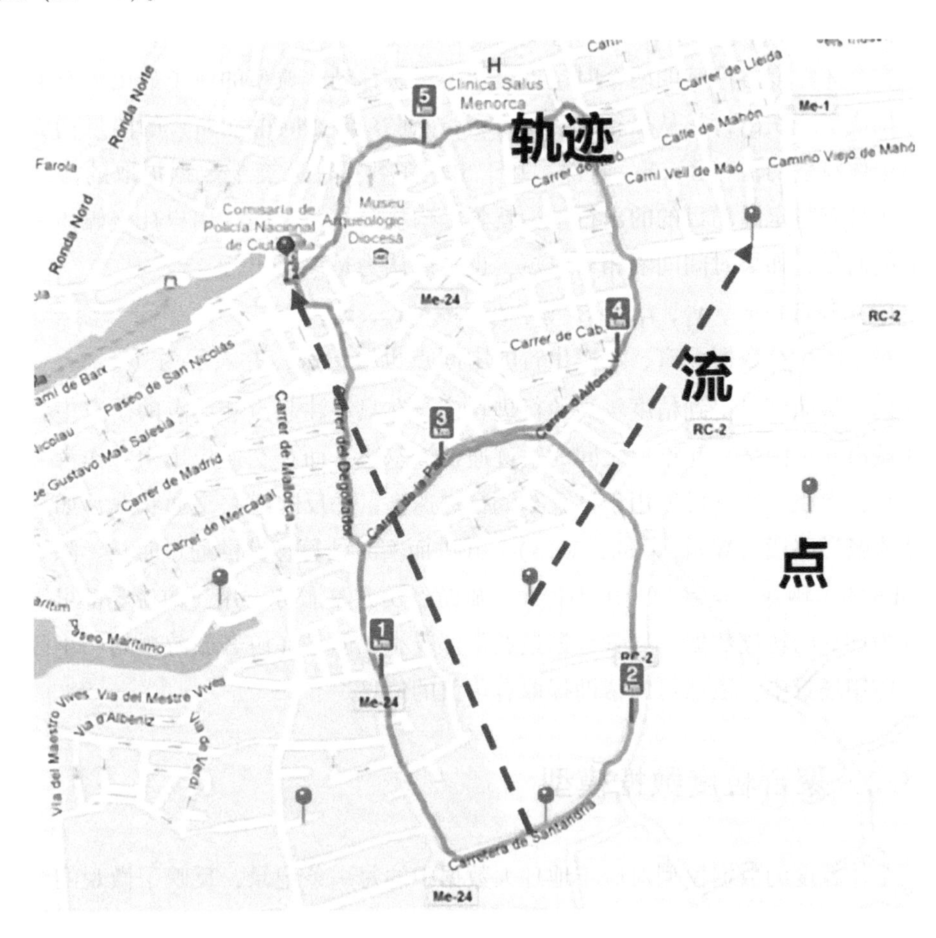

图1-6　个体粒度的时空数据：点、流和轨迹

（1）时空点（x，y，t）

时空点数据是地理大数据最为常见的类型，每个点表达了特定活动发生时的位置，如搭乘出租车时的上下车时间和地点。地理位置的获取方式，通常为基于移动设备内置的卫星定位系统（通常是 GPS）获取经纬度坐标，在室内等不容易接收到卫星信号的环境中，则可采用蓝牙、Wi-Fi 等室内定位途径。此外，在手机信令数据处理中，通常采用基站位置去近似用户的实际位置。而在一些应用中，除了采用地理坐标表达位置外，还同时记录相应兴趣点的名称（如“××餐馆”），这样可以在分析时更容易判定对应的活动类型（如用餐）。

（2）流（x_1，y_1，t_1；x_2，y_2，t_2）

在个体粒度，连续的两个时空点表达了一次移动。典型的例子如出租车上下车点构成了一次出行，从出行起点（origin）到终点（destination）的向量构成了一条个体粒度的流（flow）。通常，基于出租车数据、公交卡数据提取的流往往对应于具有特定活动目的的出行，如就餐、购物等。基于同一用户社交媒体数据提取的向量，如果时间间隔相对较短，也可以认为是一次出行。

（3）轨迹（x_1，y_1，t_1；x_2，y_2，t_2；…；x_n，y_n，t_n）

对于出租车数据而言，一次出行的中间点也被记录，并表示为（x_i，y_i，t_i）的序列，从而可以得到精度较高的行进轨迹。在只关注起点和终点的研究中，如构建城市联系网络，起讫点之间的轨迹通常被忽略。而在交通应用中，作为一类浮动车，出租车轨迹可以用于计算车辆行进速度，并反映道路交通状况，如发现拥堵或畅通路段（Wang et al.，2013），并进而实时估算道路的通过时长。除了配备 GPS 的车辆外，运动类应用小程序、旅游经历共享服务、用户访谈等都可以获取较为详尽的轨迹数据，尽管数据量通常都较小，但是在游客旅游规划、小区管理等应用场景中，依然可以帮助提取有价值的信息。

1.3.2 聚合粒度数据模型

个体粒度的数据模型对应于地理大数据中的每一条记录，反映了微观的个体行为信息。从地理空间的视角，可以基于给定的空间单元划分，对点、流和轨迹进行汇总聚合，从而得到人群行为的时空分布模式。其中空间分布［图 1-7（a）］反映了不同单元特定度量（如出租车上下车次数、社交媒体发布数量等）的强度，而空间交互［图 1-7（b）］则量化了两个单元之间的联系强度，如人口

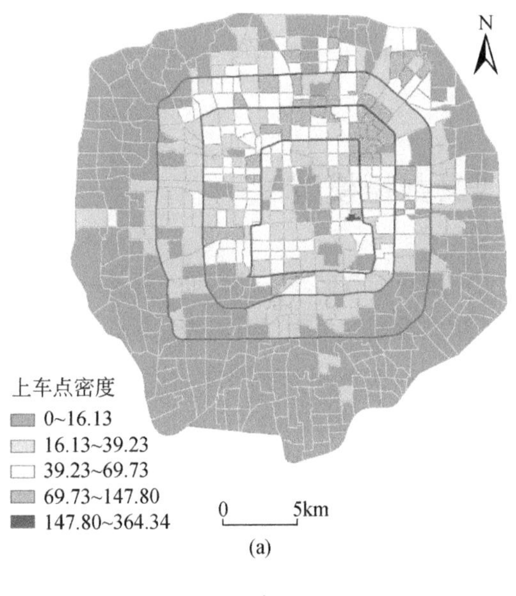

(a)

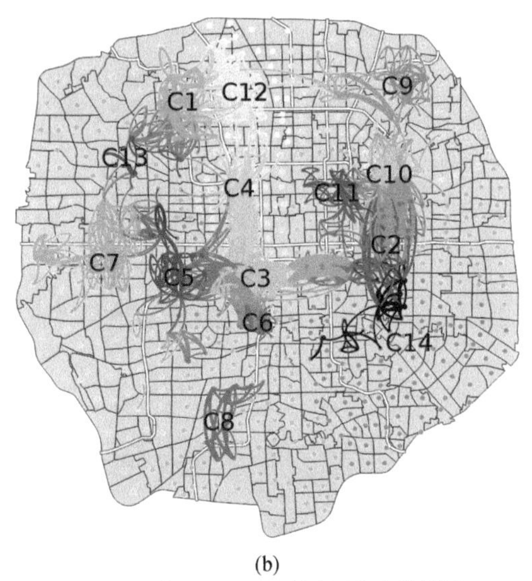

(b)

C_1~C_{14}代表不同交通分析小区构成的组团

图 1-7 聚合粒度的时空数据

(a) 空间分布和 (b) 空间交互。其中前者呈现了北京市工作日早高峰时段出租车上车点密度分布（施念加等，2021），后者则表示了利用出租车轨迹数据统计北京市不同交通分析小区之间的交互强度。不论是空间分布，还是空间交互，都具有动态性，即在一天内不同的时间段内，其数量不断变化

流动的数量、手机通信的总量等。由于大数据具有时间标识，不论是分布和交互，都呈现不同频率（日、周、年）的节律模式和动态演化，从而揭示研究区的空间结构及演化过程。

1.3.3 非空间语义数据模型

除了显式表达位置的地理大数据外，带有时空标签的文本和图像在不同研究中也得到了广泛应用。从数据模型的角度，可以表达为（x，y，t，T）或（x，y，t，I），其中 T 和 I 分别表示一段文本和一幅图像。近年来自然语言处理和计算机视觉技术的发展，可以较为精准地提取并“理解”文本和图像的内容，从而丰富相应地理单元的语义属性，如相应的活动、情感、事件等（图 1-8）。

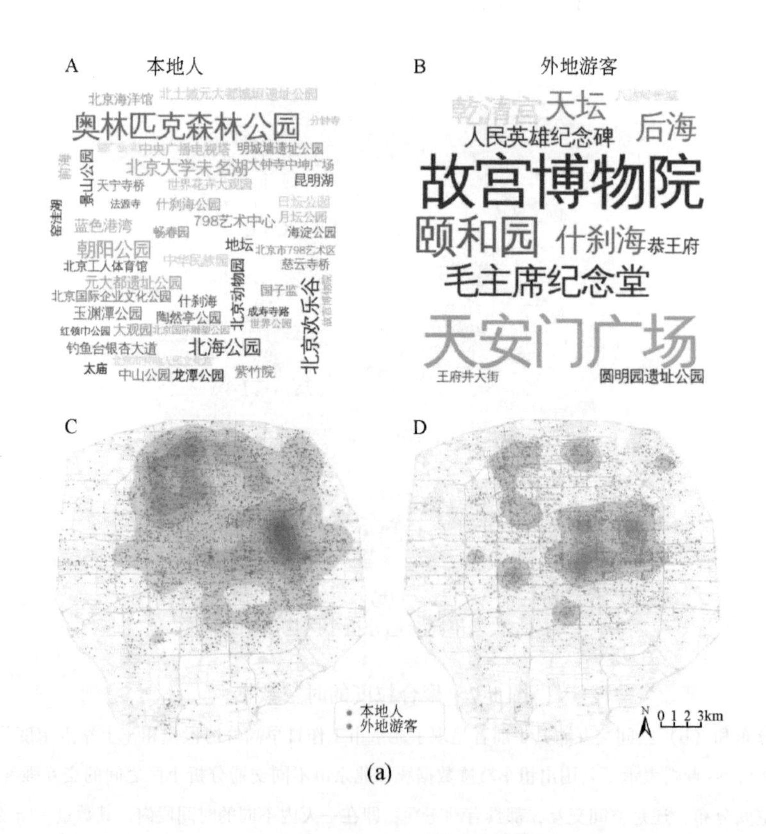

(a)

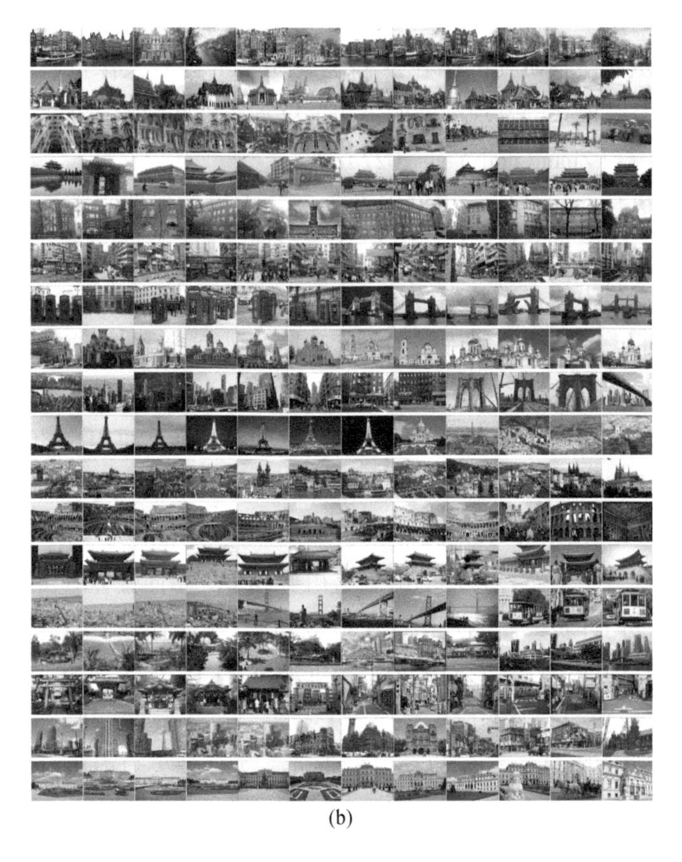
(b)

图 1-8　带有时空标签的文本和图像为地理分析提供了丰富的语义信息

(a) 文本数据，包括了在北京市内发布的社交媒体内容的主题词，以及本地人和外地人旅游时发布的微博词云和发文的分布；(b) 图像数据，来自于世界不同城市的影像，从中可以自动学习每个城市的典型地标或景观，如巴黎的艾菲尔铁塔（Zhang et al.，2019）

1.4　地理大数据的特点

裴韬等（2019）总结了地理大数据的“五度”的特征，包括时空粒度、时空广度、时空密度、时空偏度和时空精度。

传统的地理小数据因受到信息获取手段和成本的限制，往往只能集中于局部的区域，或者需要在研究粒度与范围之间进行权衡，即在选择较大范围的同时不得不采用较粗的粒度。而在大数据时代，部分 IT 公司借助互联网的优势，可获取较大范围，甚至全国直至全球范围内的数据及其衍生的产品，同时又保持较小的时空粒度，从而使其研究范围在“豁然开朗”的同时又保持着“高清晰度”。即在支持宏观时空模式的发现的同时，也能够揭示一些数量少但是意义较为重要的“例外”模式（Zhang and Ye，2022）。

虽然地理大数据在粒度、广度以及密度等方面较传统小数据具有明显的优势，但同时也普遍存在着缺陷，而使其饱受诟病。例如，人类行为大数据普遍存在有偏的现象，集中体现为数据载体在时间、空间和属性等几个方面的有偏性，这导致将有偏的大数据的规律推断为全体性质的风险。有偏的普遍性存在导致其所得到的规律往往表现出一定程度的“偏见”，故在使用地理大数据时需要谨慎甄别。值得指出的是，如果能够准确理解数据的有偏性，可以聚焦刻画特定地理要素、特定的人群及行为，例如利用公交刷卡记录，可以较好反映中低收入群体的通勤出行（Gao et al.，2018）。

地理大数据另一个不容忽视的缺陷是由于其事务指向性差（如手机数据的采集是为了电信部门计费，而不是估计人口流动），从而存在质量缺陷。数据质量问题在空间数据中普遍存在，而地理大数据的质量问题尤为突出，有时甚至会影响到计算结果的可信度。对于人类行为大数据，由于其在获取过程中的被动性（如用于估计城市精细人口的手机信令数据并非为估计人口而设计收集）和自发性（如用于度量城市情绪的微博数据由用户自发上传），数据中往往充斥着各种类型的误差，这种误差同样会存在于空间、时间以及属性中。

针对上述大数据的特点，尤其是不足，在开展相关研究的过程中，应考虑以下三个准则，按照优先级和重要程度，分别为方法合理性、常识一致性和间接可验证性（Liu et al.，2020）。

（1）方法合理性

大数据的分析工作需要基于合理的方法。例如，在文本分析中，文档主题生成模型是一种提取文本主题的较为成熟的方法，该方法就可以合理地应用于微博语料的分析（Hong and Davison，2010）。而在预测任务中，在模型中加入某些与任务毫不相干的变量虽然可能会提高预测精度，但这样的方法显然是不合理的。

（2）常识一致性

基于大数据得到的结论，一般会与常识保持一致。例如，通过分析可以获取某个城市居民活动的时空分布模式，交通枢纽、中心商务区、旅游景区往往会是人群活动比较活跃的区域，但如果在某项分析中得到了完全相反的结论，就可能需要重新审视数据的表达性是否有偏，方法是否合理等。

(3) 间接可验证性

基于大数据的研究，其发现往往由于缺少真值而难以直接验证。在这种情况下，可以通过执行某些其他相关任务，来间接验证研究结论或提出的某项指标是否合理。例如，在斯坦福人工智能实验室的一项研究中，他们提出假设：从街景图片中提取出的社区车辆类型信息可以反映当地细粒度的人口统计学特征和政治倾向。由于缺少实际的真值来验证，研究利用车辆信息对美国大选的投票情况进行了预测，并得到了较高准确度，从而间接验证了研究结论（Gebru et al.，2017）。

1.5 中国的地理大数据研究

近年来，中国地理大数据的研究和应用发展迅速，这主要得益于以下三个方面的原因：①从需求方面，中国城市化率达到了一个较高的水平，同时也给城市运行带来了各种新挑战，为了改善城市管理水平和居民生活质量，许多城市建设了智慧城市项目，如杭州的“城市大脑”为城市居民出行提供了极大便利。②从数据供给角度，信息技术的快速发展和基于位置的服务的普及带来了细粒度、多来源的地理大数据。中国互联网企业在过去十多年发展迅速，以阿里巴巴、腾讯、美团等为代表的企业，开发了许多基于智能手机平台的应用，给居民生活带来便利的同时，也获取了个体粒度的、带有时空标记的、不同类型的地理大数据，从而有力支持了相关的研究和应用。③在学术成果方面，中国学者在地理大数据研究中的贡献度不断上升。在国家重点研发计划项目（如“地理大数据挖掘与模式发现”）以及国家自然科学基金项目的资助下，中国学者针对地理大数据开展的研究，无论从质和量上，都有很大提升，在相关领域主流刊物中，来自中国学者的研究论文数量比例日益提高。

从研究方向上看，中国的地理大数据研究可以分为以下三个方向。

第一个方向侧重于大数据分析方法的构建，相关研究者主要来自于计算机科学领域，其中主要的方向有集中于轨迹的挖掘分析（Zheng，2015）、位置推荐（Zheng et al.，2010；Yu et al.，2016）、用户画像（Wang et al.，2014）、交通预测（Zhao et al.，2020）、时空可视化（Wang et al.，2013）等。这些研究多关注地理大数据中的时空特征，旨在开发新的机器学习等算法，提高分析效率及计算结果的精度。近年来，随着深度学习的发展，也有大量针对地理大数据的深度学习方法的研究。相关论文多发表于 IEEE 汇刊、ACM 汇刊，以及 ACM SIGKDD、WWW、AAAI 等计算机领域的重要会议。其中，郑宇博士在微软亚洲研究院期间提出的城市计算（urban computing）在学界和业界引发了较大关注（Zheng et al., 2014）。

第二个方向则来自于应用领域，尤其是城市规划领域。学者们利用多源地理数据描述居民行为规律，刻画城市空间结构，理解不同尺度的城市环境，进而探讨它们和相关应用主题之间的关系，如通勤效率（Zhou et al., 2014；Long and Thill, 2015；Huang et al., 2018）、城市活力（Yue et al., 2017；Jin et al., 2017）、设施服务（Xiao et al., 2019；Zhai et al., 2018）、社会公平（Long et al., 2016）、健康（Yan et al., 2019）、碳排放（Kan et al., 2018）等。这类研究通常属于应用导向，针对特定的实际需求，采用合适的地理大数据，发现内在的时空规律，并服务于管理部门的决策。其中技术手段往往采用成熟的方法和模型，如空间计量经济学模型在很多研究中扮演了重要角色。这类文章发表在 *Cities*、*Landscape and Urban Planning*、*Building and Environment* 等规划类刊物以及 *Computers, Environment and Urban Systems*、*Environment and Planning B* 等地理信息科学相关的城市应用方向的刊物中。其中，中国科学院地理科学与资源研究所王姣娥、同济大学王德、南京大学甄峰、清华大学龙瀛、深圳大学乐阳等团队在这个方向扮演了重要的角色。

第三个方向既注重方法的构建也顾及实际的应用需求，相关研究者主要来于地理信息科学。这是计算机科学与地理学的交叉领域，在方法的构建中，一方面通过对传统空间分析方法进行扩展，处理新的时空数据类型，如中国科学院地理科学与资源研究所裴韬团队对流分布模式提出的系列方法（Shu et al., 2021），中南大学邓敏团队对于时空点模式的分析方法（Liu Q et al., 2012）；另一方面，积极引进计算机科学领域的最新进展，并在其中融入地理空间特性，如北京大学刘瑜团队引入图卷积神经网络处理地理语境问题（Zhu et al., 2020）。总体上讲，地理信息科学工作者更侧重基于地理大数据的时空分布模式挖掘方法，并对于一些地理学的核心概念如空间依赖（spatial dependency）、空间交互（spatial interaction）、距离衰减（distance decay）、尺度（scale）、场所（place）、语境（context）等更加关注，从而使构造的方法更适用于地理空间的应用。这类工作一般发表在地理信息科学核心刊物，如 *International Journal of Geographical*

Information Science、*Transactions in GIS*、*Geoinformatica* 等。

1.6 小　结

大数据在地理信息科学以及地理学相关学科中得到了越来越高的重视。本章从普通的大数据开始，介绍了地理大数据的基本概念、来源、主要数据类型及其特点。其中着重介绍了手机数据、社交媒体数据、出租车轨迹数据、公交刷卡数据等几种最为常见的数据来源，简要对比了这些数据的优缺点。进而从数据模型的角度，归纳了地理大数据的三种形式：个体粒度数据、聚合粒度数据和非空间语义数据。然后通过梳理地理大数据的特点，总结了地理大数据应用中需要注意的问题。由于中国学者在地理大数据研究和应用中的重要贡献，本章最后针对三个研究领域，综述了中国的地理大数据研究。

参考文献

裴韬，刘亚溪，郭思慧，等 . 2019. 地理大数据挖掘的本质 . 地理学报，74（3）：586-598.

施念邡，杨星斗，戴特奇 . 2021. 北京市出租车运量分布的时空格局及生成机制 . 地理研究，40（6）：1667-1683.

舒华，宋辞，裴韬 . 2016. 室内定位数据分析与应用研究进展 . 地理科学进展，35（5）：580-588.

Batty M. 2013. Big data，smart cities and city planning. Dialogues in Human Geography，3（3）：274-279.

Brockmann D，Hufnagel L，Geisel T. 2006. The scaling laws of human travel. Nature，439（7075）：462-465.

Brockmann D，Theis F. 2008. Money circulation，trackable items，and the emergence of universal human mobility patterns. IEEE Pervasive Computing，7：28-35.

Calabrese F，Ferrari L，Blondel V D. 2015. Urban sensing using mobile phone network data：A survey of research. ACM Computing Surveys，47（2）：2655691.

Crooks A，Croitoru A，Stefanidis A，et al. 2013. Earthquake：Twitter as a distributed sensor system. Transactions in GIS，17（1）：124-147.

Dashdorj Z，Serafini L，Antonelli F，et al. 2013. Semantic enrichment of mobile phone data records. In：Proceedings of the 12th International Conference on Mobile and Ubiquitous Multimedia. Sweden：Luleå.

Delafontaine M, Versichele M, Neutens T, et al. 2012. Analysing spatiotemporal sequences in Bluetooth tracking data. Applied Geography, 34: 659-668.

Earle P, Guy M, Buckmaster R, et al. 2010. OMG earthquake! Can Twitter improve earthquake response? Seismological Research Letters, 81 (2): 246-251.

Gao Q L, Li Q Q, Yue Y, et al. 2018. Exploring changes in the spatial distribution of the low- to-moderate income group using transit smart card data. Computers, Environment and Urban Systems, 72, 68-77.

Gebru T, Krause J, Wang Y, et al. 2017. Using deep learning and google street view to estimate the demographic makeup of neighborhoods across the United States. Proceedings of the National Academy of Sciences of the United States of America, 114 (50): 13108-13113.

Gong L, Liu X, Wu L, et al. 2016. Inferring trip purposes and uncovering travel patterns from taxi trajectory data. Cartography and Geographic Information Science, 43: 103-114.

Goodchild M F. 2013. The quality of big (geo) data. Dialogues in Human Geography, 3 (3): 280-284.

Hammond J, Weidmann N B. 2014. Using machine- coded event data for the micro- level study of political violence. Research and Politics, 1 (2): 1-8.

Hasan S, Schneider C M, Ukkusuri S V, et al. 2013. Spatiotemporal patterns of urban human mobility. Journal of Statistical Physics, 151: 304-318.

Hey T, Tansley S, Tolle K M. 2009. The Fourth Paradigm: Data-intensive Scientific Discovery. Microsoft Research.

Hong L, Davison B D. 2010. Empirical study of topic modeling in Twitter. Washington DC, USA: The first workshop on social media analytics.

Huang J, Levinson D, Wang J, et al. 2018. Tracking job and housing dynamics with smartcard data. Proceedings of the National Academy of Sciences of the United States of America, 115 (50): 12710-12715.

Jiang L, Mai F. 2014. Discovering bilateral and multilateral causal events in GDELT. Washington DC, USA: The 6th International Conference on Social Computing, Behavioral- Cultural Modeling and Prediction.

Jin X, Long Y, Sun W, et al. 2017. Evaluating cities' vitality and identifying ghost cities in China with emerging geographical data. Cities, 63: 98-109.

Kan Z, Tang L, Kwan M-P, et al. 2018. Fine-grained analysis on fuel-consumption and emission from vehicles trace. Journal of Cleaner Production, 203: 340-352.

Kitchin R. 2013. Big data and human geography: Opportunities, challenges and risks. Dialogues in Human Geography, 3 (3): 262-267.

Leetaru K, Schrodt P. 2013. GDELT: Global data on events, language, and tone, 1979-2012. San Diego, USA: Proceedings of The International Studies Association Annual Conference.

Lenormand M, Louail T, Cantú-Ros O, et al. 2015. Influence of sociodemographic characteristics on human mobility. Scientific Reports, 5: 10075.

Liu F, Janssens D, Wets G, et al. 2013. Annotating mobile phone location data with activity purposes using machine learning algorithms. Expert Systems with Applications, 40: 3299-3311.

Liu Q, Deng M, Shi Y, et al. 2012. A density-based spatial clustering algorithm considering both spatial proximity and attribute similarity. Computers and Geosciences, 46: 296-309.

Liu X, Biagioni J, Eriksson J, et al. 2012. Mining large-scale, sparse GPS traces for map inference: comparison of approaches. Beijing, China: Proceedings of the 18th ACM SIGKDD International Conference on Knowledge Discovery and Data Mining.

Liu Y, Sui Z, Kang C, et al. 2014. Uncovering patterns of inter-urban trip and spatial interaction from social media check-in data. PLoS ONE, 9 (1): e86026.

Liu Y, Yuan Y, Zhang F. 2020. Mining urban perceptions from social media data. Journal of Spatial Information Science, 20: 51-55.

Long Y, Liu X, Zhou J, et al. 2016. Early birds, night owls, and tireless/recurring itinerants: An exploratory analysis of extreme transit behaviors in Beijing, China. Habitat International, 57: 223-232.

Long Y, Thill J-C. 2015. Combining smart card data and household travel survey to analyze jobs-housing relationships in Beijing. Computers, Environment and Urban Systems, 53: 19-35.

Lou Y, Zhang C, Zheng Y, et al. 2009. Map-matching for low-sampling-rate GPS trajectories. San Diego, USA: The 17th ACM SIGSPATIAL International Conference on Advances in Geographic Information Systems.

Mahrsi M K E, Côme E, Baro J, et al. 2014. Understanding passenger patterns in public transit through smart card and socioeconomic data: A case study in Rennes, France. New York, USA: The 3rd International Workshop on Urban Computing (UrbComp 2014).

Miller H J, Goodchild M F. 2015. Data-driven geography. GeoJournal, 80 (4): 449-461.

Reades J, Calabrese F, Sevtsuk A, et al. 2007. Cellular census: Explorations in urban data collection. IEEE Pervasive Computing, 6 (3): 30-38.

Roth C, Kang SM, Batty M, et al. 2011. Structure of urban movements: Polycentric activity and entangled hierarchical flows. PLoS ONE, 6 (1): e15923.

Shen Y, Karimi K. 2016. Urban function connectivity: Characterisation of functional urban streets with social media check-in data. Cities, 55: 9-21.

Shu H, Pei T, Song C, et al. 2021. L-function of geographical flows. International Journal of

Geographical Information Science, 35 (4): 689-716.

Thiemann C, Theis F, Grady D, et al. 2010. The structure of borders in a small world. PLoS ONE, 5 (11): e15422.

Vieweg S, Hughes A L, Starbird K, et al. 2010. Microblogging during two natural hazards events: What twitter may contribute to situational awareness. New York: The SIGCHI Conference on Human Factors in Computing Systems.

Wang Z, Lu M, Yuan X, et al. 2013. Visual traffic jam analysis based on trajectory data. IEEE Transactions on Visualization and Computer Graphics, 19 (12): 2159-2168.

Wang Z, Zhang D, Zhou X, et al. 2014. Discovering and profiling overlapping communities in location-based social networks. IEEE Transactions on Systems, Man, and Cybernetics: Systems, 44 (4): 499-509.

Xiao Y, Wang D, Fang J. 2019. Exploring the disparities in park access through mobile phone data: Evidence from Shanghai, China. Landscape and Urban Planning, 181: 80-91.

Yan L, Duarte F, Wang D, et al. 2019. Exploring the effect of air pollution on social activity in China using geotagged social media check-in data. Cities, 91: 116-125.

Yoshimura Y, Girardin F, Carrascal J P, et al. 2012. New tools for studying visitor behaviours in museums: A case study at the Louvre//Fuchs M, Ricci F, Cantoni L. Proceedings of the International Conference on Information and Communication Technologies in Tourism. Berlin: Springer.

Yu Z, Xu H, Yang Z, et al. 2016. Personalized travel package with multi- point- of- interest recommendation based on crowdsourced user footprints. IEEE Transactions on Human- Machine Systems, 46 (1): 151-158.

Yuan Y, Raubal M. 2010. Spatio- temporal knowledge discovery from georeferenced mobile phone data//Gottfried B, Laube P, Klippe A, et al. MPA'10-1st Workshop on Movement Pattern Analysis.

Yuan Y, Raubal M, Liu Y. 2012. Correlating mobile phone usage and travel behavior- A case study of Harbin, China. Computers, Environment and Urban Systems, 36: 118-130.

Yuan Y, Liu Y, Wei G. 2017. Exploring inter- country connection in mass media: A case study of China. Computers, Environment and Urban Systems, 62: 86-96.

Yue Y, Zhuang Y, Yeh A G O, et al. 2017. Measurements of POI- based mixed use and their relationships with neighbourhood vibrancy. International Journal of Geographical Information Science, 31 (4): 658-675.

Zhai Y, Wu H, Fan H, et al. 2018. Using mobile signaling data to exam urban park service radius in Shanghai: methods and limitations. Computers, Environment and Urban Systems, 71: 27-40.

Zhang F, Ye X. 2022. What can we learn from "deviations" in urban science? //Li B, Shi X, Zhu A. New Thinking in GIScience. Berlin: Springer.

Zhang F, Zhou B L, Ratti C, et al. 2019. Discovering place-informative scenes and objects using social media photos. Royal Society Open Science, 6 (3): 181375.

Zhao L, Song Y, Zhang C, et al. 2020. T-GCN: A temporal graph convolutional network for traffic prediction. IEEE Transactions on Intelligent Transportation Systems, 21 (9): 3848-3858.

Zheng V W, Zheng Y, Xie X, et al. 2010. Collaborative location and activity recommendations with GPS history data. Raleigh, USA: The 19th International Conference on World Wide Web, WWW'10.

Zheng Y. 2015. Trajectory data mining: An overview. ACM Transactions on Intelligent Systems and Technology, 6 (3): 29.

Zheng Y, Capra L, Wolfson O, et al. 2014. Urban computing: Concepts, methodologies, and applications. ACM Transactions on Intelligent Systems and Technology, 5 (3): 38.

Zhong C, Arisona S M, Huang X, et al. 2014. Detecting the dynamics of urban structure through spatial network analysis. International Journal of Geographical Information Science, 28 (11): 2178-2199.

Zhou J, Murphy E, Long Y. 2014. Commuting efficiency in the Beijing metropolitan area: An exploration combining smartcard and travel survey data. Journal of Transport Geography, 41: 175-183.

Zhu D, Zhang F, Wang S, et al. 2020. Understanding place characteristics in geographic contexts through graph convolutional neural networks. Annals of the American Association of Geographers, 110 (2): 408-420.

第2章　社会感知

2.1　社会感知

对于个体而言，其空间行为具有较强的随机性，从而难以提取有价值的规律特征。然而当样本变大，一个群体的行为的规律性就较为明显，这种规律性与地理环境，尤其是地理环境中的社会经济要素的分布及演化密切相关。如图 2-1 所示，基于手机 APP 获取的定位请求数据，可以生成空间分布热力图。尽管每天每个用户只是贡献几十、几百个定位点，但是由于用户数量巨大，全国可以得到近千亿级的点数据。基于该数据生成的热力图反映了中国的人口分布模式，其中可以清楚识别著名的“胡焕庸线”所刻画的中国人口空间格局，而主要的城市化区域，如长三角城市群等，在该热力图上也被清楚展现。由于数据量巨大，因此很自然地，每天得到的模式较为稳定。但是如果观察一个较长时段的热力图，就可以发现有价值的变化规律，例如，在春节期间，由于大学生以及务工人员的返乡流动，大城市人口将会减少，而二三线城市以及农村地区人口将会相应增加，这种此消彼长的变化会反映在 APP 数据提取的热力图上。因此，基于热力图的时间序列，可以刻画中国不同地区城市化的程度（Wang et al.，2019）。

因此，地理空间大数据为人们进一步定量理解社会经济环境提供了一种新的观测手段。Liu 等（2015）提出了“社会感知”（social sensing）概念及研究框架，指出社会感知是指借助于各类海量时空数据研究人类时空间行为特征，进而揭示社会经济现象的时空分布、联系及过程的理论和方法。

社会感知概念包括三个方面的要点：第一，它是以人作为个体粒度的传感器，其感知途径可以是主动的，如通过社交媒体平台分享信息，也可以是被动的，如携带手机的用户的运动轨迹会被基站记录。第二，大数据的高覆盖特性，使得感知得到的人群行为具有有意义的分布模式和规律性，从而可以推断地理空间的特征，实现“由人及地”的研究路径。第三，类似于地理研究中的对等概

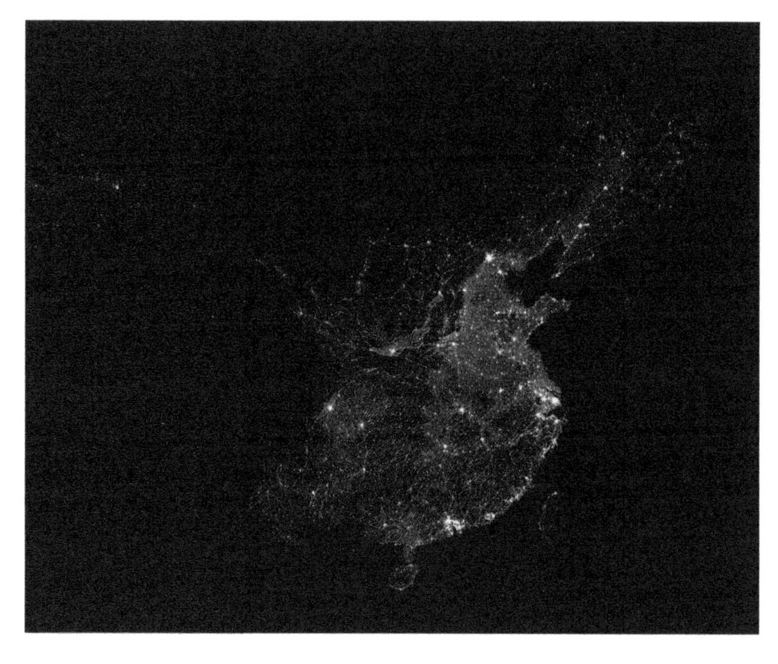

图 2-1　基于手机 APP 获取的定位请求数据得到的空间分布热力图

念——遥感，社会感知的含义既包括相关原始数据集以及其衍生产品，也涵盖了相关的数据处理方法。

2.2　社会感知技术框架

社会感知数据可从三个方面提取人的时空间行为特征：①对地理环境的情感和认知（如基于社交媒体数据可以获取人们对于一个场所的感受）；②在地理空间中的活动和移动（如基于出租车、签到等数据可以获取海量移动轨迹）；③个体之间的社交关系（如基于手机数据可以获取用户之间的通话联系信息）。社会感知研究框架包括人、地、时三个基本要素（图 2-2）：首先，在“人”的方面，社会感知数据可以获取人的活动与移动、社交关系、情感与认知等行为模式；其次，在“地”的方面，可以基于群体的行为特征揭示空间要素的分布格局、空间单元之间的交互以及场所情感与语义；最后，从“时”的视角，可以发现地理过程尤其是人文地理过程（如城市空间结构演化）的规律和特征。

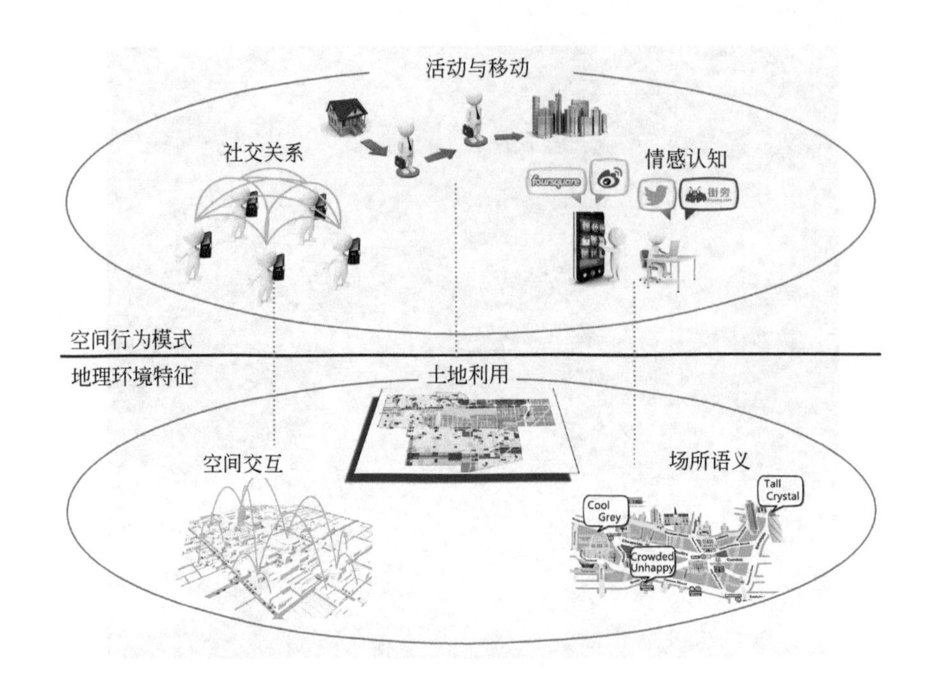

图 2-2　社会感知研究框架

从数据流的角度，社会感知信息提取及利用的架构如图 2-3 所示。它自下而上，分为感知传输层、数据管理层、行为模式层、地理空间特征层、专题应用层等五层。其中感知传输层关注数据的获取，不同类型的数据具有不同的获取方式。数据管理层则在时空数据库支持下，对原始的、个体粒度的地理大数据进行管理，主要数据类型包括时空点、流、轨迹，以及带有语义信息的文本、图像等数据。而在行为模式层，主要关注三类信息：①基于人的不同类型行为的空间分布，如手机通话量、公交刷卡、社交媒体签到等，而基于数据挖掘技术提取的情感（积极、消极）、具体活动类型（购物、休闲）的强度也在本层次得到管理；②地理单元之间由于个体的移动、通信等而产生的空间交互；③考虑时间维度后，上述两类信息随时间的变化动态，可以反映相应区域的高频或低频的演化规律。地理空间特征层在人类行为分布、交互、动态变化的基础上，从地理空间的角度，进一步挖掘时空模式及其驱动因素。最后，专题应用层包括了社会感知大数据的应用领域，包括城市规划、交通管理、灾害响应、公共卫生等。目前，学界和业界已经在上述领域广泛应用各种地理大数据，并取得良好效果。

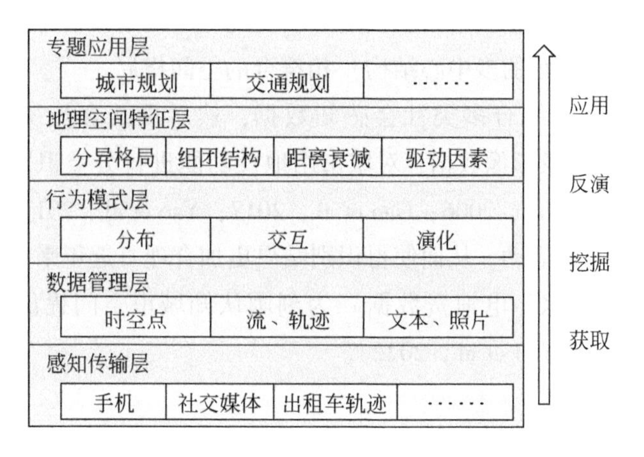

图 2-3　数据流视角的社会感知方法体系

2.3　社会感知研究方法论

基于社会感知数据的研究，多围绕人类行为模式、地理空间的结构以及两者之间的映射关系和演化规律开展。从方法论（methodology）的角度，目前的研究工作，可以归纳为六个主要的应用范式。

2.3.1　分布模式挖掘

无论是人的时空间行为，还是地理要素的时空分布，都存在一定的模式。这些模式，在大数据出现之前，人们可能就有所认识，如著名的“胡焕庸线”，早在20世纪30年代就被提出，但是基于不同类型大数据，可以更清晰地量化胡焕庸线所刻画的人口及社会经济活动分布模式。基于出行、通信等数据进行社区划分，识别有意义的区域结构，也属于空间分布模式的提取。此类工作既可以在国家及区域尺度进行，如Ratti等（2010）基于通话数据，Thiemann等（2010）基于追踪纸币轨迹，Liu等（2014）基于社交媒体签到数据，Chi等（2016）基于手机通话数据开展的区域划分工作；同样也可以基于出租车轨迹、手机数据获取的轨迹，应用于城市尺度，如Liu等（2015）利用出租车数据对上海的研究。这类区划工作，在国家和区域尺度，通常揭示了行政边界在人们移动、通信行为中起到重要阻隔作用；而在城市尺度，则可以发现与经典城市结构模型（如克里斯塔勒中心地理论所刻画的多中心结构）相符合的空间格局。

在该类研究中，综合多类社会感知数据，然后再结合传统 GIS 数据（如 POI）以及遥感、街景影像数据，对城市用地及功能进行分类识别，是一个重要的研究方向（Ratti et al.，2006；Gao et al.，2017；Yao et al.，2017）。社会感知能较好地反映城市居民活动，从而使得识别结果更加合理。近年来，更多的数据源（如精细时空粒度的水、电消费数据）为刻画认知城市空间提供了全新的视角（Guan et al.，2020；Yao et al.，2022）。

2.3.2 普适规律发现

相对自然系统而言，人类社会系统及其运行具有更高的不确定性，这使得在其中难以发现如同物理学那样简洁、精确而普适的规律，如万有引力定律（O'Sullivan and Manson，2015）。而对于普适规律的探索，正是科学研究的重要目的之一。与自然科学相比，社会科学尽管精确规律较少，但还是存在一些广为人知的常量和规律，下面简单介绍其中的三个。第一个是 150 定律（rule of 150），即著名的“邓巴数”，由英国牛津大学的人类学家 Robin Dunbar 在 20 世纪 90 年代提出（Dunbar，1992）。该定律根据猿猴的智力与社交网络推断出：人类智力将允许人类拥有稳定社交网络的人数大约是 150 人。第二个是马切提恒值（Marchetti's constant），由意大利城市学家 Marchetti（1994）提出。其基本理论是：人是领土动物，有守家和扩张之本能。人日常的活动领土，也有一个天然的限度。这个限度就是每日大致一小时的“旅行预算”。这一原则规定了人类的日常活动范围，也规定了城市的范围。第三个是城市位序-规模分布定律，它指的是经济发达国家里，城市体系的规模分布可用简单的公式表达即 $P_r=P_1/R$，式中 P_1 和 P_r 分别表示一个区域最大城市和第 R 位城市的人口规模，即第二大城市的规模是最大城市的一半，而第三大城市是最大城市规模的 1/3，依此类推。

在大数据支持下，由于拥有对海量人群行为的细致观察，可以验证既有的规律假设或发现新的规律，并进而构造合适的解释模型。一个典型方向是社会物理学家主导的关于人类移动性（human mobility）的研究，很多学者利用不同来源的海量人群轨迹数据，发现移动步长统计符合幂律或指数截断幂律分布，进而构建相应的解释模型，其中一个广为接受的模型即探索和偏好返回模型

(exploration and preferential return model)(Song et al., 2010)。而在发现不变量方面，一个最新的成果由 Schläpfer 等（2021）提出，他们通过对全球五个不同地区的超过 800 万名匿名手机用户的位置数据进行分析，发现一个地点的访问人数与居民的居住地到该地点的距离的平方成反比（$\sim r^{-2}$），同时与访问频率的平方成反比（$\sim f^{-2}$）。

2.3.3 特征相关揭示

维克托·迈尔–舍恩伯格（V. Mayer-Schönberger）在《大数据时代》里说“要相关，不要因果”。这意味着由于大数据提供了大量样本，在机器学习尤其是近年来迅速发展的深度学习技术的支持下，可以在样本的不同特征间构建定量关系，并达到较高的预测精度。在非地理领域，一个生动的例子是 Nagrani 等（2018）以及 Wen 等（2019）完成的，他们基于合适的神经网络模型（分别为卷积神经网络和对抗生成网络）建立一个人说话的声音信号和人脸图像之间的关联关系。一般而言，两个特征在直觉上越不相关，在大数据和机器学习方法支持下发现的关联关系越有价值。在针对社会感知数据的研究中，Gebru 等（2017）运用谷歌街景中美国地区超过 5000 万张图片，识别出图片中的汽车数量、型号和分布结构，进而推算出人口、人口结构甚至是政治倾向（图 2-4）；而同样基于街景数据，Zhang 等（2019）则采用卷积神经网络，预测街道的出租车上下车人数的时间变化特征，精度达到 70% 左右。这意味着，社会感知数据有助于从地理空间视角揭示隐含的关联特征。

2.3.4 异常个例探测

社会感知大数据由于对海量样本个体粒度行为信息的刻画，从而支持较精细时空分辨率的聚合操作。换言之，社会感知提供了对于人群及地理空间的细致观察能力。因此，社会感知手段除了支持人群行为模式及空间分布格局的挖掘外，还可以帮助揭示一些相对数量较少但却不容忽视的“异常”要素，如具有特殊行为的人群以及具有特殊功能的地理单元。这些异常要素，采用聚类等数据挖掘方法时，容易被归并到其他类别从而被忽视，因此需要设计特殊的异常提取手段。针对异常个体的提取，Long 等（2016）利用公交卡刷卡数据的研究提取了

图 2-4　基于街景数据预测人口学特征（Gebru et al.，2017）

北京市四类极端出行者，包括：比普通人更早起床去坐公交的人、深夜里仍然在乘坐公交的人、通勤距离格外长的人、一天之内反复乘坐公交的人。进而，他们分析了这些人居住、职业等信息，从而有助于城市规划和管理者改善这些少数群体的出行条件。而在特殊小众地点的提取方面，一个典型的工作由 Zhang 等（2020）完成。城市中存在着这样的一些小店，它们隐藏在偏僻的胡同小巷中，没有华丽的装潢，但却每天吸引着大量当地的居民，提供地道的当地美食。利用街景影像和社交媒体签到记录，他们挖掘了北京市“不起眼”餐馆（图 2-5）。无疑，它们在城市规划及出行服务中，都需要给予特殊的关注。

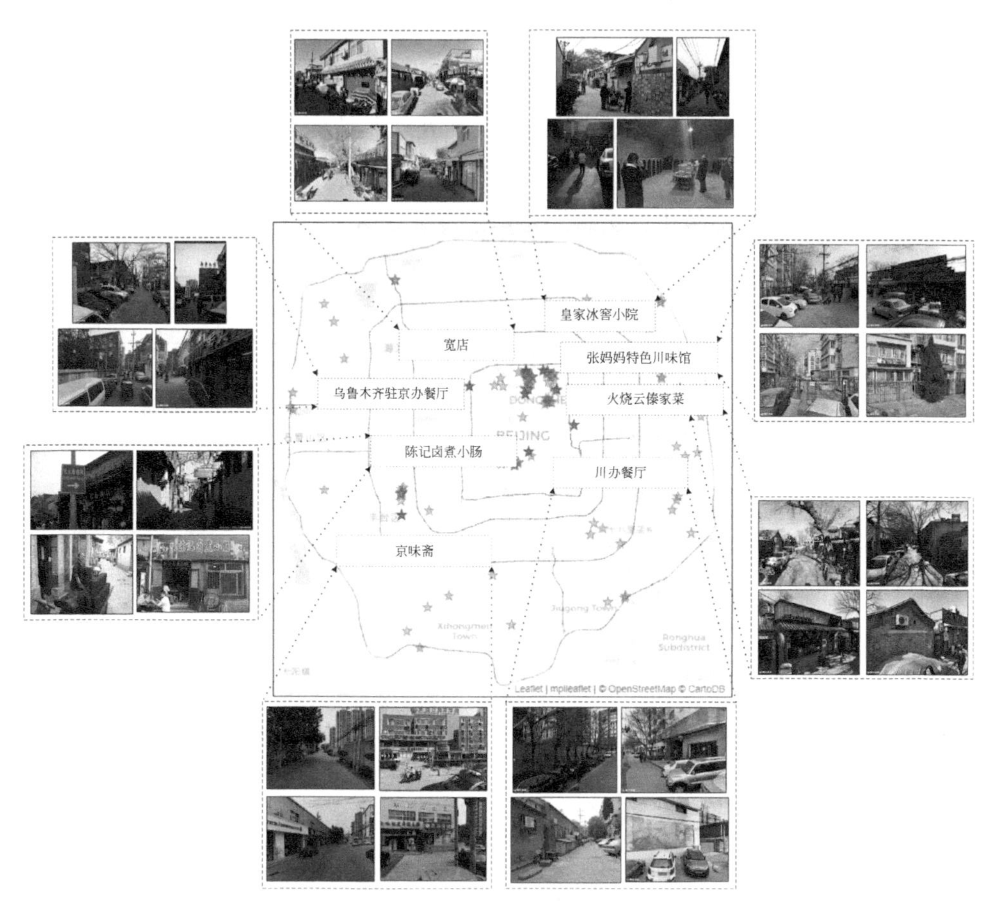

图 2-5 北京市提取的“不起眼”但是重要的场所（Zhang et al.，2020）

因主图无法显示，后加餐馆名所在位置并不精确

2.3.5 未来趋势预测

大数据具有时态特征，这意味着研究者可以基于地理现象过去的模式对未来进行预测。预测问题可以分为短时间尺度（小时、天）和长时间尺度（年）。在短时间尺度，近年来的一个热点方向是交通流预测，包括道路的车流量预测以及车速预测。交通流预测的基本假设就是对于每一个路段，其交通流特征具有时间周期性（交通流的变化与前几天相近）及空间依赖性（即一个路段的交通特征受到相邻路段的影响），因此通常采用时间序列分析方法处理时变特征。近年来，

长短期记忆（long short-term memory，LSTM）网络也被用于进行时间序列预测（Zhang et al.，2019）（图 2-6）。而对于空间特征的处理，图卷积神经网络（graph convolutional network，GCN）由于其在处理非结构化数据的优势，被广泛应用于交通流预测等问题（Zhao et al.，2020）。而在长时间尺度预测方面，目前基于大数据的工作相对较少，更多还是基于传统数据，结合白箱化的机理模型进行预测。

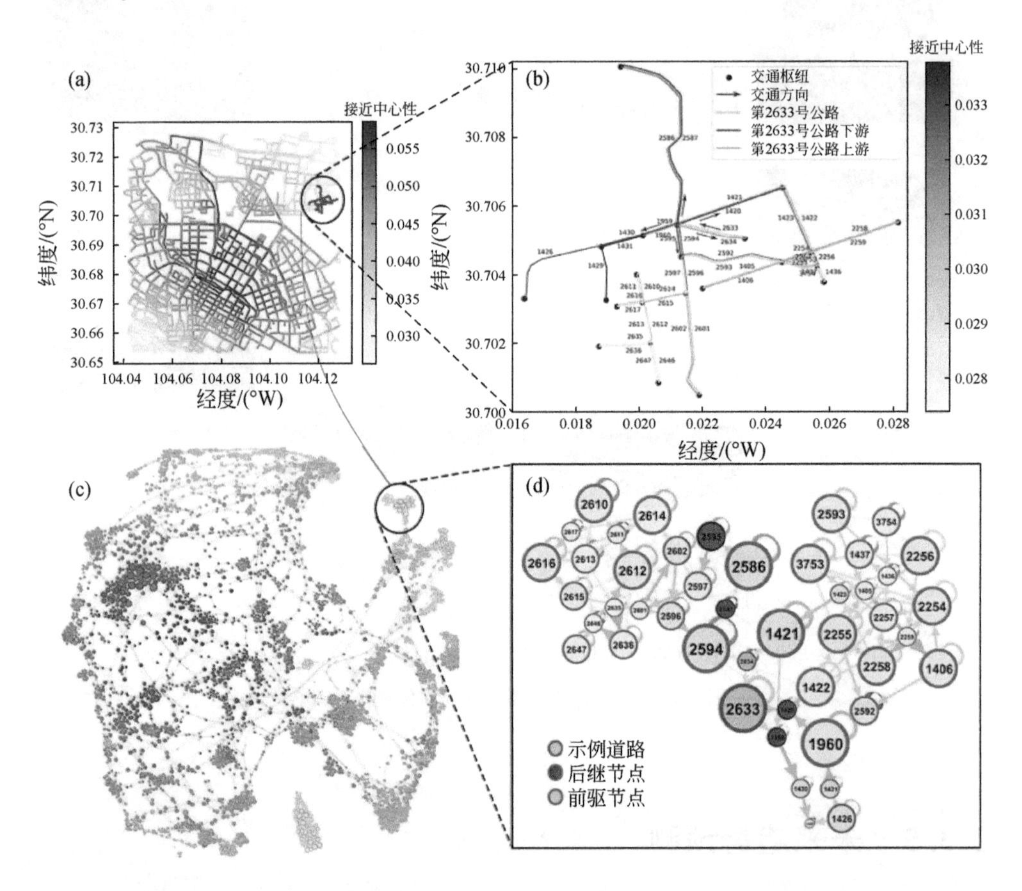

图 2-6　短时交通流预测实例（Zhang et al.，2019）

2.3.6　时空决策优化

大数据具有对海量人群行为细节的感知能力，可以认为站在全局性的“上帝视角”，提供了城市及区域运行的精细观察，从而支持资源时空配置的优化。一个简单的例子，是人们在采用出行服务平台呼叫出租车时，平台未必会派送最近的车辆，因为它采用了全局的优化算法进行车辆分配。如果能利用全局信息，优化出租车的调度模式，则可以很大程度避免交通资源的浪费，提高效率。基于此考虑，Vazifeh 等（2018）提出了一种调度算法，可以将城市的出租车数量减少30%，而不影响出租车的运营。另一项有意义的研究是基于海量人群行为大数据（Xu et al.，2020），发现通过合理地重新分配城市设施，可将旅行成本降低到原先的一半；而在最佳方案当中，平均旅行距离建模为设施数量和人口密度的函数形式。可以看到，这类研究都利用了地理大数据的全局观察能力，通过优化地理对象的静态分布和车辆、个体的动态移动模式，达到特定优化目的。

2.4 社会感知的学科意义

在大数据支持下，社会感知框架提出了一种观测社会经济现象的手段，它借助于各类海量时空数据研究人类时空间行为特征，进而揭示社会经济现象的时空分布、联系及过程。而回顾地理学发展的几次转向，计量革命因为缺少对人的关注而受到批评，后期行为主义则受限于样本太小缺乏定量模型。大数据的出现以及相关的社会感知研究，在一定程度上弥补了上述两个方面的不足，带来了全新的研究范式，也有助于重新审视地理学研究的一些基本问题（刘瑜，2016）。下面围绕地理学研究的两个重要传统：空间分布和空间交互，以及地理学研究的两条途径：定性与定量方法，展开讨论和归纳。

2.4.1 基于地理大数据理解空间异质性

空间异质性是地理学的基础概念，它表现为观测变量的一阶分布以及场所间二阶交互的时空变化特征。空间分布和空间交互在现代地理学研究中受到广泛重视，托布勒（Tobler）地理学第一定律正是阐述了分布的空间依赖及交互所受到的距离影响，从而在理论上支持相关的空间建模与分析。大数据同时提供了对于空间分布和空间交互的感知手段。

首先，人类活动密度的空间差异及时间变化表达了相应地理现象的分布特征。签到数据、手机通话记录以及出租车的上下车点都可以用于量化人群活动的时空分布。在城市尺度上，由于相同功能地块具有相近的人群活动密度以及日变化特征，因此可以基于不同地块的活动时间变化曲线对研究区域进行土地利用分类。还可以从带有时空标记的社交媒体数据获取个体的认知和情绪信息，从而在群体层面构建与不同地点相关联的语义与情感，并刻画地理空间异质性。不论是活动随时间变化的特征，还是语义与情感特征，都可以用于表征地理单元间的空间差异性和依赖性，以及在此基础上展示的空间分布模式。

其次，基于大数据所反映的个体移动和联系，可以在聚集层面量化地理单元间的空间交互。近年来，许多学者基于空间交互构建嵌入空间的网络，即网络的每个节点对应一个地理单元，然后引入网络科学分析方法定量评价地理单元的重要性并发现研究区的结构特征。区域划分是处理地理空间异质性的一条重要途径。在大数据的支持下，目前主要有两类分区方法：第一类方法考虑地理单元所关联的活动时变特征相似性，或语义情感的相似性，利用聚类方法将相似性高的区域进行合并；第二类方法则利用地理单元之间的联系强度，利用网络社区发现算法，将联系较为紧密的地理单元划分到同一区域。这两种方法分别基于空间分布的依赖性和空间交互的强度，其区划结果的地理含义存在差异。前者将会得到特定属性较为均质的区域，而后者得到的分区则往往拥有更为丰富的内部结构，并且可以归因于分区内地理单元功能的差异性和互补性。

2.4.2 基于地理大数据理解距离和尺度

正如托布勒第一定律所陈述的，空间邻近的区域往往具有相似的属性以及更强的交互强度。在空间分析中，属性的相似度可以通过空间自相关指数加以度量，而空间交互强度则可通过重力模型等途径定量表征距离衰减。在大数据支持下，通过对人的空间行为特征的量化，能够挖掘地理现象分布以及空间交互中的距离影响。地理分布中的距离衰减效应意味着空间距离近的区域具有相似的观测值，即表现为正的空间自相关。地理空间的这种分布特性，对于空间分析至关重要，因为它是空间插值的理论基础。对于自然地理现象，相似度的距离衰减容易被观测和理解。而对于人文经济地理现象，尤其是与人的行为有关的现象，其空间自相关程度尚需进一步研究。地理障碍的影响，可能导致人文经济地理现象空间自相关不显著甚至负的空间自相关，典型的如城市的居住隔离现象。

Couclelis（2007）认为，所有经典的人文经济地理模型在表征空间时都将活动视为距离的函数。随着信息与通信技术的发展，距离的空间阻隔作用被大大削弱（Miller，2007），因此许多学者提出了“距离的消亡”（death of distance）（Cairncross，2001）。大数据提供了检视这一论断的支持，除了基于个体的空间移动度量场所之间的联系强度，还可以通过用户间利用信息通信手段（如手机通话、微博好友）等建立的联系感知空间交互。对于前者，人或物在空间中的移动由于成本原因会出现距离衰减；而对于后者，即基于信息通信手段建立的联系中距离影响的程度，目前的研究表明该影响依然存在（Kang et al.，2013）。这说明在基于信息通信手段建立的联系中，距离衰减效应尽管较弱，但并非已经“消亡”。这可以归因于人们在网络空间的联系可以认为是真实世界中联系的映射，即两个区域间的社会经济关联越强，其间居民的联系也越多，即两者存在正相关关系。由于前者存在距离衰减效应，群体层面的联系依然受到空间约束，而不是与距离无关。

在传统地理学研究中，空间分布和空间交互多在区域聚集层面进行分析。由于地理学缺乏天然的分析单元（Longley et al.，2015），研究结果依赖于空间单元形状，即产生了可变面状单元问题（modifiable areal unit problem，MAUP）（Openshaw，1983）。由于大数据的基本粒度是个体，研究者可以同时从个体和群体两个层面观察空间分布和交互模式。很明显，在个体层面的分布和交互模式中，并不存在分析尺度的影响。只有当试图依据不同空间分析单元概括群体层面的模式时，才需要处理 MAUP 问题。因此，可以基于大数据感知到的个体模式在不同聚合过程中的变化考察不同地理现象的尺度效应（图 2-7）。

与空间分析中的尺度效应相类似，基于大数据研究人的空间行为模式需要注意生态学谬误（ecological fallacy）问题。由于大数据具有海量的个体样本，研究者可以很容易观察整个样本的空间行为模式并建立解释模型。然而，由于人群异质性（population heterogeneity）的存在，基于整个人群得到的模式和模型未必适用于每个个体（Liu et al.，2014）。例如，对于一个人群中所有具有联系的个体之间的距离分布，尽管基于手机数据已经观察到距离衰减效应（Kang et al.，2013），然而具体到每个人，其联系对象的空间分布未必随距离增加而变得稀疏。不论是地理空间的 MAUP 问题还是人群的生态学谬误问题，都需要在大数据研究中建立微观个体到宏观群体两个层面模式的关联。

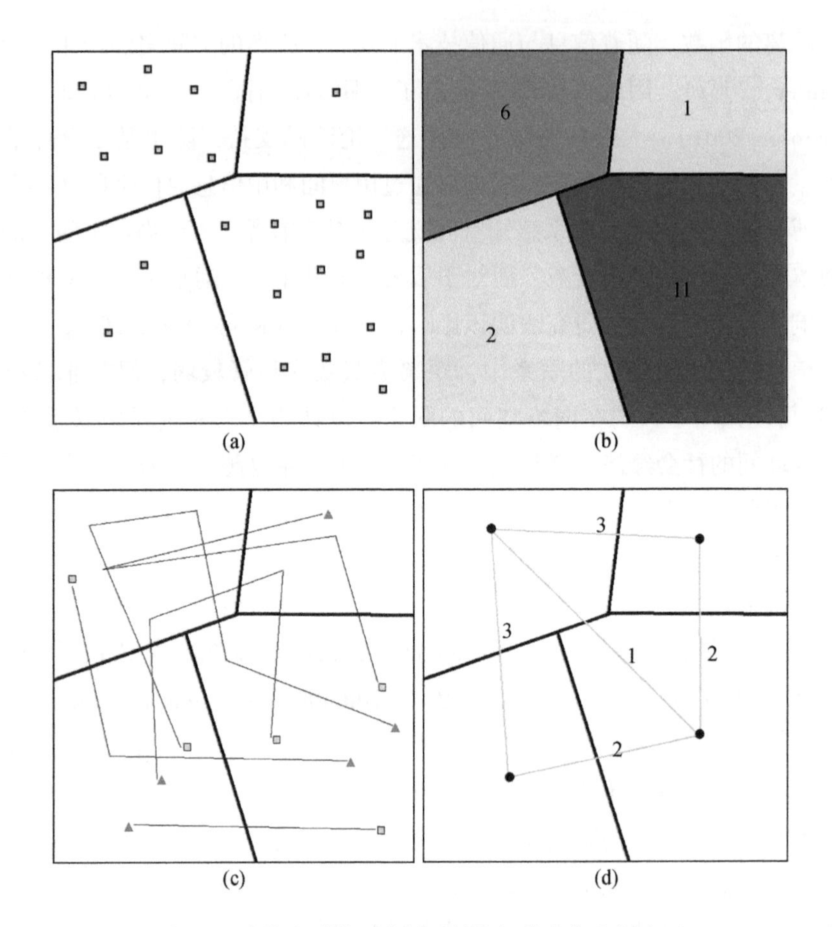

图 2-7　个体和群体两个层面的空间分布与空间交互

（a）个体层面的事件点分布；（b）群体层面的分布；（c）个体层面的空间移动轨迹，其中三角符号和方形符号别表示轨迹起点和终点；（d）群体层面的空间交互模式

2.4.3　基于地理大数据支持的定性和定量混合研究

定性方法和定量方法是地理学研究中的两条重要途径。前者指通过问卷调查访谈等方式获取被研究对象（如特定人群）的属性进行分析并得到结论，后者则指利用数学工具尤其是统计方法量化地理现象并构建相关定量模型（如重力模型）。关美宝（2013）指出，通过定量方法与定性方法在不同领域中的混合使用，可以实现对社会-文化与空间-分析隔阂的超越并形成更有洞察力的研究方

法。我们认为，大数据由于其独特的对人的空间行为模式和地理环境的感知能力，有助于支持定性方法和定量方法的混合使用。

定性研究中获取的访谈数据，除了样本量较小外，根据研究的目的，在属性上通常具有较高的均质性，例如在 Kwan（2008）开展的研究中，受访对象具有“穆斯林”和“女性”两个特征，从而研究她们在“9·11”事件后对环境的恐惧感，而 Wang 和 Chai（2009）则针对居住于单位大院的城市居民，探讨他们的出行模式。与之相反，大数据的采集由于未经采样设计，所反映的人群通常是异质的。González 等（2008）发现了人群异质性对于所观测到的移动性模式的影响，Xie（2013）则进一步指出人群异质性是社会学研究需要处理的重要问题。对于地理研究而言，人群异质性使得基于大数据提取的模式较为平凡且针对性不强，这约束了大数据的应用价值；此外，样本有偏以及属性偏少的缺陷也影响了解释性模型的构建。例如，出租车轨迹数据只能反映了一个城市中的部分出行而且无法获取出行目的，使得我们难以基于该数据针对特定出行需求（如就医）优化城市规划从而减少出行总量。因此，尽管目前大数据已经被广泛应用，但为了弥补大数据的上述不足，小数据的重要性依然不可忽视（甄峰和王波，2015）。从“人”的角度出发，大数据与小数据的集成需要解决大数据的人群异质性与属性信息少的问题。一条可行的途径是根据大数据所反映的空间行为模式，对人群进行聚类或根据预设规则识别出特定群组，从而得到相对均质的子集。该方法相当于增加了数据列数，从而更好地支持与小数据的集成，即可以通过传统方式对感兴趣子集收集更为丰富的属性信息。在实践中，对人群分组的依据包括空间行为模式的相似性以及社交关系强度。

空间和场所是理解地理环境的两条重要途径（Wainwright and Barnes，2009；Agnew，2011）。空间定义了地理分析的参考框架，空间视角的分析方法注重坐标、几何、距离等精确的度量（Goodchild，2015）。而场所则与个人的体验有关（Tuan，1977），在 GIS 中对于场所多基于地名及地名间的关系等定性方式建模。大数据不仅支持空间视角的分布和交互分析手段，而且为理解场所提供了基础（Liu et al.，2015），可将现有分析手段和工具更好地运用于社会科学问题中（MacEachren，2017）。由于大数据对于人的空间行为模式的揭示能力，我们可以从语义与情感、人群活动、空间交互等途径描述与一个场所相关联的人的体验。Sui 和 Goodchild（2011）认为空间和场所分别提供了“自上而下”和“自下而上”的分析地理问题的视角。然而，人文地理学研究更关注人的场所体验，在传统研究中，该体验通常基于访谈、问卷等途径获得。大数据从语义与情感、人群活动、交互模式等三个途径提供了对场所体验（sense of place）的感知手段。尽管信息通信技术提高了人们的移动性和联系性，降低了场所与个体行为之间的耦合关系（Miller，2007），大数据所提供的群体体验依然有助于研究者理解一个场所的特征。

2.5 社会感知相关概念

除社会感知外，一系列与地理大数据有关的概念被提出，其中比较有影响力的有志愿者地理信息（volunteered geographic information，VGI）和城市计算（urban computing）。

2.5.1 志愿者地理信息

志愿者地理信息（Goodchild，2007）是指个人自愿提供的地理数据，它的出现与 Web 2.0 技术以及 Blog、Wiki 等应用密切相关，典型的 VGI 采集网站有 OpenStreetMap［图 2-8（a）］、Wikimapia［图 2-8（b）］等。VGI 意味着可以以众源（crowdsourcing）方式低成本地采集地理信息，但是由于数据提供者往往是

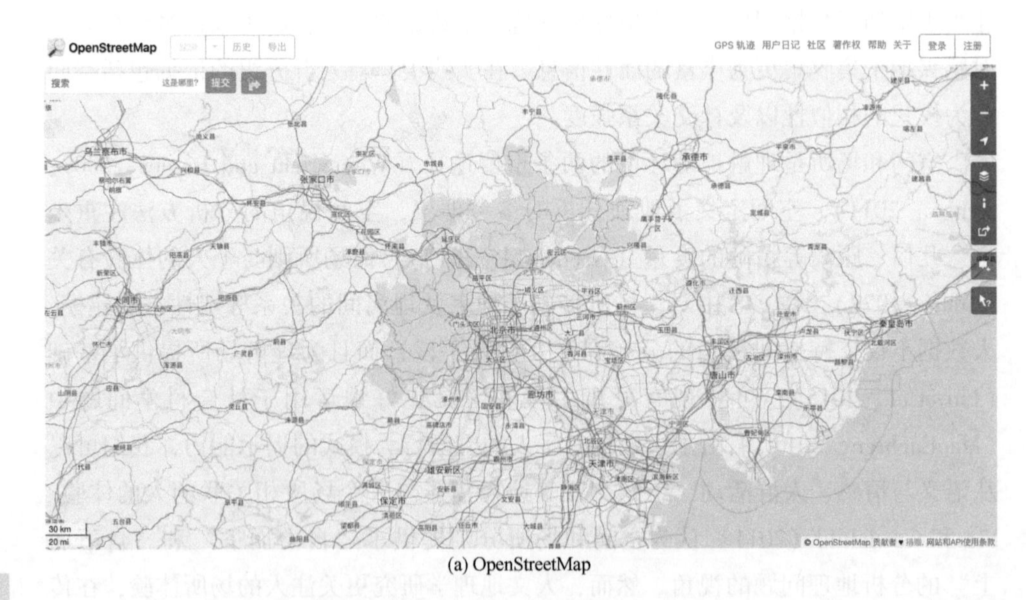

(a) OpenStreetMap

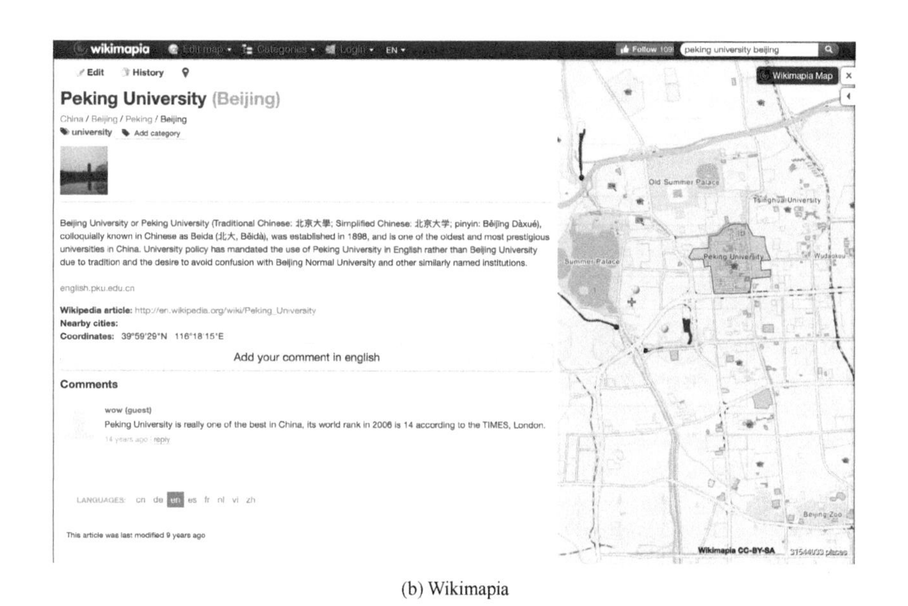

(b) Wikimapia

图 2-8　两个典型的志愿者地理信息采集网站

非专业人士，数据质量保证是个挑战。Goodchild 和 Li（2012）描述了保障 VGI 数据质量的三条途径：①众源途径，即依靠公众核查数据；②社会途径，即建立层次化的信任机制，让少部分优质用户扮演质量核查员的角色；③地理途径，即与已有地理知识和规则进行比对和交叉验证。

值得指出的是，Goodchild 在提出 VGI 时，移动互联网和智能手机还没有被广泛应用，因此，在其最初的描述中，并没有涵盖后来基于位置的服务等产生的地理大数据，尽管这些数据很多也是志愿方式产生和提交的。

2.5.2　城市计算

由于城市是各类地理大数据产生最为密集的区域，这些数据为从多个维度刻画城市时空特征提供了充足的信息支持。集成分析这些数据，有助于支持城市管理和规划，服务于政府、企业和城市居民。在此基础上，Zheng 等（2014）提出了城市计算的概念（图 2-9）。它侧重分析方法，如机器学习、网络分析等，所采用的数据源既包括新型地理大数据，也包括传统地理空间数据与气象数据等。

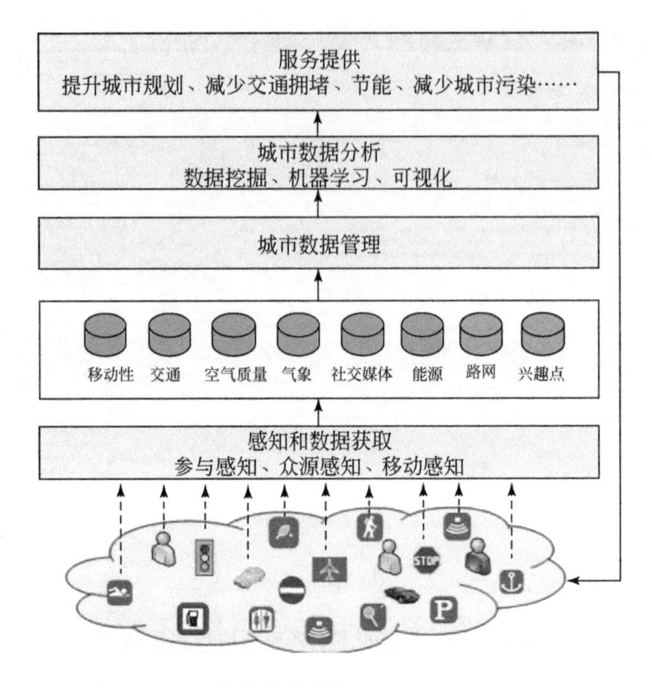

图 2-9　城市计算技术框架（Zheng et al.，2014）

2.6　社会感知相关领域

社会感知是地理信息科学的一个重要研究方向，研究社会感知数据和分析方法，对于地理学有着重要的学科意义。同时，它也具有鲜明的学科交叉特性，开展社会感知研究，离不开地理学以及计算机科学相关领域的知识。下面选择五个主要领域，阐述它们对于社会感知研究的理论和技术支撑。

2.6.1　行为地理学

行为地理学（behavioral geography）是指研究不同人群在不同地理环境下的行为类型和决策行为及其形成因素（包括地理因素、心理因素）的科学，它注重从个体的、微观的行为过程角度入手，研究客观地理环境及主观感受对人的行为的影响。塔娜和柴彦威（2022）梳理了行为地理学研究的三个方向：第一个方向是理解行为，即从微观过程角度探讨空间与个体行为互动关系。其中地理背景对于个体行为的影响是一个重要议题，Kwan（2012）提出地理背景不确定性的问题（uncertain geographic context problem，UGCoP），指出地理空间变量对个体行为产生影响的分析结果，可能受到地理背景单元的划分方法以及其与真实地理背景的偏离程度的影响。除了地理环境外，空间认知研究也有助于从环境感知方面理解人的行为。第二个方向是理解个体，即从行为角度理解个体生活质量及其变化。这方面的研究包括社会网络、家庭关系、生活满意度、幸福感、环境暴露、身心健康等主题。第三个方向则是从微观到宏观，基于个体粒度行为特征，关注城市的人文性、智慧性与社会可持续发展。

值得指出的是，尽管地理大数据提供了个体粒度的行为观察，但是由于其语义信息不够丰富，难以支持全面深入的个体行为分析。基于社会感知手段的行为分析，多在汇总层面开展，典型的如量化一个地理单元的幸福感。由于同一地理单元内的人群异质性会导致生态学谬误，因此，行为地理学仍然主要依赖小样本的问卷调查数据，而在轨迹采集时借助于手持终端提高定位精度。因此，如前所述，“大”“小”数据集成依然是一个重要的研究方向，它可以弥补大数据细节信息不足和小数据难以全面刻画模式的不足。一个可行的途径是通过对大数据分组，刻画宏观模式并实现语义增强，而借助于小数据建立微观的机理模型加以验证。

2.6.2 城市地理学

城市是人类活动最为集中的区域，也是社会感知大数据产生最为集中的区域，而多源大数据也为提升城市的规划和管理提供了数据支持。因此，社会感知的研究和应用，离不开城市地理学作为其理论基础。

城市地理学是研究城市的形成、发展、空间结构和分布规律的学科。具体而言城市研究有两个空间尺度：第一个尺度研究城镇的空间分布以及它们之间的联系，即研究“城市的系统”。在这个方向，克里斯塔勒创立的中心地理论（central place theory）阐述了城市的相互作用和城市体系，成为城市体系理论的先导（Christaller，1966），而量化城市系统中城市人口规模分布规律的齐夫（Zipf）定律，也刻画了一个城市体系内部规模的统计特征。第二个尺度研究城市空间的内部结构，即将“城市作为一个系统”进行研究。其中，比较经典的用地功能结构模式包括伯吉斯（Burgess）的同心圆模式、霍伊特（Hoyt）的扇形模式以及哈里斯（Harris）和乌尔曼（Ullman）的多核心模式。城市空间结构反映了用地功能这一基本要素的分布格局，它是城市居民活动和城市物质空间相互作用的结果。在城市地理学研究中，除了用地外，还可以以建筑物、道路（Louf and Barthelemy，2014）等要素作为度量，理解城市物理环境；基于城市居民住所选择、通勤（Fujita and Ogawa，1982）等行为，揭示城市空间结构的形成机理。此外，从物质环境的角度，借助于遥感数据的支持，可以精细刻画城市热岛、空气污染等现象的空间分布；而在社会经济特征等方面，也有大量学者针对经济活力、社会隔离、居民幸福感等主题及其在城市内部的空间格局开展了工作。

多源地理大数据无疑为精细时空分辨率刻画城市空间提供了有力支撑。不论是从城市体系的角度，还是从城市内部结构的角度，都有丰富的研究案例。如 Ratti 等（2010，2006）分别利用座机和手机通话数据，对城市间联系以及城市内部空间特征的刻画。而在中国，我们仅举两例，在城市间区域尺度，有 Zhen 等（2017）利用社交媒体数据对长江三角洲城市群间联系的揭示；而在城市内部，有 Liu 和 Wang（2016）利用精细人口分布对于城市多中心特征的研究。

与城市间尺度的地理现象相比，城市内部的物质环境和社会经济环境，以及它们之间的耦合关系和动态演化，具有高度的空间异质性和复杂性，并且与城市居民生活息息相关，从而吸引了更多关注。集成传统空间数据、遥感数据（尤其是高分辨率遥感数据）、社会感知数据，可以全面量化这种异质性和复杂性。如图 2-10 所示，在北京市北部曾经存在著名“蚁族村”——北四村（现已整治并重新规划），结合遥感、街景、社会感知大数据等多种感知手段，可以清晰刻画城市的社会隔离现象，从而服务于相应的隔离消除措施。

(a)

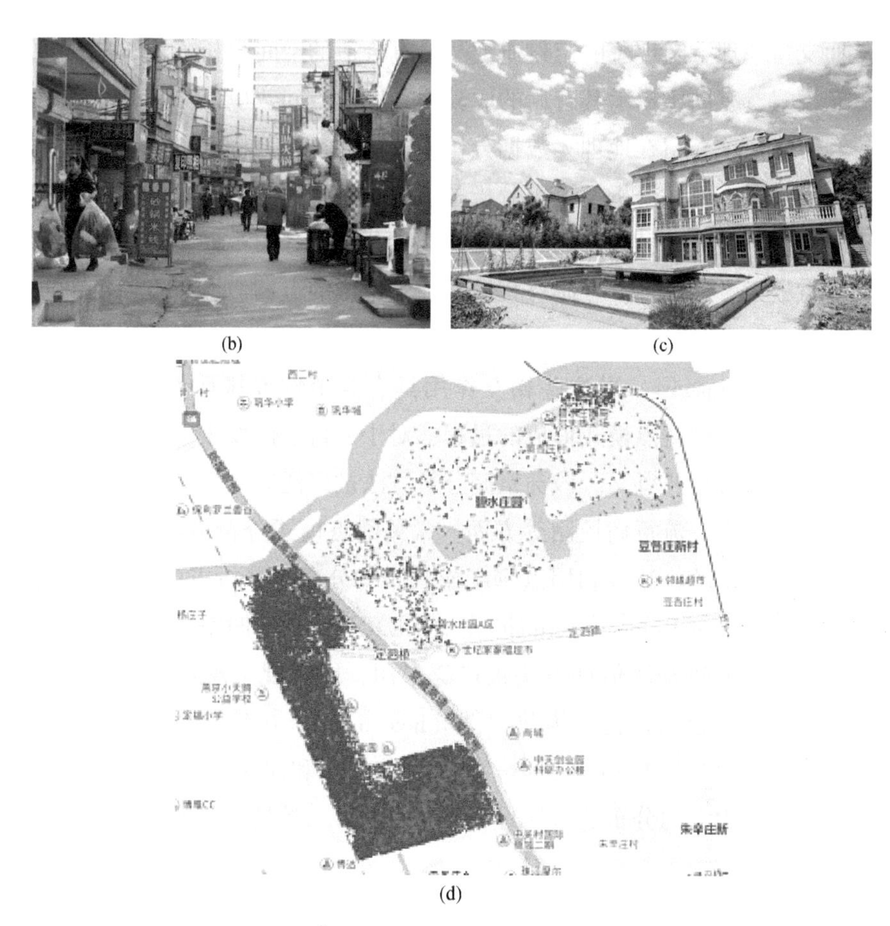

(b) (c)

(d)

图 2-10　北京曾经的“蚁族①村”附近所呈现的地理环境及人口分布的空间异质性

（a）为北京市昌平区北四村以及碧水庄园别墅区的遥感影像。其中北四村曾经是著名的“蚁族村”，有约九万年轻人租住于图示范围内（b）；而环境优美的碧水庄园别墅区（c），与北四村最近距离不到 1 千米；（d）利用定位大数据所展示的两个区域的人口分布密度对比

2.6.3　空间分析

空间分析是地理信息系统的核心功能，它通过分析空间数据，提取潜在信

① “蚁族”的概念由廉思在 2007 年出版的《蚁族》一书中首次提出，指接受过大专以上教育，但收入较低，且处于聚居状态的青年流动人口，但由于年龄相仿、收入较低且普遍受过高等教育，因而有一定的同质性。

息，从而支持地理空间现象的定量研究。通过合适的空间分析方法，挖掘地理现象的分布模式，有助于揭示其背后的驱动因素以及空间效应，如空间依赖和距离衰减等。下面简单介绍在地理大数据分析中常用的空间分析方法。考虑到大数据的细粒度特点，点模式分析及聚类分析是被经常用到的两个基本方法。

点模式分析是根据已有观测点的空间位置分析其分布模式。一般来说，有两种不同的点模式生成过程：一阶过程涉及独立定位的点，但由于点密度的变化仍可能导致聚类；二阶过程包括点与点之间的相互作用，当这些相互作用具有吸引力时会形成簇（cluster），当这些相互作用具有竞争性或排斥性时会形成散布。点模式分析有助于推测点模式形成的过程，对于分析事件发生的成因及规划实体点的定位布局具有重要意义。该类空间分析方法被广泛应用于基础设施布局、商业选址、犯罪分析、流行病控制等方面。常见的点模式分析方法可以分为两类：第一类是基于密度的方法，利用点密度或其频率分布来分析点的空间分布模式，如核密度估计（kernel density estimation，KDE）法。由于时空点是地理大数据最常见的格式，点的核密度估计方法被广泛采用，以直观呈现特定现象的空间分布，其得到的结果也通常被称为热力图（heat map）。在热力图基础上，可以进行不同现象的对比，如 Li 等（2013）比较了 Flickr 和 Twitter 两类社交媒体数据在美国本土范围内空间分布的差异（图 2-11）。第二类是基于距离的方法，利用

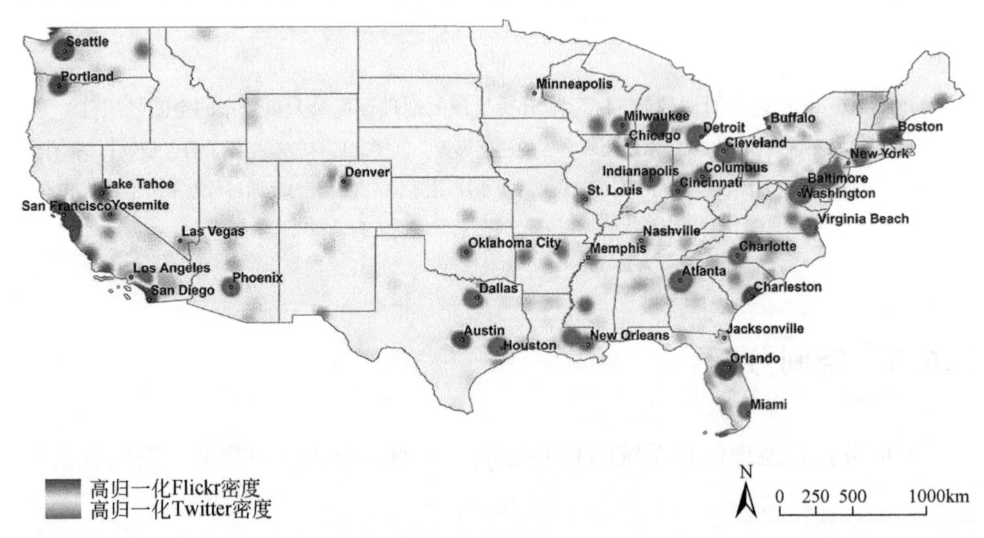

图 2-11　Flickr 和 Twitter 数据空间分布比较，其中采用了核密度估计方法并进行了归一化处理（Li et al.，2013）

点之间的间距信息分析点的空间分布模式，如 Ripley's K 函数等方法，这类方法由于计算量较大，适合于处理点位较少的情形，在大数据分析中较少采用。

聚类分析是对于个体粒度的对象，依据一定的相似性度量准则划分成若干群组（或簇）的方法。其中 *K*-means 和 DBSCAN（density-based spatial clustering of application with noise）是最常用的两个方法。*K*-means（MacQueen，1967）的基本思想为：对于包含 n 个对象的数据集，给定聚类数 k（$k \leqslant n$），通过不断优化一定的目标划分准则（如平方误差准则），直到将整个数据集划分为 k 个划分，每个划分即为一个簇。DBSCAN 是一种基于密度的空间聚类算法（Ester et al.，1996），它将具有足够高密度的区域划分为簇。

在普通二维点的基础上进行扩展，考虑时间因素形成时空点，或者将点扩展为点对构成的流，分析其时空分布并进行聚类，也是地理大数据分析的重要方向。例如，利用时空扫描统计，可以识别时空三维空间中的聚类。Cheng 和 Wicks（2014）利用该方法发现带有点位 Twitter 数据的聚类，从而确定特定事件（如足球比赛）的影响范围。同样，采用适当的扩展，可以把对于点的分析方法和统计指标应用于流，如 Song 等（2019）提出了流聚类方法，以及 Shu 等（2021）针对流数据提出的 L 函数。

当基于个体粒度大数据，根据空间划分得到汇总层面的一阶空间分布或二阶空间交互后，所采用空间分析方法和传统的空间分析方法基本一致，如空间自相关分析、空间回归分析（如地理加权回归和空间计量回归）、空间交互分析等，在此不再赘述。

2.6.4 遥感

遥感（remote sensing，RS）一般指运用传感器/遥感器对物体的电磁波的辐射、反射特性的探测，其中对地观测是遥感技术的主要应用领域。遥感技术自 20 世纪诞生以来，已经成为获取地球资源与环境信息的重要手段，并成功应用于土地、农业、气象等领域。遥感数据的广泛应用，使得人们对于地球的观测能力有了大幅度提升，可以更全面、准确、实时地观测人类生活所在的地理空间，从而使得相关地学研究，如全球变化和可持续发展，进入到一个全新阶段。

在基于遥感数据对地物进行识别时，一个重要的基础就是利用地物波谱特性，即不同地物各自所具有的电磁波特性（图 2-12）。一项典型的遥感应用是利用多波段影像对不同类型地物进行识别，从而进行土地覆被（land cover）制图。然而，从土地覆被到具体土地利用（land use）信息的解读，必须要结合人类的活动状况。简而言之，遥感的对地观测能力主要集中于对于自然地理要素的观测，而对于社会经济活动的感知能力却相对较弱（尽管近年来夜光遥感等数据为度量经济发展提供了有力支撑）。

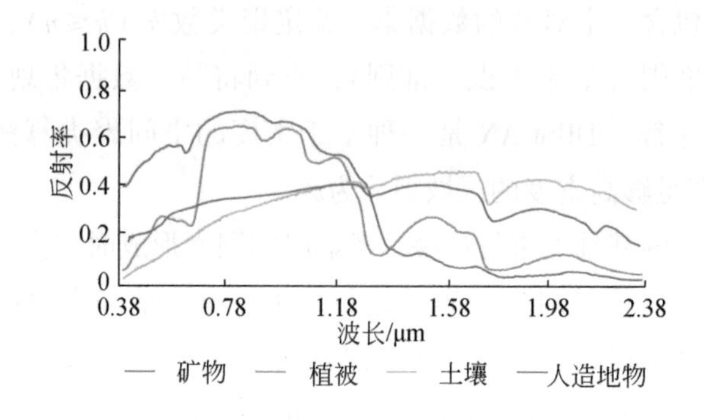

图 2-12 不同类型地物的波谱曲线（黄志华等，2018）

无疑，社会感知数据为提取人类活动信息提供了有力的支撑手段，从而弥补了遥感的局限。社会感知应用中，一个重要的假设就是不同的用地类型，尤其是城市内部的不同用地，如居住用地、商业用地，具有不同的活动韵律周期特性。例如，在居住区对应的日间和夜间活动量变化模式应与商业区相反。因此，我们可以把基于不同类型大数据（如手机信令数据）获取的特定地理单元活动量的日变化曲线称为时谱曲线（temporal signature）。不同类型城市用地功能，对应着不同的时谱曲线，因此可以利用不同时段的活动分布数据，对土地利用进行分类（Liu et al.，2012）。

传统的遥感技术利用光谱特征等获取地物信息，但无法有效感知社会经济环境特征，而社会感知大数据包含丰富的人群时空行为信息，形成了对传统遥感数据和分析手段的有力补充（Tu et al.，2017）。同样，社会感知可以采用时谱曲线识别土地状况，使得社会感知大数据分析可以借鉴传统的遥感图像处理方法。图 2-13 展示了利用上海市签到量数据、出租车上车次数数据以及下车次数数据，进行 R-G-B 假彩色合成，得到一天内三个时段：上午 8:00、下午 2:00 及晚上 8:00的影像，从中可以较好识别城市内不同区域活动量的强度和时间变化，以及所反映的土地利用状况。在借鉴遥感方法进行社会感知数据处理中，一个典型的工作

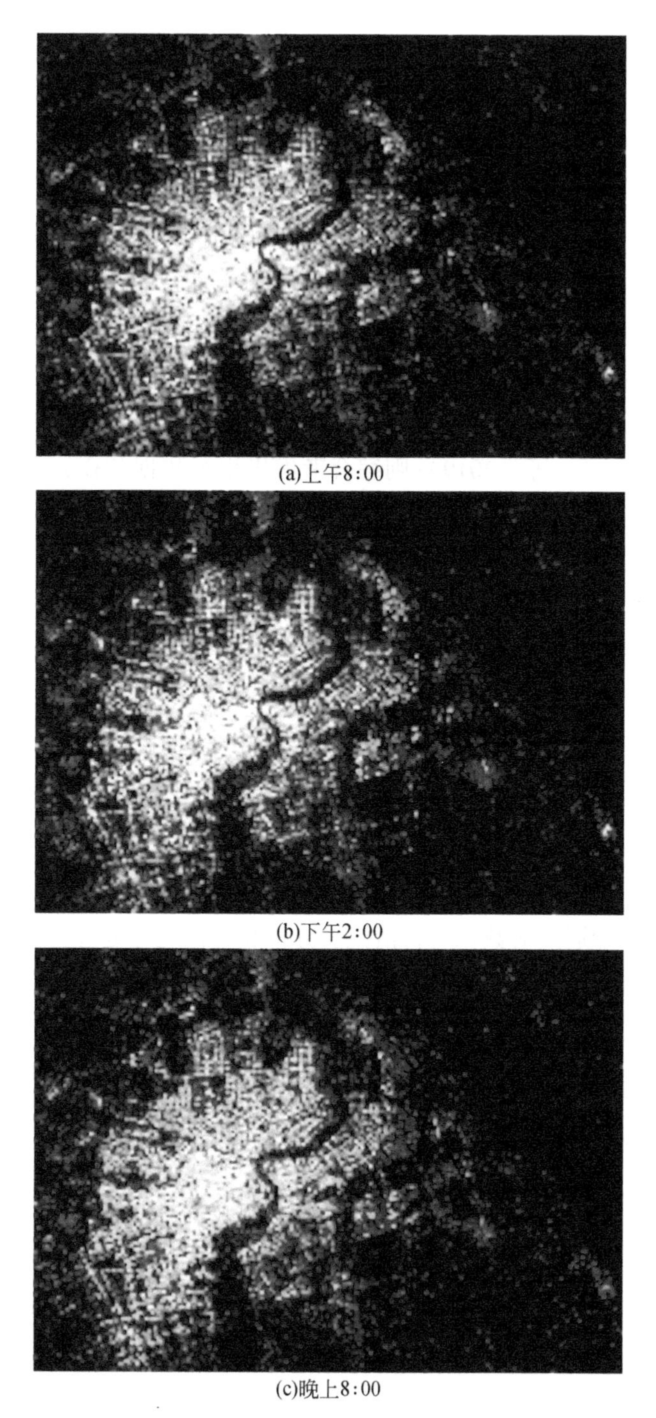
(a)上午8:00
(b)下午2:00
(c)晚上8:00

图 2-13　上海市不同时间社会感知数据的“假彩色”合成图像

是采用遥感中对光谱曲线进行分离实现亚像元分解的技术路线，对社会感知数据获得的时谱曲线进行分解，从而衡量城市内部不同区域的用地混合情况（Wu et al.，2020）。

“人地关系”是地理学研究中的重要主题之一，这意味着需要对地理空间中的物质环境和社会经济环境进行观测。由于遥感和社会感知数据分别提供了这两种观测的支撑，因此，结合两类数据，全面理解地理空间，尤其是城市空间中不同类别要素之间的耦合关系，是一个重要的研究方向。其中有代表性的研究有如下几项：Jendryke等（2017）结合社交媒体数据和微波遥感数据，对上海市土地利用进行分类的工作；Cai等（2017）集成社交媒体数据和夜光数据，对城市多中心结构的识别；Yu等（2019）则综合考虑出租车数据和夜光遥感数据，提高了城市人口分布的估计精度。上述工作体现了集成物质环境和社会经济环境特征在刻画城市空间结构中的优势。

2.6.5　数据科学

数据科学（data science）的快速发展与大数据密不可分。它是一个将统计学、数据分析、信息学及其相关方法统一起来的概念，以便用数据“理解和分析实际现象”。数据科学使用从数学、统计学、计算机科学、信息科学等许多领域中提取的技术和理论（Bell et al.，2009）。

数据科学研究通过对数据进行清洗、分析和可视化等处理，来提取有价值的信息。因此，其相关技术包括以下几个方面：①大数据管理平台和框架技术，如SQL、Spark、Hadoop、Hive和Pig等。②数据可视化技术，帮助用户更好呈现数据背后的模式和规律。其中地理大数据的可视化是其中重要的一个方向，图2-14呈现了基于出租车数据提取的北京市道路拥堵时空分布（Wang et al.，2013），从中可以看到路况的周期性特征（如18:00左右的晚高峰拥堵），以及由于异常事故导致的交通拥堵。③数据挖掘技术，帮助发现数据中蕴含的知识，主要任务包括关联分析、聚类、分类、预测、时序模式、偏差分析等，其中聚类、分类、预测等可以借助于机器学习（machine learning）技术完成，机器学习可以实现无监督的聚类、有监督的对于连续变量预测的回归、以及对于离散变量预测的分类等。目前机器学习的方法非常多，如基于邻近规则的K-NN方法、贝叶斯方法、决策树方法、支持向量机（support vector machine，SVM）方法、人工神经网络

(artificial neural network，ANN）方法等。近年来，深度神经网络方法大量涌现，推动了人工智能技术的快速发展，大大提升了从大数据中挖掘知识的能力。

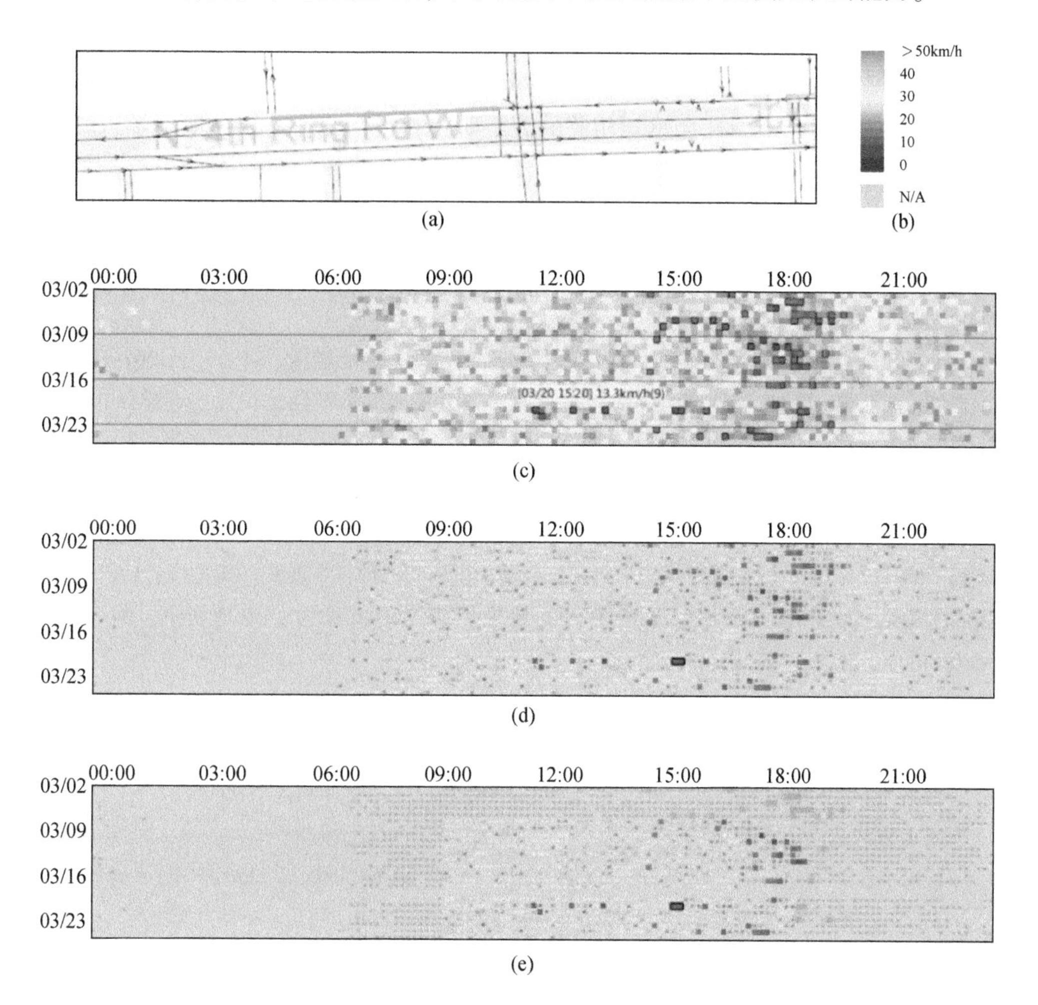

图 2-14 利用可视化手段呈现基于出租车数据提取的北京市道路交通状况时空分布（Wang et al.，2013）

2.7 小 结

多源地理大数据为地理学研究以及相关领域的应用提供了前所未有的社会感知手段。社会感知概念概括了不同类型的新型地理大数据及相关分析方法和应用。本章构建了社会感知研究的框架和方法论，指出了社会感知的六个应用范式。通过分析社会感知数据以及分析方法的特点，我们认为它对于重新审视地理学，尤其是人文地理学的一些传统理论，具有重要的价值。本章也辨析了社会感知与大数据时代到来引发的相关概念，如志愿者地理信息及城市计算的区别和联系。最后，我们介绍了社会感知相关的五个研究领域，分别是行为地理学、城市地理学、空间分析、遥感、数据科学，这些领域为社会感知研究和应用提供了理论和方法基础。

参考文献

关美宝. 2013. 超越地理学二元性：混合地理学的思考. 地理科学进展，32（9）：1307-1315.

黄志华，阎跃观，张浩，等. 2018. 智能高光谱遥感卫星前视相机性能设计. 遥感学报，22（4）：535-545.

刘瑜. 2016. 社会感知视角下的若干人文地理学基本问题再思考. 地理学报，71（4）：564-575.

塔娜，柴彦威. 2022. 行为地理学的学科定位与前沿方向. 地理科学进展，41（1）：1-15.

甄峰，王波. 2015. "大数据"热潮下人文地理学研究的再思考. 地理研究，34（5）：803-811.

Agnew J. 2011. Space and place//Agnew J and Livingstone D. Handbook of Geographical Knowledge. London：Sage.

Bell G，Hey T，Szalay A. 2009. Computer science：Beyond the data deluge. Science，323（5919）：1297-1298.

Cai J，Huang B，Song Y. 2017. Using multi- source geospatial big data to identify the structure of polycentric cities. Remote Sensing of Environment，202：210-221.

Cairncross F. 2001. The Death of Distance：How the Communications Revolution will Change Our Lives. MA：Harvard Business Press.

Cheng T，Wicks T. 2014. Event detection using Twitter：A spatio- temporal approach. PLoS ONE，9（6）：e97807.

Chi G，Thill J-C，Tong D，et al. 2016. Uncovering regional characteristics from mobile phone data：A network science approach. Papers in Regional Science，95（3）：613-631.

Christaller W. 1966. Central Places in Southern Germany. Eaglewood Cliffs：Prentice Hall.

Couclelis H. 2007. Misses，near-misses and surprises in forecasting the informational city//Miller H J. Societies and Cities in the Age of Instant Access. Berlin：Springer.

Dunbar R I M. 1992. Neocortex size as a constraint on group size in primates. Journal of Human

Evolution, 22 (6): 469-493.

Ester M, Kriegel H P, Xu X. 1996. A density-based algorithm for discovering clusters a density-based algorithm for discovering clusters in large spatial databases with noise. Porland, USA: International Conference on Knowledge Discovery and Data Mining.

Fujita M, Ogawa H. 1982. Multiple equilibria and structural transition of non-monocentric urban configurations. Regional Science and Urban Economics, 12 (2): 161-196.

Gao S, Janowicz K, Couclelis H. 2017. Extracting urban functional regions from points of interest and human activities on location-based social networks. Transactions in GIS, 21 (3): 446-467.

Gao S, Liu Y, Wang Y, et al. 2013. Discovering spatial interaction communities from mobile phone data. Transactions in GIS, 17 (3): 463-481.

Gebru T, Krause J, Wang Y, et al. 2017. Using deep learning and google street view to estimate the demographic makeup of neighborhoods across the United States. Proceedings of the National Academy of Sciences of the United States of America, 114 (50): 13108-13113.

Gonzάlez M C, Hidalgo C A, Barabάsi A B. 2008. Understanding individual human mobility patterns. Nature, 458: 779-782.

Goodchild M F. 2007. Citizens as sensors: The world of volunteered geography. GeoJournal, 69 (4): 211-221.

Goodchild M F. 2015. Space, place and health. Annals of GIS, 21 (2): 97-100.

Goodchild M F, Li L. 2012. Assuring the quality of volunteered geographic information. Spatial Statistics, 1: 110-120.

Guan Q, Cheng S, Pan Y, et al. 2020. Sensing mixed urban land-use patterns using municipal water consumption time series. Annals of the American Association of Geographers, 111 (1): 68-86.

Jendryke M, Balz T, McClure S C, et al. 2017. Putting people in the picture: Combining big location-based social media data and remote sensing imagery for enhanced contextual urban information in Shanghai. Computers, Environment and Urban Systems, 62: 99-112.

Kang C, Zhang Y, Ma X, et al. 2013. Inferring properties and revealing geographical impacts of intercity mobile communication network of China using a subnet data set. International Journal of Geographical Information Science, 27 (3): 431-448.

Kwan M-P. 2012. The uncertain geographic context problem. Annals of the Association of American Geographers, 102 (5): 958-968.

Kwan M- P. 2008. From oral histories to visual narratives: Re- presenting the post- September 11 experiences of the Muslim women in the United States. Social and Cultural Geography, 9 (6): 653-669.

Li L, Goodchild M F, Xu B. 2013. Spatial, temporal, and socioeconomic patterns in the use of twitter and flickr. Cartography and Geographic Information Science, 40 (2): 61-77.

Liu X, Gong L, Gong Y, et al. 2015. Revealing travel patterns and city structure with taxi trip data. Journal of Transport Geography, 43: 78-90.

Liu X, Wang M. 2016. How polycentric is urban China and why? A case study of 318 cities. Landscape and Urban Planning, 151: 10-20.

Liu Y, Liu X, Gao S, et al. 2015. Social sensing: A new approach to understanding our socio-economic environments. Annals of the Association of American Geographers, 105 (3): 512-530.

Liu Y, Sui Z, Kang C, et al. 2014. Uncovering patterns of inter-urban trip and spatial interaction from social media check-in data. PLoS ONE, 9 (1): e86026.

Liu Y, Wang F, Xiao Y, et al. 2012. Urban land uses and traffic ′source-sink areas′: Evidence from GPS-enabled taxi data in Shanghai. Landscape and Urban Planning, 106 (1): 73-87.

Long Y, Liu X, Zhou J, et al. 2016. Early birds, night owls, and tireless/recurring itinerants: An exploratory analysis of extreme transit behaviors in Beijing, China. Habitat International, 57: 223-232.

Longley P, Goodchild M F, Maguire D J, et al. 2015. Geographic Information Science and Systems (4th ed.) . New Jersey: Wiley.

Louf R, Barthelemy M. 2014. A typology of street patterns. Journal of the Royal Society Interface, 11 (101): 20140924.

MacEachren A M. 2017. Leveraging big (Geo) data with (Geo) visual analytics: Place as the next frontier. Beijing, China: Advances in Geographic Information Science, The 17th International Symposium on Spatial Data Handling.

MacQueen J. 1967. Some methods for classification and analysis of multivariate observations. Berkeley, USA: The Fifth Berkeley Symposium on Mathematical Statistics and Probability.

Marchetti C. 1994. Anthropological invariants in travel behavior. Technological Forecasting and Social Change, 47 (1): 75-88.

Miller H J. 2007. Place-based versus people-based geographic information science. Geography Compass, 1 (3): 503-535.

Nagrani A, Albanie S, Zisserman A. 2018. Seeing Voices and Hearing Faces: Cross-Modal Biometric Matching. Salt Lake City, USA: The IEEE Computer Society Conference on Computer Vision and Pattern Recognition.

O' Sullivan D, Manson S M. 2015. Do physicists have geography envy? And what can geographers learn from it? Annals of the Association of American Geographers, 105 (4): 704-722.

Openshaw S. 1983. The Modifiable Areal Unit Problem. Norwick: Geo Books.

Ratti C, Frenchman D, Pulselli R M, et al. 2006. Mobile landscapes: Using location data from cell phones for urban analysis. Environment and Planning B: Planning and Design, 33 (5): 727-748.

Ratti C, Sobolevsky S, Calabrese F, et al. 2010. Redrawing the map of Great Britain from a network of human interactions. PLoS ONE, 5 (12): e14248.

Schläpfer M, Dong L, O' Keeffe K, et al. 2021. The universal visitation law of human mobility. Nature, 593 (7860): 522-527.

Shu H, Pei T, Song C, et al. 2021. L- function of geographical flows. International Journal of Geographical Information Science, 35 (4): 689-716.

Song C, Koren T, Wang P, et al. 2010. Modelling the scaling properties of human mobility. Nature Physics, 6 (10): 818-823.

Song C, Pei T, Ma T, et al. 2019. Detecting arbitrarily shaped clusters in origin- destination flows using ant colony optimization. International Journal of Geographical Information Science, 33 (1): 134-154.

Sui D, Goodchild M F. 2011. The convergence of GIS and social media: Challenges for GIScience. International Journal of Geographical Information Science, 25 (11): 1737-1748.

Thiemann C, Theis F, Grady D, et al. 2010. The Structure of Borders in a Small World. PLoS ONE, 5 (11), e15422.

Tian H, Liu Y, Li Y, et al. 2020. An investigation of transmission control measures during the first 50 days of the COVID-19 epidemic in China. Science, 368 (6491): 638-642.

Tobler W. 1970. A computer movie simulating urban growth in the Detroit region. Economic Geography, 46 (2): 234-240.

Tu W, Cao J, Yue Y, et al. 2017. Coupling mobile phone and social media data: A new approach to understanding urban functions and diurnal patterns. International Journal of Geographical Information, 31 (12): 2331-2358.

Tuan Y F. 1977. Space and Place: The Perspective of Experience. Minneapolis: University of Minnesota Press.

Vazifeh M M, Santi P, Resta G, et al. 2018. Addressing the minimum fleet problem in on- demand urban mobility. Nature, 557 (7706): 534-538.

Wainwright J, Barnes T. 2009. Nature, economy, and the space- place distinction. Environment and Planning D: Society and Space, 27: 966-986.

Wang D G, Chai Y W. 2009. The jobs- housing relationship and commuting in Beijing, China: the legacy of Danwei. Journal of Transport Geography, 17 (1): 30-38.

Wang Y, Wang F, Zhang Y, et al. 2019. Delineating urbanization "source- sink" regions in China: Evidence from mobile app data. Cities, 86: 167-177.

Wang Z, Lu M, Yuan X, et al. 2013. Visual traffic jam analysis based on trajectory data. IEEE

Transactions on Visualization and Computer Graphics, 19 (12): 2159-2168.
Wen Y, Singh R, Raj B. 2019. Face reconstruction from voice using generative adversarial networks. Vancouver: The 33rd Annual Conference on Neural Information Processing Systems, NeurIPS 2019.
Wu L, Cheng X, Kang C, et al. 2020. A framework for mixed-use decomposition based on temporal activity signatures extracted from big geo-data. International Journal of Digital Earth, 13 (6): 708-726.
Xie Y. 2013. Population heterogeneity and causal inference. Proceedings of the National Academy of Sciences of the USA, 110 (16): 6262-6268.
Xu Y, Olmos L E, Abbar S, et al. 2020. Deconstructing laws of accessibility and facility distribution in cities. Science Advances, 6 (37): eabb4112.
Yao Y, Li X, Liu X, et al. 2017. Sensing spatial distribution of urban land use by integrating points-of-interest and Google Word2Vec model. International Journal of Geographical Information Science, 31 (4): 825-848.
Yao Y, Yan X, Luo P, et al. 2022. Classifying land-use patterns by integrating time-series electricity data and high-spatial resolution remote sensing imagery. International Journal of Applied Earth Observation and Geoinformation, 106: 102664.
Yu B, Lian T, Huang Y, et al. 2019. Integration of nighttime light remote sensing images and taxi GPS tracking data for population surface enhancement. International Journal of Geographical Information Science, 33 (4): 687-706.
Zhang F, Wu L, Zhu D, et al. 2019. Social sensing from street-level imagery: A case study in learning spatio-temporal urban mobility patterns. ISPRS Journal of Photogrammetry and Remote Sensing, 153: 48-58.
Zhang F, Zu J, Hu M, et al. 2020. Uncovering inconspicuous places using social media check-ins and street view images. Computers, Environment and Urban Systems, 81: 101478.
Zhang Y, Cheng Y, Ren Y. 2019. A graph deep learning method for short-term traffic forecasting on large road networks. Computer-aided Civil and Infrastructure Engineering, 34 (10): 877-896.
Zhao L, Song Y, Zhang C, et al. 2020. T-GCN: A temporal graph convolutional network for traffic prediction. IEEE Transactions on Intelligent Transportation Systems, 21: 3848-3858.
Zhen F, Cao Y, Qin X, et al. 2017. Delineation of an urban agglomeration boundary based on Sina Weibo microblog 'check-in' data: A case study of the Yangtze River Delta. Cities, 60: 180-191.
Zheng Y, Capra L, Wolfson O, et al. 2014. Urban computing: Concepts, methodologies, and applications. ACM Transactions on Intelligent Systems and Technology, 5 (3): 38.

第 3 章　时空间行为感知

3.1　移动和活动

每个个体都在地理空间内移动，其移动的时空尺度差异很大，大到全球范围（极个别宇航员甚至会到访太空、月球），小到室内空间。在一段时间内，观察记录一个个体的移动和活动，会形成一条时空轨迹。一条典型的时空轨迹，如：[0:00-7:00，居家（坐标位置）] → [7:00-8:00，上班通勤（坐标位置序列）] → [8:00-17:00，工作（坐标位置）] → [17:00-17:30，到达超市（坐标位置序列）] → [17:30-18:30，超市购物（坐标位置）] → [18:30-19:00，回家（坐标位置序列）] → [19:00-24:00，居家（坐标位置）]，在这段轨迹中，包括了三项活动：居家、工作、购物，以及三次移动：从家到工作地的上班通勤、从工作地到超市的移动、从超市回家的移动。在（x，y，t）三维空间中，可以较好地可视化一条轨迹的时空特征（图 3-1）。

根据时空尺度，人的移动大致可以分为三个层次：第一个是区域尺度，如在城际之间的商务及旅游等出行，这种移动通常在个体生命周期中占比较低，并且具有往返特性；第二个是在城市尺度的日常出行，包括通勤、购物、休闲娱乐等，这种移动在城市居民生活中几乎每天都会发生，移动轨迹和城市的空间结构密切相关，而大数据也对该尺度的移动提供了较好的感知能力，因此目前的研究多集中于该尺度；第三个尺度是局限于更小的空间范围（可以称为亚城市尺度），在短于一天时长内完成的移动，如在公园内的游览、在大型展览馆内的移动，通常这类移动的随机性更强。

研究人的移动和活动具有重要的应用价值。首先，它是交通问题研究的基础，大部分移动都需要借助特定交通工具完成，交通设施的优化以及交通管理的改善，需要对移动及活动规律的理解。其次，由于个体在空间上的移动，导致了

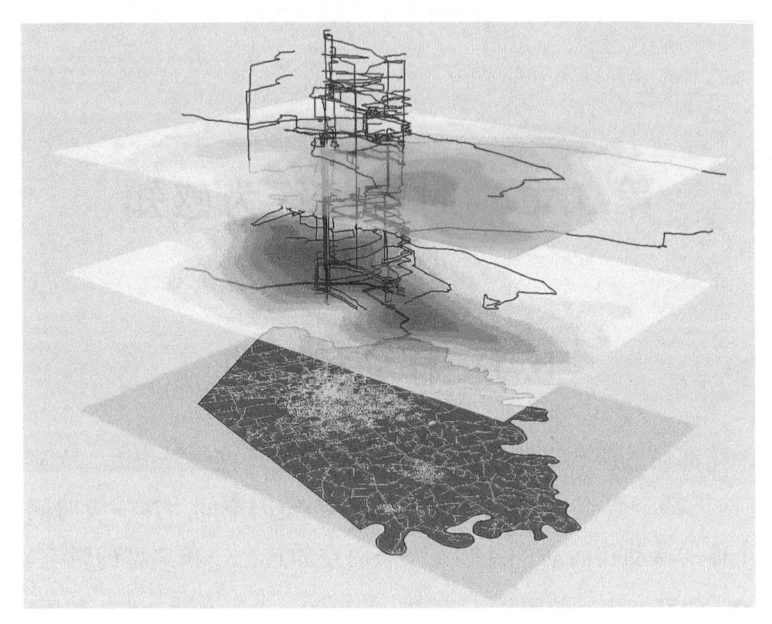

图 3-1　在（x, y, t）三维空间中可视化时空轨迹

图来自 M. -P. Kwan 教授网站：http://www.meipokwan.org/Gallery/STPaths.htm

相遇机会（Sun et al., 2013），这种相遇有助于思想的交流和沟通，从而带来社会经济效益；但是，从公共卫生的角度，这会造成疫情的传播和扩散，因此在实践中，很多疫情防控都采取了限制人们出行强度的手段。

3.2　人类移动性与活动空间

3.2.1　人类移动性模式

动物以及人在空间中移动所展示的规律性，是生态及复杂系统领域研究的一个重要议题。与动物相比，人的出行目的更为多样化，并且存在一个或者多个频繁重访地点，这使得人的移动模式与动物移动模式存在机理上的差异。近年来，在海量个体移动轨迹数据的支持下，我们可以观察人的移动性模式并构建相应解释模型，许多学者利用手机、出租车、社交媒体签到等数据探讨了人的移动模式，并且试图建立解释性模型（Brockmann and Theis, 2008; Barbosa et al.,

2018）。

每个个体的移动模式可以表示为随机游走（random walk）模型。对动物移动的观察发现，其移动步长和角度的统计分布特征呈现出一定的模式，从而提高觅食的效率（Buchanan，2008）。其中，当移动方向均匀分布，而步长为幂律（power law）分布，并且指数在 1 ~ 3 时，移动为莱维飞行（Lévy flight）模型。图 3-2（a）和（b）展示了两个步长分布为幂律的莱维飞行轨迹和一个步长分布为正态的布朗运动，图 3-2（c）和（d）绘制了回转半径（radius of gyration，ROG）以及离出发点距离与移动步数的关系，可以看出，莱维飞行模型对应了较快的增长速率。回转半径概括了一条轨迹在空间的延展情况，计算如下：

$$r = \sqrt{\frac{1}{N}\sum_{i=1}^{N}(\vec{r}_i - \vec{r}_c)^2} \tag{3-1}$$

其中，r 表示回转半径；$\vec{r}_i$ 以向量方式表示了轨迹上的一个点；$\vec{r}_c$ 是轨迹的重心。一条轨迹的回转半径越大，意味着其对应个体的活动范围也越大。在莱维飞行模型中，由于长距离移动的概率相对较高，个体能够高效地访问更大的空间区域。

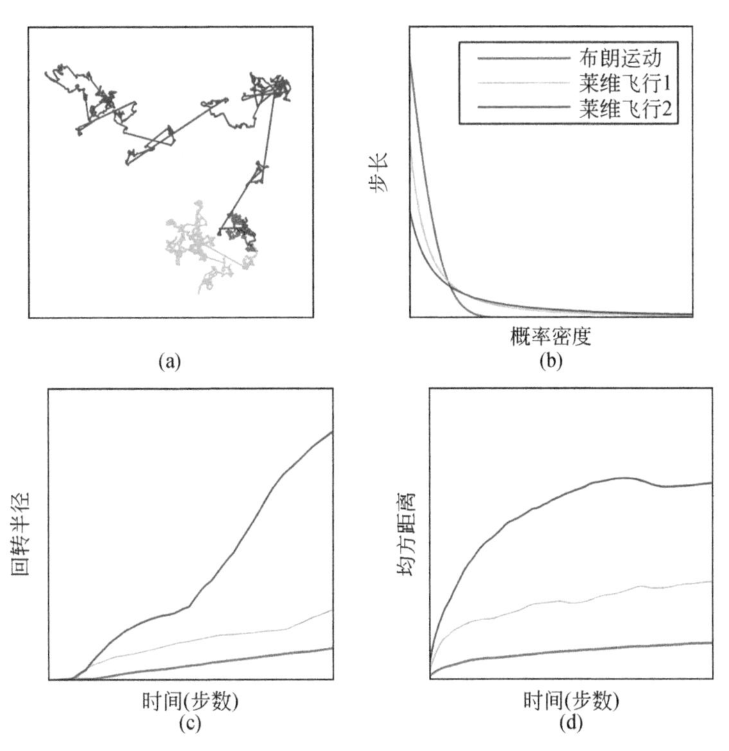

图 3-2　莱维飞行模型的移动步长分布以及扩散特征

对于给定轨迹，可以计算不同的概括性特征，如回转半径、凸包等（Csáji et al.，2013）。其中，步长的统计分布是移动性模式表达中的重要元素。对于移动轨迹而言，由于距离衰减的原因，长距离出行的概率较低而短距离出行的概率较高。Brockmann 等（2006）获取分析了美国钞票的流通情况，首次定量统计了钞票所反映的携带者，即人类，较高时空精度的移动统计规律。通过汇总每张钞票在连续两个位置的移动距离，发现群体移动步长随距离幂律衰减，表明人类群体移动发生在多空间尺度。随后，González 等（2008）利用手机移动数据进一步验证了这一规律，人类群体移动步长分布可用指数截断的幂律分布来拟合，其中指数截断部分代表了在特定时间下个体所能移动的最远距离。这一规律随后也在不同国家、不同空间尺度的多个数据源上得到验证（Alessandretti et al.，2017；Jiang et al.，2009；Liu et al.，2012；Rhee et al.，2011）。步长 Δr 的分布采用幂律形式进行刻画，表示为

$$P(\Delta r) \sim |\Delta r|^{-1-\alpha} \tag{3-2}$$

其中 $0<\alpha\leqslant1$，幂律相比于指数衰减速度要“慢”，呈现出重尾特征，表示人类仍然有大量较远移动行为发生。

尽管人类群体移动步长呈现出较为一致的幂律衰减模式，然而个体移动步长分布却不存在这种标度特性，这是由于个体存在家和工作地两个主要的移动锚点，家和工作地之间的通勤构成了个体移动步长中的峰值，群体移动步长的幂律形式是个体移动步长混合的结果（Yan et al.，2013）。另外，不同研究数据表明，在单一交通模式下，人类移动步长更符合指数分布（Jiang and Jia，2011；Liang et al.，2012），多种交通方式的混合模式下，人类移动步长才表现出幂律形式（Yan et al.，2013）。此外，研究者们还发现人类移动的距离衰减并非是平滑的，而会受到行政边界或社会经济边界等城市结构的影响。人类移动存在边界阻尼效应，即边界会引起人类移动意愿的系统性骤降，例如人类城市内的移动较为频繁，而很少发生跨国移动（Alessandretti et al.，2020；Grauwin et al.，2017）。尽管大多数研究都验证了群体移动步长的幂律衰减模式，然而也有许多例外的情况，例如对数正态分布（Tang et al.，2015；Wang et al.，2015）、指数分布（Gong et al.，2016）等。Alessandretti 等（2017）总结了基于不同类型轨迹数据拟合的步长分布及参数（表 3-1）。

表 3-1　人类移动性实证研究

		研究范围	分辨率	样本量	参数
幂律分布	手机轨迹	100km	<1km	3.6×10^6	β=1.55（Song et al., 2010）
		200km	<1km	1.3×10^6	β=2.02（Deville et al., 2016）
		500km	<1km	6×10^5	β=1.75（González et al., 2008）
		1000km	<1km	206	β=1.75（González et al., 2008）
	GPS 轨迹	10km	100m	101	β=1.57（Zhao et al., 2015）
		10km	100m	182	β=1.61（Rhee et al., 2011）
		100km	10m	200	β=1.25（Wang et al., 2014）
		10000km	10m	32	β=1.90（Wang et al., 2014）
	线上数据	10000km	<1km	4×10^4	β=1.88（Cheng et al., 2014）
		100km	<1km	1.4×10^7	β=1.62（Hawelka et al., 2014）
		4000km	<1km	1.6×10^5	β=1.32（Jurdak et al., 2015）
	公共交通数据	100km	<1km	50	β=4.60（Jiang et al., 2009）
		100km	<1km	803	β=3.66（Liu et al., 2015）
		100km	<1km	6.6×10^3	β=1.20（Liu et al., 2012）
指数分布	移动设备	50km	10m	2.6×10^5	λ=0.179（Wu et al., 2014）
	公共交通数据	100km	<1km	10^4	λ=0.36（Liu et al., 2012）
		100km	<1km	10^4	λ=0.23（Liang et al., 2012）
		200km	<2km	6.6×10^3	λ=0.24（Liang et al., 2012）
对数正态分布	公共交通数据	100km	1km	3.0×10^4	μ：0.77~1.32，σ：0.67~0.87（Wang et al., 2015）
		30km	100m	1.1×10^3	μ：0.38，σ：0.48（Tang et al., 2015）

从时空行为模式的角度，人们访问不同地点的频率是不同的；对于地理空间而言，不同频率下的访问人数也是不同的。通常对于一个地方而言，访问频率高的地方人数少，而访问频率低的地方人数多。访问频率衡量了个体与场所之间的联系强度，因此许多研究将对地点的访问频率作为个体出行的重要特征，以挖掘其他移动规律。Hasan 等（2013）利用伦敦公共交通系统刷卡数据，将个体的访问地点按照访问频率排序，并得到每个个体的最常访问地点、第二常访问地点和其他访问地点。他们发现个体最常访问地点均匀分布在城市的各个地方，通常对应于家；第二常访问地点则相对集聚，分布在城市中心及其周边，通常对应于工

作地；其他访问地点则集聚在城市中心，并从城市中心到郊区逐次衰减，反映了城市空间的吸引力。Csáji 等（2013）将个体访问频率超过5%的地点定义为个体经常访问的地点。研究发现个体经常访问地点数量平均为2.14，超过95%的个体经常访问地点数量小于4，这表明个体活动范围存在一定的空间局限。Toole 等（2015）基于手机移动数据，发现个体到不同地点的访问频率向量与个体的社交网络关系存在着显著的正相关关系，说明个体出行受到社交关系的影响。

然而，人类到不同地点的访问频率是否存在一定的定量化规律呢？这包括面向人类个体和面向地理空间两个角度。从个体的角度出发，研究主要关注个体到不同地点的访问频率差异。González 等（2008）将个体的访问地点按照频率排序后，发现每个地点的访问频率满足 Zipf 定律，且与个体的访问地点数量无关，即个体访问地点的频率与地点访问频率的位序成反比，这等价于个体在不同地点的访问频率概率分布满足指数为1的幂律分布。Song 等（2010a）认为个体移动出行具有记忆性和偏好性，地点访问频率的 Zipf 规律来自于个体对于频繁访问地点的偏好。Barbosa 等（2015）认为个体重访时不仅偏好经常访问的地点，也偏好最近访问的地点，偏好机制和近因效应共同导致了个体地点访问频率的 Zipf 定律。Hasan 等（2013）则发现只有当去除了个体最经常访问和第二常访问地点后，个体访问不同地点的频率分布才满足 Zipf 定律。

3.2.2 人类移动性模型

许多学者试图建立模型以解释观察到的人类移动模式。除了距离衰减影响外，通常解释移动模式需要考虑的因素还包括地理环境和个体的空间行为特征。其中地理环境因素决定了个体移动潜在到访点的空间分布，该分布通常与人口密度分布正相关；而个体的空间行为特征则反映了人们移动中一些个性化的规律，目前得到较多关注的是个体轨迹中的重访点，这是人类移动和动物移动存在较大差异的方面，即存在家和工作地等频繁重访的地点，从而展示出较高的可预测性（Song et al.，2010b）。在地理环境分布特征方面，通常研究在城市和城市间两个尺度分别探讨移动性模式。城市尺度的移动受到城市用地结构的影响。对于一个城市而言，通常城市中心区土地开发强度较大，居民出行的密度相对较高，而在城市边缘地区，土地利用强度和出行密度都相对较弱。这种地理环境分布模式使得观察到的城市尺度的移动步长分布尾部不那么“重”（Liu et al.，2012）。而对于城市间的移动，城市体系中不同规模的城市空间分布同样影响了观测到的移动模式。Han 等（2011）等探讨了层次城市体系对于人类移动模式的影响，指出人们在低层次城市之间的移动通常要经由高层次的城市，从而导致了步长的幂律分布特征。

除了人类移动步长和停留时间满足幂律分布外，人们还发现：①个体探索新地点的概率会随着访问地点数量的增多而降低；②个体访问地点的访问频率满足 Zipf 定律，即每个地点个体访问的频次与该地点按照访问频次排序的位序满足指数为 1 的幂律分布；③个体移动的均方位移增长非常缓慢，且具有饱和效应。Song 等（2010a）提出了探索与偏好返回（exploration and preferential return，EPR）模型来对个体移动进行建模，以解释在人类移动中发现的这些时空规律。该模型认为个体在每一次移动时存在两种机制：探索新地点或者返回已经访问过的地点，如图 3-3 所示。每隔一段停留时间 Δt，Δt 取自幂律分布$P(\Delta t)$，个体会进行一次移动，目的地的选择存在两种可能：①以概率 $P_{new}=\rho S^{-\gamma}$ 访问一个新地点，其中 ρ 和 γ 是参数，S 是已访问地点的数量。当 $\gamma>0$ 时，个体访问新地点的概率会随着已访问地点数量的增加而降低。探索时则满足莱维飞行，即方向随机，移动步长距离 Δr 符合幂律分布 P（Δr）。②以概率 $P_{ret}=1-\rho S^{-\gamma}$ 返回一个过去已经访问过的地点，并且访问每个地点的概率与用户对于该地点的历史访问频率 f 成正比，这种机制又被称为偏好依附或者累积优势，在社会科学及复杂系统中被发现广泛存在（Barabási and Albert，1999）。EPR 模型可以通过数值解析或计算机模拟解释人类移动性中存在的诸多时空统计性规律，并且模型机制简单，是后来许多人类移动模型的基础（Pappalardo and Simini，2018）。

EPR 模型能够成功解释人类移动性中的许多规律，并且机制简单。它主要考虑了个体在移动时的记忆效应，即个体在移动时会受到之前移动的影响。然而 EPR 模型是个体模型，因而没有考虑个体与个体之间的相互作用关系，以及个体与地理空间的相互作用关系。此外，家和工作地两个特殊锚点也没有在 EPR 模型中体现。后续对 EPR 模型的改进则主要集中在这些方面。近因效应 EPR 模型对个体移动的记忆性进行改进，认为个体在返回的时候不仅会去最经常去的地方，也会去最近去过的地方，人类移动也存在近因效应。这样可以避免早期访问的地点始终形成累计优势。而事实上，人们最经常访问的地点是随着时间推移发生变化的（Barbosa et al.，2015）。双锚点 EPR 模型认为家和工作地在个体出行中扮演了特殊的角色，个体通勤更为规律。在任何地点，个体都可能以一恒定概

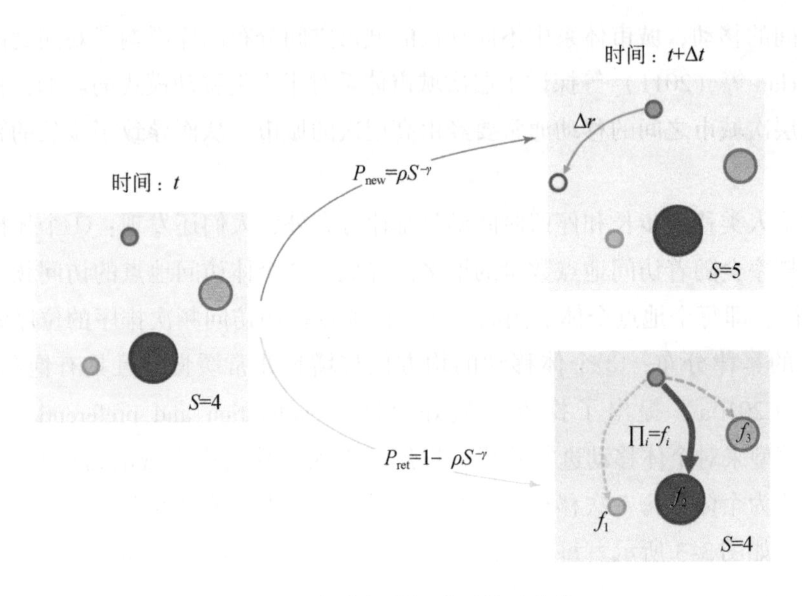

图 3-3 探索与偏好返回模型示意

率移动到家或者工作地；在进行非通勤移动时，个体则遵循 EPR 模型（Hasan et al.,2013）。d-EPR 模型则考虑了地理空间的异质性对于人类探索的影响。该模型加入了偏好探索机制，认为个体在探索的时候不仅受到出行距离的影响，并且吸引力高的地方会更加吸引人们前去探索，Pappalardo 等（2015）利用重力模型来刻画偏好探索机制。d-EPR 模型中地点的吸引力是通过其他数据（人口、经济等）来测算的。PEPR 模型同样加入了偏好探索机制，与 d-EPR 模型不同的是，该模型通过构建个体与个体之间的相互作用关系，以及个体与地理空间的相互影响来生成地理空间的吸引力差异，个体对地理空间的频繁访问会增加该空间的吸引力，并吸引其他个体前来探索，从而形成偏好探索机制。个体在探索阶段，移动步长仍然与 EPR 模型保持一致，然而移动方向则与对应方向位置的吸引力相关（Schläpfer et al.，2021）。总而言之，EPR 模型在刻画个体移动的时空规律方面表现出色，模型简单，然而其在群体移动方面（群体移动规律和空间结构特征）则仍需进行探索和改进。

3.2.3 活动空间

基于一个个体在一段时间的移动轨迹，可以计算相应的活动空间（activity

space），它反映了该个体活动的空间分布范围。考虑到城市居民的日常活动（通勤、购物、休闲等）多发生在城市内部，因此与城市尺度移动相关的活动空间得到了更多重视。度量活动空间，对于评估个体粒度的设施可达性、分析社会隔离（social segregation）、支持疫情防控等具有重要意义（Yuan and Xu，2022）。简单而言，一个人活动空间越大，意味着其对于公共设施（医院、娱乐等）可达性越高，从而具有更好的生活质量；而两组城市居民，如果他们的活动空间不存在交叠，则意味着某种程度的隔离；与隔离相反，在公共卫生应用中，两个个体活动空间的重叠，可能会带来传染病的传播。

在大数据支持下，活动空间的计算主要包括两种途径。第一种是基于不同数据源（如社交媒体签到数据、手机信令数据）获取的个体的历史轨迹，进行概括，计算标准差椭圆、基于回转半径定义的圆、凸包等不同形式的实际活动空间的近似，并基于此比较不同人群的活动空间差异［图3-4（a）］（Wang and Yuan，2021）。第二种途径则源于时间地理学，它根据在两地旅行的时间预算、速度等因素，计算潜在路径空间。例如，某个体从A地到B地，出行时间需要一个小时，如果有两个小时的时间预算，则该个体可以利用多余的一个小时，去访问A到B路径周边的一些设施。很明显，受限于时间预算，距离远的设施依然不能被访问，这样就形成了潜在路径空间（potential path area）［图3-4（b）］（Kim and Kwan，2003）。通常一个个体的潜在路径空间越大，则表示他对设施有着更好的可达性。不论是实际活动空间，还是潜在活动空间，都可以用于评估社会公平，从而支持城市管理者改善活动空间相对较小的弱势群体的生活质量。

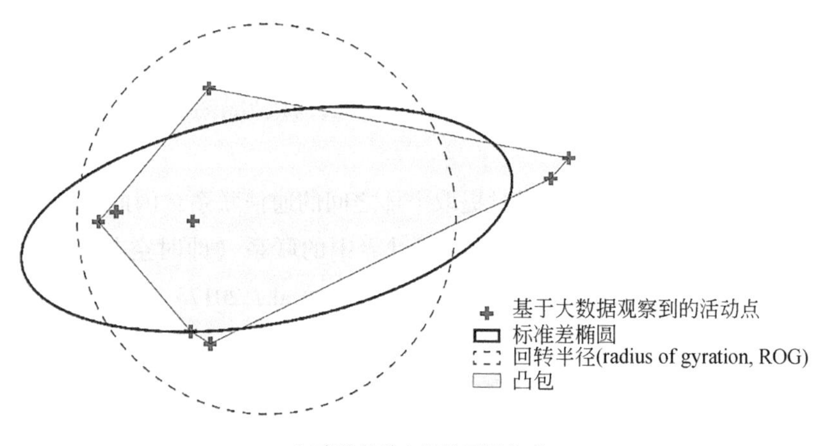

(a)表达活动空间的不同方式

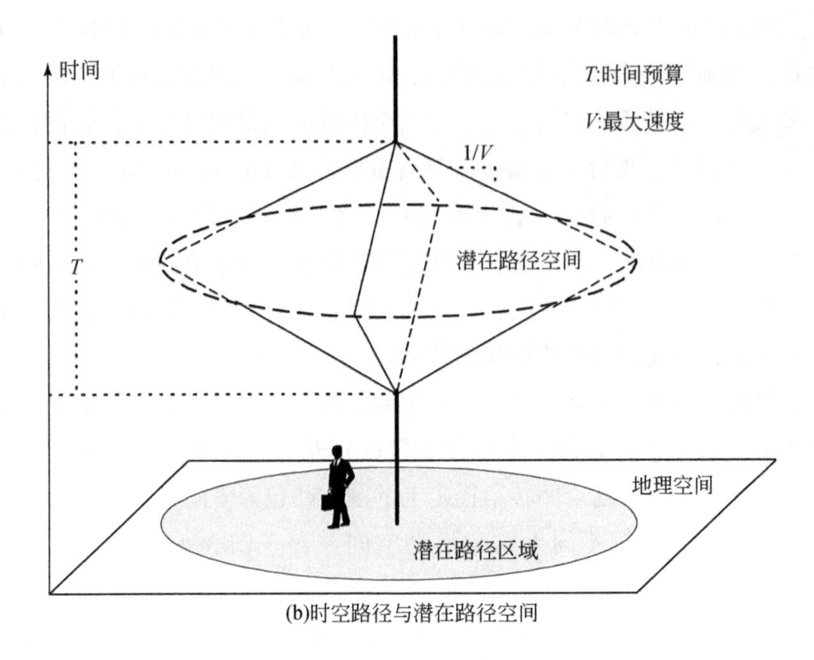

图 3-4　活动空间示意图

个体粒度的活动空间，可以用于衡量社会隔离，这较之于单纯基于居住地点评估社会隔离更为合理。因为两个族群，即使其居住于城市内不同的区域，其活动空间存在交叠的话，也会降低社会隔离的程度。Shelton 等（2015）通过社交媒体数据识别美国肯塔基州 Louisville 市不同种族、收入人群的日常活动空间，来验证传统观念中的“9th Street Divide”，即以第九大街为物理边界的社会隔离是否发生。他们发现第九大街西侧以黑人为主、传统认为隔离程度更高的居民反而会更频繁地越过到白人一侧（图 3-5），因此，社会隔离表现出空间异质、时间隔离的双重特征。

此外，由于手机数据可以同时提取个体之间的通信联系，因此可以将社交网络中的关系，以及基于活动空间的物理世界中的联系（即时空共现）相结合，分析两者之间的耦合关系（Shi et al.，2016；Xu et al.，2017）。基于这两类联系，Xu 等（2019）进而考虑人们的社会经济地位信息，利用新加坡的手机数据，对社交网络和物理世界两个层面的隔离进行了研究。他们发现在两个层面中，相对富裕阶层的隔离程度相对较高。而物理和社会空间中的隔离在个人层面上的相关性较弱，但是当分析包括数百个个体的分组时，相关性很高。

图 3-5 利用社交媒体刻画路易斯维尔（Louisville）市居民的活动空间，从而否定了"9th Street Divide"现象的存在（Shelton et al., 2015）

3.3 社交关系

社交网络（social network）是个体或者组织作为节点，以节点之间的关系作为边形成的网络结构，社交网络的研究，对于理解社会现象、刻画舆情动态、模拟疾病传播具有重要意义。与此同时，社交网络也呈现出很多有价值的特征，如六度分离（six degrees of separation），意指世界上任意两个陌生人都可以通过不超过五个朋友就能建立连接关系。具有这种特征的网络，有时也被称为"小世界网络"（small world network）。

信息技术的发展为获取大规模社交网络数据提供了有力的支撑手段。其中，经常采用的数据源包括电子邮件、手机通信记录以及社交网络服务用户信息等。开展的研究则包括对用户社交关系、网络结构等方面的统计特征进行实证分析。

例如，通过对 Facebook 上 420 万用户的好友列表信息进行分析，Golder 等（2007）发现用户的好友平均数为 180，中值为 144，这与 Dunbar（1993）提出的著名的“邓巴数”较为契合，即人类的社交人数上限为 150 人。Xia 等（2005）研究了包含固定电话和手机的通信网络，发现通信对象数目的分布符合幂律分布。Onnela 等（2007）研究了包含 460 万节点的大规模手机通信网络，发现决定该网络连通能力的关键是较弱的连接，该发现从一个全新的角度印证了“弱连接理论”（Granovetter，1973）的正确性。Ebel 等（2002）研究了包含近 6 万节点的电子邮件网络，发现该网络是典型的小世界和无标度网络。值得指出的是，在实际生活中，社交关系的类型、强度是非常复杂而多样化的，而采用大数据所提取的社交关系度量可以认为是真实社交关系的代理变量（proxy variable），例如研究通常假定两个人在一段时间内通话次数反映了两人之间关系强度，但在实际生活中，情况更为复杂，因此 Eckmann 等（2004）则用熵来刻画网络中包含长期通信模式和临时通信模式，前者对应相对稳定的关系，后者对应于因临时会议或者其他活动形成的电子邮件联系。

地理空间属性在社交关系构建以及社交网络演化中扮演了重要角色，因此很多研究试图探讨社交关系与地理位置之间的关系，这也得益于移动大数据对于社交关系和个体用户位置的同时感知能力。为了描述简便起见，将一对从大数据提取的具有紧密社交关系的个体称为“好友”（friendship）（在真实生活中可能并非如此）。其中好友关系如何对应个体间的地理位置和距离，是一个重要的研究主题。其基本假设为：首先，个体会因为好友关系，从而共同到访一些场所（如一起购物、用餐），从而形成时空轨迹的重叠；其次，两个陌生人也会因为相遇而结识成为朋友。因此，在大数据支持下，可以分析每个用户与其所有联系人之间的地理距离是否符合距离衰减，还可以反过来推断具有特定空间位置关系的个体是否更有可能存在社交关系。在一项较早的研究中，Liben-Nowell 等（2005）发现即便是 Live Journal 这类虚拟在线网络也明显存在空间效应，依然是 IP 地址地理距离相近的用户容易产生关系。Onnela 等（2011）则采用移动手机提取欧洲一国的好友关系，进而分析好友关系和地理距离的关系，同样发现了距离衰减现象（图 3-6）。

基于个体轨迹的重合特性推断好友关系，同样是一个有价值的研究方向。Crandall 等（2010）利用 Flickr 数据，基于两个用户的时空共现（coincidence），推断两人是否具有好友关系。这个问题与时空尺度有关，如果在非常精细的时空

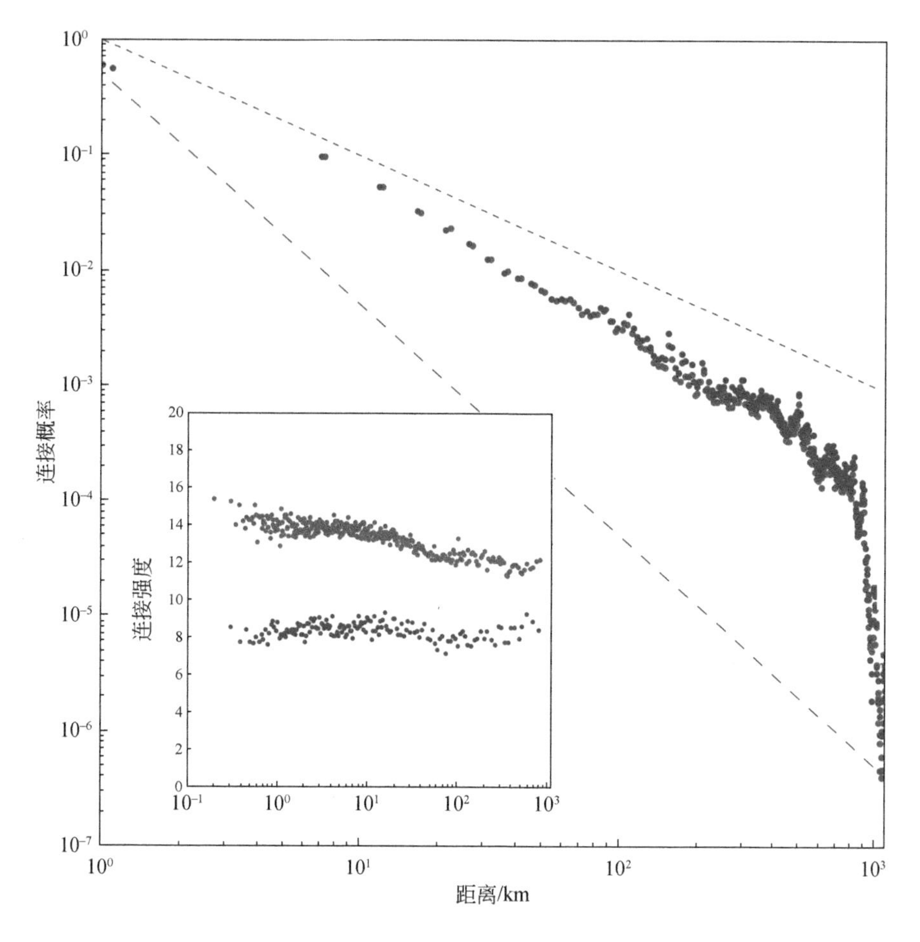

图 3-6 地理距离对于社交关系的影响（Onnela et al.，2011）

大图反映了产生联系的概率，随着距离增长呈现出明显的衰减趋势，而小图则说明联系的强度则几乎与距离无关。其中红点表示基于语音通信建立的联系，而蓝点表示基于短信通信建立的联系

尺度，如空间分辨率为米，时间分辨率为分钟，那么在这个尺度上两个用户大概率认识或者是好友（也有例外，如在拥挤的公交车上的两个陌生人）。但是大部分社会感知手段采集的个体位置的时空分辨率没有如此精细，因此时空共现往往定义在较粗的时空尺度上，如 1km 和天［图 3-7（a）］，那么仅凭一次时空共现则难以判定两人是否是好友。但是他们发现，即使在较粗的时空分辨率上，如果两人观察到多次共现，则他们是好友的可能性也大幅增加［图 3-7（b）］。

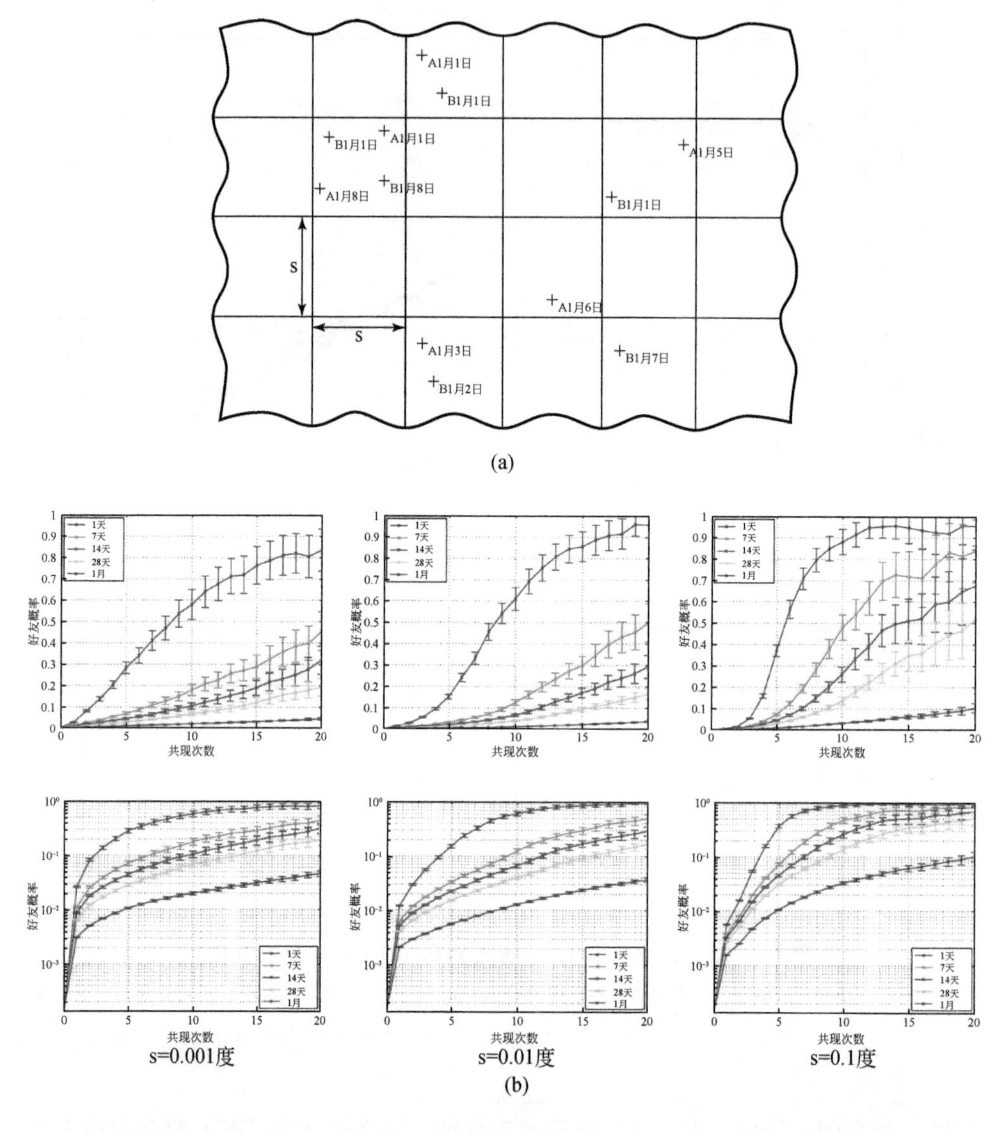

图 3-7　基于两个个体的时空共现推断好友关系（Crandall et al.，2010）

（a）两个用户在特定时空分辨率下的共现。（b）好友概率与共现次数的关系，如果采用低时空分辨率共现判定标准，则两用户是好友的概率也低；但是当观察到更多的共现次数后，两人是好友的可能性则大大增加。图中三列曲线对应的空间分辨率（s）分别为 0.001 度（约 100m）、0.01 度（约 1km）和 0.1 度（约 10km）

3.4 用户个体特征

由于大数据记录了个体粒度的行为信息，而不同类型（如性别、年龄、受教育程度、收入、性格）的个体往往具有不同的行为特征，这使得可以基于社会感知数据对个体进行画像。在面向个体的电子商务平台，用户画像技术被经常用于支持精准的商品推荐（图3-8）。

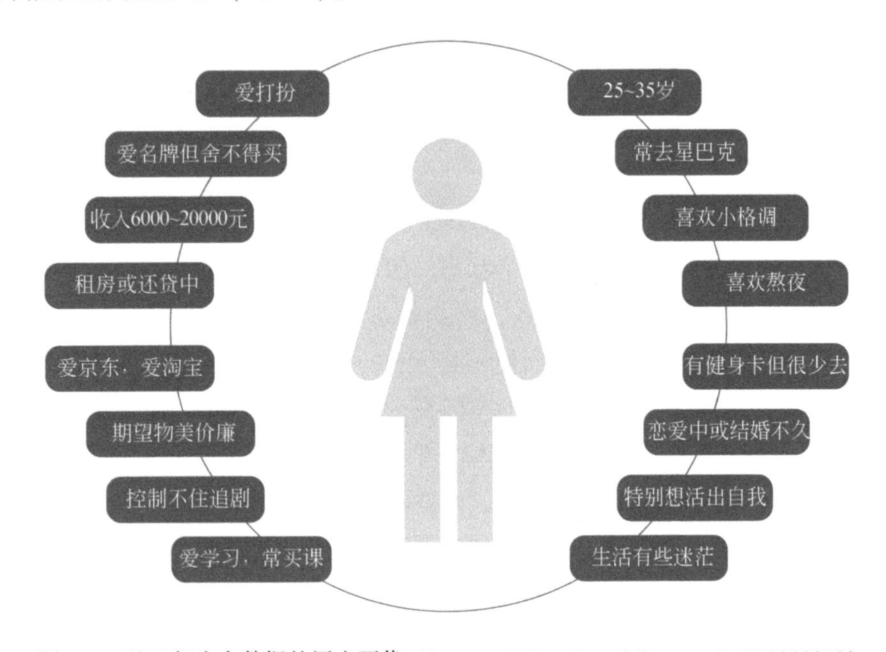

图3-8 基于行为大数据的用户画像（https：//zhuanlan.zhihu.com/p/372230819）

电商服务平台中的大规模用户画像具有商业目的，并且多少涉及对用户隐私的“窥探”。因此，在学术界，基于大数据对用户特征的刻画，通常样本量较小，或者对集合层面的人群进行画像。其基本方法是通过传统小数据采集方法，获取一定数量样本的用户个体属性，然后获取这些个体在大数据平台的行为信息，或者采用便携设备主动采集移动轨迹等行为信息，通过对行为信息进行特征抽取，并采用合适的机器学习手段建立行为特征和个体属性之间的定量关系，进而泛化到全体用户。

Ferwerda和Tkalcic（2018）研究了Instagram图片的内容和用户的性格特征

之间的关系。为了收集数据，研究进行了一项在线调查，要求参与者填写一份性格问卷，并允许研究者通过 Instagram API 访问他们的 Instagram 账号，从而收集了 193 个 Instagram 用户的 54962 张照片。通过分析图片内容，并使用 *K*-means 聚类方法对返回的标签进行聚类，建立了得到的 17 个聚类与用户的个性特质的关系，研究彰显了性格特征和图片内容之间的关系，这意味着从社交媒体足迹中提取个性特征是可行的。而在 Gore 等（2015）开展的一项研究中，从聚合层面，利用带有位置标签的 Twitter 数据探讨了城市不同地区肥胖率与社交媒体上的幸福感、饮食和体育活动之间的关系。他们发现肥胖率较低的地区有更为快乐的推文，并且经常讨论如下两个话题：食物，特别是水果和蔬菜；以及任何强度的体育活动。这个工作表明，社交媒体的内容可被用来实时估计区域人群肥胖程度及相关因素。

记录每个居民在城市空间内一段时间（如一周）的移动，会形成特定的轨迹。每条轨迹反映了对应个体的生活状态，因此可以用于推断其人口学特征（年龄、性别）及社会经济属性（收入、婚姻状态、受教育程度）等。例如，已婚女性由于承担了更多的家务，从而使得其活动的空间范围相对较小；而不同职业从业者，也会影响到其活动轨迹的时空特征。

Wu 等（2019）提出了一个从个体轨迹中构建特征的框架，该框架将轨迹特征分为两类，即时空特征和语义特征。时空特征旨在捕捉轨迹在空间和时间上的模式，不同人在时空上的移动模式具有差异。时空特征包括空间特征、时间特征和时空耦合特征。其中，空间特征又包括一阶点层次、二阶线层次和高阶 Motif 层次。点层次特征基于独立的停留点计算，反映停留点的异质性、空间范围和形状指数；线层次关注两点间的出行特征，包括出行次数、出行熵和出行距离；Motif 层次刻画了所有停留点形成的结构。时间特征反映了人们的出行和停留的碎片化程度和出行的时间规律性。时空耦合特征融合了空间和时间，包括前 *K* 个停留点的回转半径、前两个高频点的坐标以及停留点在人群轨迹中的独特性。而语义特征则关注人们进行的活动，不同人的活动类型和占比不尽相同。轨迹中的活动语义信息在很多情形下难以直接获得，可由轨迹停留点的地理环境特征（如用地功能）反映，比如当停留点所处的位置是商城时，个体很可能在进行购物或娱乐活动。

在 Wu 等（2019）的实证研究中，轨迹数据来自于居住或工作于北京上地清河地区的 709 名志愿者，志愿者被请求携带 GPS 记录器 7 天。根据提出的特征框架，将每个个体的轨迹转化为特征的向量，输入到XGBoost分类算法中进行属性预测。结果表明：对婚姻状况和居住类型揭示能力最大的是用地类型，具体指停留时长排在第二位的停留位置的商业用地面积占比。对于该位置的商业类型面积占比，已婚群体平均小于未婚群体，当地居民平均小于外来人员。对受教育程度而言，出行熵即在各个时间段出行频次的熵值对预测的贡献度最大，有大学教育背景的群体具有较低的出行熵，即相对于无大学教育背景的群体，其出行更加规律。年龄和性别对工作日18:00~21:00的出行频次和周末的日停留点数目分别贡献最大，但其在不同属性群体的分布差异并不太明显，这也解释了年龄和性别预测准确度较低的现象。无疑，该研究展示了单纯利用轨迹信息推断个体属性的可行性。

3.5 隐私问题

利用个体粒度的行为数据，可以较为准确地推断个体的属性，从而进行用户画像，尤其是当聚合多种类型的数据时，会大大提升属性推断的精度。但是，这带来了用户隐私信息侵犯的问题。在此背景下，许多组织面向互联网企业出台了较为严格的隐私保护规定。其中较为著名的是欧盟于2018年推出的《通用数据保护条例》（General Data Protection Regulation，GDPR），它对个体粒度数据的使用做了较为详尽的规定。

学界对于数据隐私问题也做了很多研究，其中主要有两个方向：一个是如何评估一份记录个体行为的空间信息可能的隐私暴露程度；一个是如何在保持数据研究价值的基础上，进行去隐私化处理。在第一个方向，很多研究针对个体时空轨迹开展。毋庸置疑，如果轨迹精度足够高，如空间分辨率为米、时间分辨率为分钟，则轨迹中的一个点就可以唯一确定一个个体。但是，在实际应用中难以获取如此高精度的轨迹，例如当利用手机信令数据提取个体轨迹时，其空间分辨率依赖于基站分布，往往为百米到公里级，时间分辨率为小时。这时仅凭单一轨迹点，就难以唯一确定一个个体。De Montjoye等（2013）针对150万人持续15个月的人类移动数据开展了研究。他们利用轨迹的唯一性（uniqueness）来衡量其对于隐私的暴露（或保护）程度，发现四个时空点足以唯一地识别95%的个体。进而对数据从时间和空间分布分辨率进行粗化重采样，发现唯一性衰减的速率仅仅是时空分辨率粗化速率的1/10次方。这表明即使是粗糙的数据集也很难保证匿名性，从而凸显了大数据对于隐私保护的难度。后来，De Montjoye 等（2015）进一步利用 110 万用户三个月的信用卡刷卡数据，探讨了用户的重识别（reidentification）问题。在一个个体信息被擦除或者匿名化的数据集中，如果能够提取个体的标记信息，就称为重识别。一个数据集可重识别的用户比例越高，意味着其隐私泄露的风险越高。

在面向空间维度的隐私保护方面，当前研究主要集中在两个思路：一种思路是通过分组等方式将不同用户的轨迹基于一定标准混合起来，使得对个人轨迹数据的重新识别被 *K*-匿名化（*K*-anonymity），即他人难以从当前的 *K* 条轨迹中区分出特定的一条轨迹属于哪个特定用户。采用这一思路的方法包括混合区域法（mix-zones）等。另一种思路是通过添加扰动等方式模糊化轨迹数据，从而在掩盖原始位置信息的同时也在一定程度上保证轨迹的空间模式不受到明显影响。采用这一思路的方法包括地理掩模法（geomasking）等。这些方法都在一定程度上体现了其对轨迹隐私保护的效率，但也存在一些局限性，比如对轨迹隐私保护有效性与轨迹数据可用性之间的平衡难以把握，只考虑了空间维度而忽视了时间维度和语义信息以及过于依赖人工设计等。

基于去中心化思想的隐私保护方法在当前得到越来越多的关注。Rao 等（2021）将联邦学习框架（federated learning）应用到位置推荐和位置隐私保护领域，即将用户的过往轨迹数据保留在其本地设备终端中并部署模型到用户本地，再基于多方安全计算（multi-party secure computation）实现去中心化的模型参数聚合和更新，从而在保护用户位置隐私的前提下实现位置推荐（图 3-9）。其思路是设计一种结合长短时记忆（long short-term memory，LSTM）网络和生成对抗网络（generative adversarial network，GAN）的网络结构 LSTM-TrajGAN 来生成合成轨迹数据，并将其作为真实轨迹数据的替代用于统计分析、数据分享和发布，

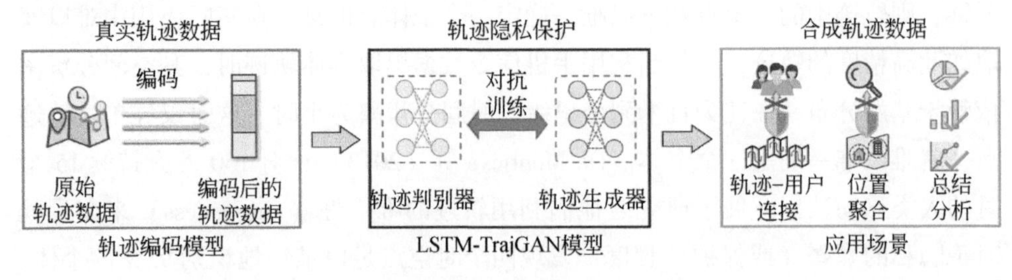

图 3-9　基于深度学习的轨迹隐私保护流程（Rao et al.，2021）

从而使用户身份难以被识别。

3.6 小　　结

地理大数据对于人的行为感知能力主要包括三个方面：移动和活动、社交关系、认知和情感。其中移动和活动行为天然具有时空特征，因此得到了广泛的研究，人类移动性也成为复杂性科学、地理学、交通科学等学科交叉的研究议题。本章简要介绍了移动性的一般规律以及相应的解释模型。当置于空间的视角下时，个体之间的社交关系也呈现出一些有价值的模式，如距离衰减。而在微观层面，两个个体是好友关系可以是预测其时空共现（轨迹重合）的重要因素，而两个陌生人会因为时空共现而相识。大数据可以帮助理解这两种行为之间的相互关系（Shi et al.，2016）。认知和情感同样受到地理环境的影响，然而个体粒度的认知和情感行为由于影响因素多而随机性较大（如一个人在同一个地点，可能今天开心而第二天不开心），因此通常在聚合尺度针对地理单元开展该方向的研究。

由于大数据对于时空间行为的感知能力，也被用于进行个体粒度的“用户画像”，这在商品推荐等领域具有较高实用价值。目前研究也表明：当对用户行为有足够的记录信息时，可以有效推断其人口学等特征，但是这也带来了隐私问题，如何在保护个体隐私的前提下充分挖掘地理大数据蕴含的信息，是社会感知领域一个重要的研究议题。

参考文献

Alessandretti L，Sapiezynski P，Lehmann S，et al. 2017. Multi-scale spatio-temporal analysis of human mobility. PLoS ONE，12（2）：e0171686.

Alessandretti L，Aslak U，Lehmann S. 2020. The scales of human mobility. Nature，587（7834）：402-407.

Barabási A-L，Albert R. 1999. Emergence of scaling in random networks. Science，286（5439）：509-512.

Barbosa H，Barthelemy M，Ghoshal G，et al. 2018. Human mobility：Models and applications. Physics Reports，734：1-74.

Barbosa H，de Lima-Neto F B，Evsukoff A，et al. 2015. The effect of recency to human mobility. EPJ Data Science，4（1）：1-14.

Brockmann D，Hufnagel L，Geisel T. 2006. The scaling laws of human travel. Nature，439：462-465.

Brockmann D, Theis F. 2008. Money circulation, trackable items, and the emergence of universal human mobility patterns. IEEE Pervasive Computing, 7 (4): 28-35.

Buchanan M. 2008. Ecological modelling: The mathematical mirror to animal nature. Nature, 453: 714-716.

Csáji B C, Browet A, Traag VA, et al. 2013. Exploring the mobility of mobile phone users. Physica A: Statistical Mechanics and Its Applications, 392 (6): 1459-1473.

Cheng Z, Caverlee J, Lee K, et al. 2011. Exploring millions of footprints in location sharing services. Barcelona, Spain: ICWSM 2011.

Crandall D J, Backstrom L, Cosley D, et al. 2010. Inferring social ties from geographic coincidences. Proceedings of the National Academy of Sciences of the United States of America, 107 (52): 22436-22441.

De Montjoye Y-A, Hidalgo C A, Verleysen M, et al. 2013. Unique in the Crowd: The privacy bounds of human mobility. Scientific Reports, 3: 1376.

De Montjoye Y-A, Radaelli L, Singh V K, et al. 2015. Unique in the shopping mall: On the reidentifiability of credit card metadata. Science, 347 (6221): 536-539.

Deville P, Song C, Eagle N, et al. 2016. Scaling identity connects human mobility and social interactions. Proceedings of the National Academy of Sciences of the United States of America, 113 (26): 7047-7052.

Dunbar R I M. 1993. Coevolution of neocortical size, group size and language in humans. Behavioral and Brain Sciences, 16: 681-735.

Ebel H, Mielsch L-I, Bornholdt S. 2002. Scale-free topology of e-mail networks. Physical Review E, 66: 035103.

Eckmann J-P, Moses E, Sergi D. 2004. Entropy of dialogues creates coherent structures in e-mail traffic. Proceedings of the National Academy of Sciences of the United States of America, 101: 14333-14337.

Ferwerda B, Tkalcic M. 2018. You are what you post: What the content of Instagram pictures tells about users' personality. Tokyo: CEUR Workshop (ACMIUI-WS 2018).

Golder S A, Wilkinson D, Huberman B A. 2007. Rhythms of social interaction: messaging within a massive online network//Steinfield C, Pentland B, Ackerman M, et al. Proceedings of 3rd Communities and Technologies Conference. Berlin: Springer.

González M C, Hidalgo C A, Barabási A L. 2008. Understanding individual human mobility patterns. Nature, 453 (7196): 779-782.

Gong L, Liu X, Wu L, et al. 2016. Inferring trip purposes and uncovering travel patterns from taxi trajectory data. Cartography and Geographic Information Science, 43 (2): 103-114.

Gore RJ, Diallo S, Padilla J. 2015. You are what you tweet: Connecting the geographic variation in America's obesity rate to Twitter content. PLoS ONE, 10 (9): e0133505.

Granovetter M S. 1973. The strength of weak ties. American Journal of Sociology, 78: 1360-1380.

Grauwin S, Szell M, Sobolevsky S, et al. 2017. Identifying and modeling the structural discontinuities of human interactions. Scientific Reports, 7: 46677.

Han X-P, Hao Q, Wang B-H, et al. 2011. Origin of the scaling law in human mobility: Hierarchy of traffic systems. Physical Review E, 83 (3): 036117.

Hawelka B, Sitko I, Beinat E, et al. 2014. Geo-located Twitter as proxy for global mobility patterns. Cartography and Geographic Information Science, 41 (3): 260-271.

Hasan S, Schneider C M, Ukkusuri S V, et al. 2013. Spatiotemporal patterns of urban human mobility. Journal of Statistical Physics, 151 (1-2): 304-318.

Jiang B, Jia T. 2011. Agent-based simulation of human movement shaped by the underlying street structure. International Journal of Geographical Information Science, 25 (1): 51-64.

Jiang B, Yin J, Zhao S. 2009. Characterizing the human mobility pattern in a large street network. Physical Review E, 80 (2): 021136.

Jurdak R, Zhao K, Liu J, et al. 2015. Understanding human mobility from Twitter. PLoS ONE, 10 (7): e0131469.

Kim H-M, Kwan M-P. 2003. Space-time accessibility measures: A geocomputational algorithm with a focus on the feasible opportunity set and possible activity duration. Journal of Geographical Systems, 5 (1): 71-91.

Liang X, Zheng X, Lv W, et al. 2012. The scaling of human mobility by taxis is exponential. Physica A: Statistical Mechanics and Its Applications, 391 (5): 2135-2144.

Liben-Nowell D, Novak J, Kumar R, et al. 2005. Geographic routing in social networks. Proceedings of the National Academy of Sciences of the United States of America, 102: 11623-11628.

Liu H, Chen Y H, Lih J S. 2015. Crossover from exponential to power-law scaling for human mobility pattern in urban, suburban and rural areas. The European Physical Journal B, 88 (5): 1-7.

Liu Y, Kang C, Gao S, et al. 2012. Understanding intra-urban trip patterns from taxi trajectory data. Journal of Geographical Systems, 14 (4): 463-483.

Noulas A, Scellato S, Lambiotte R, et al. 2012. A tale of many cities: Universal patterns in human urban mobility. PLoS ONE, 7 (5): e37027.

Onnela J-P, Saramaki J, Hyvonen J, et al. 2007. Structure and tie strengths in mobile communication networks. Proceedings of the National Academy of Sciences of the United States of America, 104: 7332-7336.

Onnela J-P, Arbesman S, González M C, et al. 2011. Geographic constraints on social network groups. PLoS ONE, 6 (4): e16939.

Pappalardo L, Simini F. 2018. Data- driven generation of spatio- temporal routines in human mobility. Data Mining and Knowledge Discovery, 32 (3): 787-829.

Pappalardo L, Simini F, Rinzivillo S, et al. 2015. Returners and explorers dichotomy in human mobility. Nature Communications, 6: 8166.

Rao J, Gao S, Li M, et al. 2021. A privacy- preserving framework for location recommendation using decentralized collaborative machine learning. Transactions in GIS, 25 (3): 1153-1175.

Rhee I, Shin M, Hong S, et al. 2011. On the levy- walk nature of human mobility. IEEE/ACM Transactions on Networking, 19 (3): 630-643.

Schläpfer M, Dong L, O'Keeffe K, et al. 2021. The universal visitation law of human mobility. Nature, 593: 522-527.

Shelton T, Poorthuis A, Zook M. 2015. Social media and the city: Rethinking urban socio- spatial inequality using user-generated geographic information. Landscape and Urban Planning, 142: 198-211.

Shi L, Wu L, Chi G, et al. 2016. Geographical impacts on social networks from perspectives of space and place: An empirical study using mobile phone data. Journal of Geographical Systems, 18 (4): 359-376.

Song C, Koren T, Wang P, et al. 2010a. Modelling the scaling properties of human mobility. Nature Physics, 6: 818-823.

Song C, Qu Z, Blumm N, et al. 2010b. Limits of predictability in human mobility. Science, 327 (5968): 1018-1021.

Sun L, Axhausen K W, Lee D-H, et al. 2013. Understanding metropolitan patterns of daily encounters. Proceedings of the National Academy of Sciences of the United States of America, 110 (34): 13774-13779.

Tang J, Liu F, Wang Y, et al. 2015. Uncovering urban human mobility from large scale taxi GPS data. Physica A: Statistical Mechanics and its Applications, 438: 140-153.

Toole J L, Herrera- Yaqüe C, Schneider C M, et al. 2015. Coupling human mobility and social ties. Journal of the Royal Society Interface, 12 (105): 20141128.

Wang W, Pan L, Yuan N, et al. 2015. A comparative analysis of intra- city human mobility by taxi. Physica A: Statistical Mechanics and Its Applications, 420: 134-147.

Wang X W, Han X P, Wang B H. 2014. Correlations and scaling laws in human mobility. PLoS ONE, 9 (1): e84954.

Wang X, Yuan Y. 2021. Modeling user activity space from location- based social media: A case study of Weibo. Professional Geographer, 73 (1): 96-114.

Wu L, Zhi Y, Sui Z, et al. 2014. Intra-urban human mobility and activity transition: Evidence from social media check-in data. PLoS ONE, 9 (5): e97010.

Wu L, Yang L, Huang Z, et al. 2019. Inferring demographics from human trajectories and geographical context. Computers, Environment and Urban Systems, 77: 101368.

Xia Y, Tse C K, Tam W M, et al. 2005. Scale-free user-network approach to telephone network traffic analysis. Physical Review E, 72: 026116.

Xu Y, Belyi A, Bojic I, et al. 2017. How friends share urban space: An exploratory spatiotemporal analysis using mobile phone data. Transactions in GIS, 21: 468-487.

Xu Y, Belyi A, Santi P, et al. 2019. Quantifying segregation in an integrated urban physical-social space. Journal of The Royal Society Interface, 16 (160): 20190536.

Yan X-Y, Han X-P, Wang B-H, et al. 2013. Diversity of individual mobility patterns and emergence of aggregated scaling laws. Scientific Reports, 3: 2678.

Yuan Y, Xu Y. 2022. Modeling activity spaces using big geo-data: Progress and challenges. Geography Compass, 16 (11): e12663.

Zhao K, Musolesi M, Hui P, et al. 2015. Explaining the power-law distribution of human mobility through transportation modality decomposition. Scientific Reports, 5: 9136.

第4章　场所语义感知

4.1　场　　所

空间（space）与场所（place）是地理分析中的两个重要视角。当代人文地理学家段义孚（Yi-Fu Tuan）关于空间与场所的论述（Tuan，1977）对地理学产生了重大的影响，促进了地理学研究对场所关联的人的情感和体验的重视。在地理信息科学中，空间视角为客观物理环境提供了可度量、可计算的分析框架，以笛卡儿坐标系为参考系，通过地理坐标、几何度量等定量方式来精确表达地理实体和地理现象的位置（Sui and Goodchild，2011）。场所则是被赋予情感、活动、功能等特定语义与人文内涵的空间位置或区域，是人在空间活动中产生并不断强化的共识性认知（Purves et al.，2019）。场所通常由地名来指代，一个地名的生命周期体现了一个信息团体在一段时间内对一个地点的共同认知（如"京城"、"北平"与"北京"）。因此，场所是人们共享地理知识的直观体现，是日常交流位置信息的基础。研究场所的重要意义在于：①场所是人们的常识性空间知识的重要基元，能够作为地理概念命题网络的节点来组织场所知识，从而更加符合人的空间认知（刘瑜等，2005）；②场所能够为地理分析提供表达空间异质性的分析单元；③场所是人类行为与地理环境的重要纽带，相对于空间视角而言，场所视角更加关注人对地理环境的主观认知与感受（Winter et al.，2009），因此，场所为地理分析提供了一个以人为本的研究视角。

传统的GIS和空间数据库侧重于利用精确的几何度量表达地理空间，基于坐标几何体建立基本空间数据模型，却忽略了人的空间认知习惯与场所的丰富语义，因而被认为是"重空间，轻场所"（Agnew，2011；Goodchild，2011；Roch，2016）。这一现状导致两方面的不足：一方面，从地理信息表达的角度，人们更容易理解由地名及定性、半定量空间关系所表达的场所对象及其关联，而不是由定量空间坐标所表示的位置（Goodchild，2015；Blaschke et al.，2018），空间数据模型与人类空间认知之间的差异，导致传统GIS难以理解和处理位置服务中人们所提出的地理问题，从而限制了地理信息检索的发展，使之难以契合公众的空间知识使用习惯，并提供更加人性化的地理信息服务（Purves et al.，2018）；另一方面，从人文社会科学研究的角度，传统的空间数据模型未对场所人文意涵加以考虑，以及缺乏深入分析社会构建（social construction）场所的复杂性，从而限制了GIS对人文社会科学问题的分析能力，使得社会科学领域的学者较少使用GIS作为分析工具（Matthews，2011；MacEachren，2017；Vasardani and Winter，2016）。为此，诸多学者积极呼吁在GIS中对人们共识的场所概念进行形式化（Winter et al.，2009；Agnew，2011；Goodchild，2015；Janowicz et al.，2022），并针对该问题开展了诸多研究与探索（Winter and Freksa，2012；Giordano and Cole，2018；Merschdorf and Blaschke，2018）。然而，由于场所的概念模糊且语义宽泛，场所的类属知识难以定义，这给场所形式化带来了巨大的挑战。

近年来，利用地理时空大数据和数据挖掘技术来丰富场所语义属性已成为地理信息科学领域的重要研究方向。基于众源地理信息的场所感知研究，规避了定义场所概念与人工构建完备场所知识库的难题，提供了一种通过量化场所属性来刻画场所的新途径，能够在任何一种模糊程度或丰富程度上表达场所（Purves et al.，2019）。早期的场所语义感知研究由于依赖调查问卷、认知实验和访谈来获取相关数据，面临着时间成本高、覆盖范围小、样本量少的问题，使得场所感知研究仅能针对个别场所作为研究对象来开展。而互联网、社交媒体和移动智能设备的普及，为开展大规模的场所语义定量分析提供了机遇（Sui and Goodchild，2011；刘瑜，2016）。人们通过微博、Twitter等应用可以随时随地发布带有位置标注的信息，用文字分享当下的感受和情绪；或通过Foursquare、大众点评等应用可对场所进行评级打分或撰写评价，为提取与感知场所内的活动、事件、情感等语义提供了可能（王圣音等，2020）。

4.2 场所范围

4.2.1 场所模糊范围建模

空间足迹（spatial footprint）是场所的基本属性。通常空间认知对场所信息的加工处理机制是基于图形结构的粗化地图（艾廷华，2008），而部分场所并不具有明确的边界，使之无法在地图上显式描绘其空间足迹。然而，人们依然对了解“场所的范围有多大?”“场所的边界和核心区分别位于哪里?”等问题有强烈的需求和兴趣（Davies et al.，2009，Montello et al.，2003）。基于众源大数据的场所模糊空间足迹感知，是将场所模糊空间范围表达为计算机可以处理的几何形状，继而进一步从聚合层面提取场所的各类语义属性。该方法的基本前提假设是，模糊边界的场所可以用隶属度函数表示，而一个点属于给定模糊场所的隶属度，正比于在文本中提到该场所的社交媒体签到点的密度。

基于该方法，Hu 等（2015）提出了适用于 Flickr 数据的场所空间足迹提取流程，进而刻画与分析场所内部的主题以及时空特性。在较大空间尺度上，Gao 等（2017）在定义“南加州”和“北加州”模糊范围的基础上，从社交媒体数据获取人们对两个场所的描述并分析它们的主题语义特征（图 4-1）。

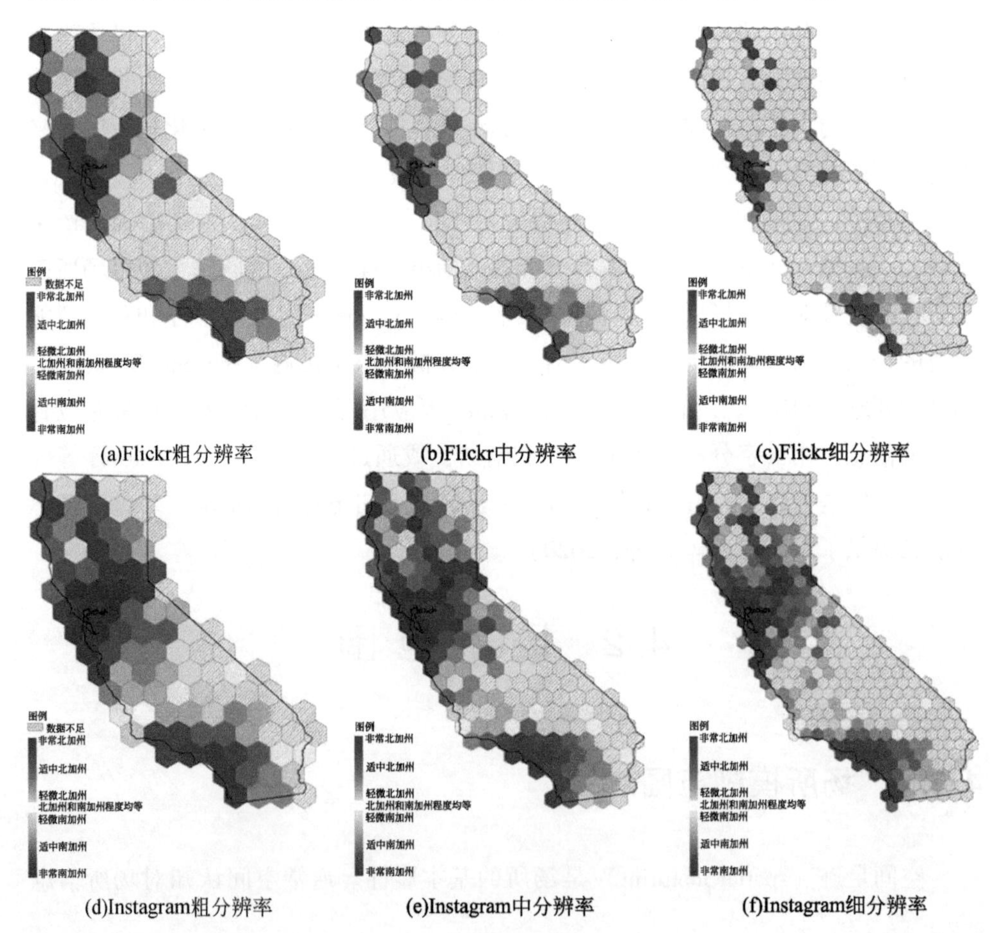

(a)Flickr粗分辨率　(b)Flickr中分辨率　(c)Flickr细分辨率

(d)Instagram粗分辨率　(e)Instagram中分辨率　(f)Instagram细分辨率

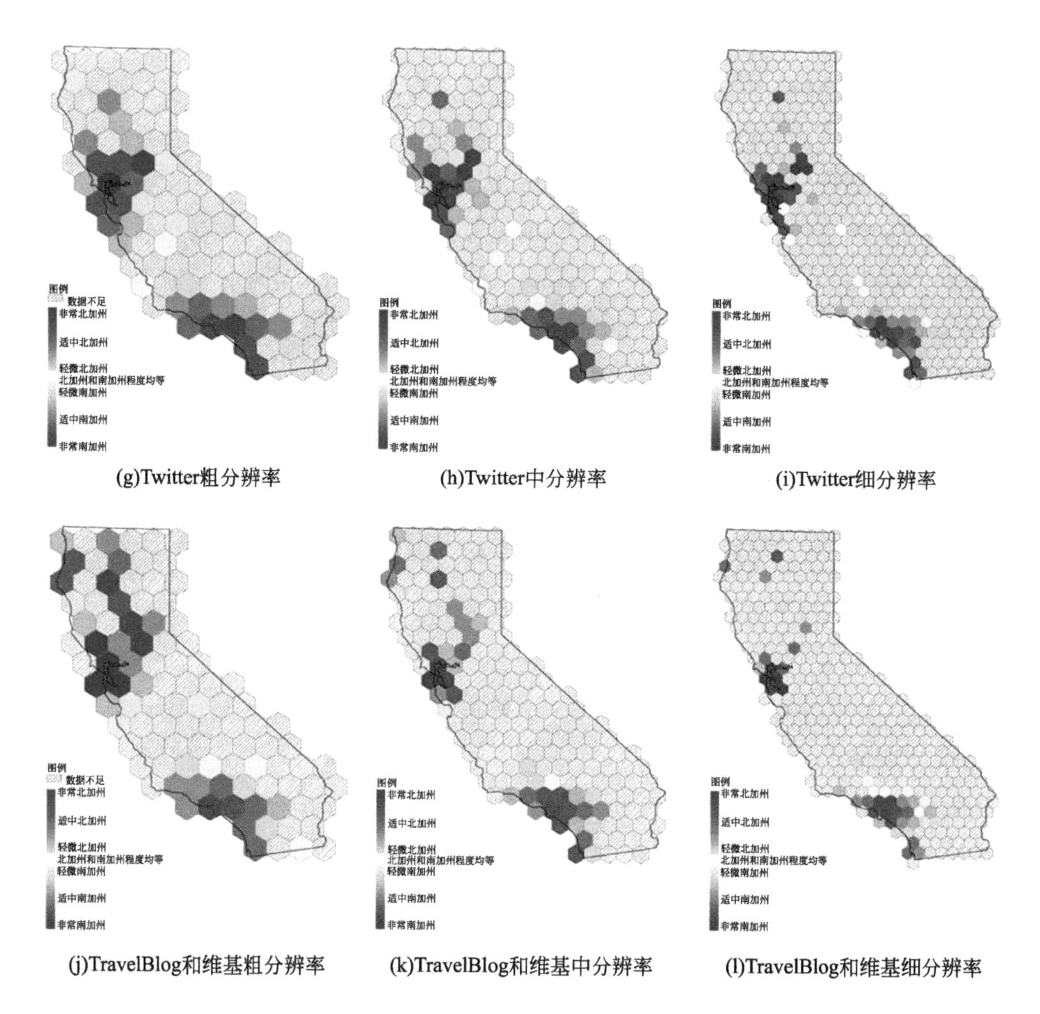

(g)Twitter粗分辨率　(h)Twitter中分辨率　(i)Twitter细分辨率

(j)TravelBlog和维基粗分辨率　(k)TravelBlog和维基中分辨率　(l)TravelBlog和维基细分辨率

图 4-1　基于不同社交媒体数据的“南加州”“北加州”模糊空间范围表达（Gao et al.，2017）

在城市尺度上，很多场所用于表达城市内的粗略位置，如北京的“中关村”。它们通常对同一城市居民而言广为人知，并且空间范围不大从而能够较为精确地表达一个位置，因此在日常地理知识表达和沟通中扮演重要角色。在商业应用中，这些场所也被称为商圈。商圈场所同样不具有明确的边界，采用认知实验等方式固然可以建立相应场所的模糊表达（Montello et al.，2003；刘瑜等，2008），但是成本相对较高，不适合于对多个场所建立模糊表达，而采用大数据无疑可以更好地解决该问题。针对北京市商圈场所的模糊建模，王圣音等（2018）以北京市五环区域作为研究区，通过大众点评网 API 接口获取 79863 条带有商圈属性的商铺点数据，所涉及的120个商圈名称为本书所表达的城市场所。其中，兴趣点属性信息均为商户自行填写，包含名称、地址、坐标、所属商圈、类别等信息，其中，“所属商圈”是由商户从大众点评网所提供的商圈名称列表中自行选择。由于数据产生于商户，因而代表了商户对商铺所属场所的认知，点集的疏密程度能够体现商户对商铺所属场所的认同程度。此外，商圈名称列表中的场所名称在尺度、层级等具有一致性，不存在一名多地、一地多名的情况，以及两个地名之间的包含、被包含关系。基于上述兴趣点数据，选择合适的带宽，可以使用核密度方法生成相应场所的隶属度分布图，表征了商圈场所的模糊空间分布（图4-2）。在此基础上，可以很容易聚合其他大数据，全面从情感、活动、体验等多个维度刻画场所的语义特征，从而为场所视角下的城市研究提供支持。

4.2.2 基于模糊场所的层次关系构建

在知识组织和表达时，人们通常采用树状的层次结构，如学科分类树等。在这种层次结构中，每个节点代表一个类别。而对于地理知识，除了地理对象类别形成的树状结构，不同大小的场所单元形成的层次关系，如北京—海淀—中关村—北京大学—未名湖，同样在空间认知和推理中扮演了重要角色（Timpf and

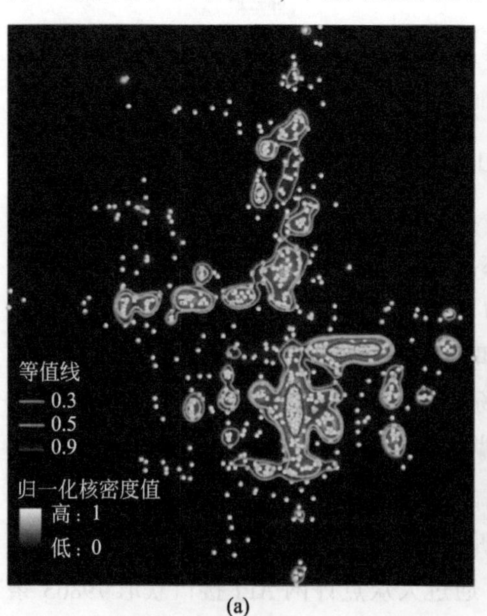

(a)

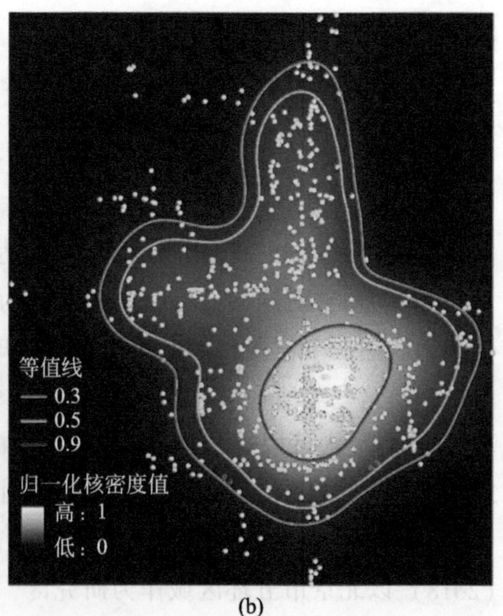

(b)

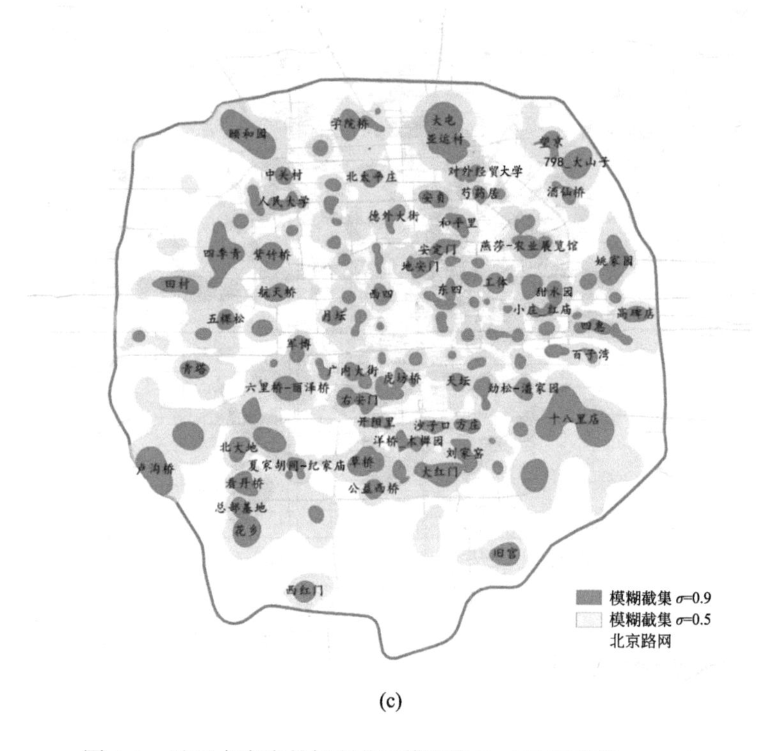

图 4-2　基于点密度的场所范围模糊表达（王圣音等，2018）

（a）（b）商圈场所“安定门”对应的兴趣点集以及不同带宽下的核密度图，图（b）表示了更好的带宽选择；（c）北京五环城区场所的模糊空间范围表达

Frank，1997）。基于大数据可以批量获取多个场所的空间分布，然而由于场所范围本身的模糊性，如何依据场所在空间上的“部分-整体”关系构建层次化的知识组织仍有一定难度。Wu 等（2019）提出了一种基于模糊形式概念分析（fuzzy formal concept analysis，FFCA）的方法，实现从带有地理标签的用户生成内容中提取模糊场所的层次结构。该方法由三部分构成：首先基于核密度分析计算场所在空间上的隶属度；然后使用 FFCA 方法把每个场所表达为由特定外延（extent）和内涵（intent）构成的概念（concept），基于这些概念自动生成场所概念格；最后根据概念间的相似度进行概念聚类，得到化简的场所空间层次结构。该方法在考虑了不同空间关系情景的模拟数据上得到符合预期的结果，进而利用新浪微博签到数据，对北京市海淀区中关村及其周边的场所进行实例分析，通过问卷调查验证了利用该方法得到的场所空间层次结构与问卷参与者认知的场所空间层次结

构是一致的，从而表明了方法的有效性（图 4-3）。

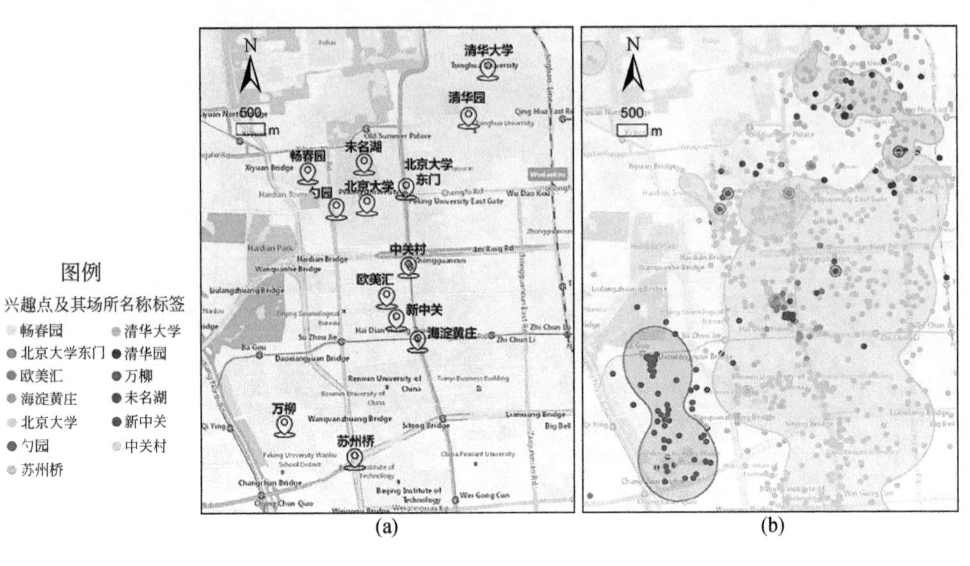

(a)　　　　　　　　(b)

(c)

图 4-3　模糊场所的空间分布（中关村附近区域）

（a）实验区域模糊场所的近似中心位置；（b）模糊场所相关的兴趣点的分布及取隶属度阈值 0.5 得到的场所近似边界；（c）场所空间层次结构提取结果

4.3 场所活动

4.3.1 基于活动量的时间规律性推断城市用地功能

利用不同类型大数据，可以揭示一个城市或场所内部活动以及人口分布状态。大数据的时间标记，可以用于揭示人口活动量的动态变化特征，这种变化特征往往具有较强的周期性。其中，对于城市研究而言，尤其以日周期变化较为明显，即城市居民在居住地点和工作地点之间的通勤行为带来了相关地理单元人口密度的时变特征（图4-4）。因此，我们可以基于城市不同场所对应的活动量日变化曲线，来研究其用地特征和在城市运行中所承担的功能。

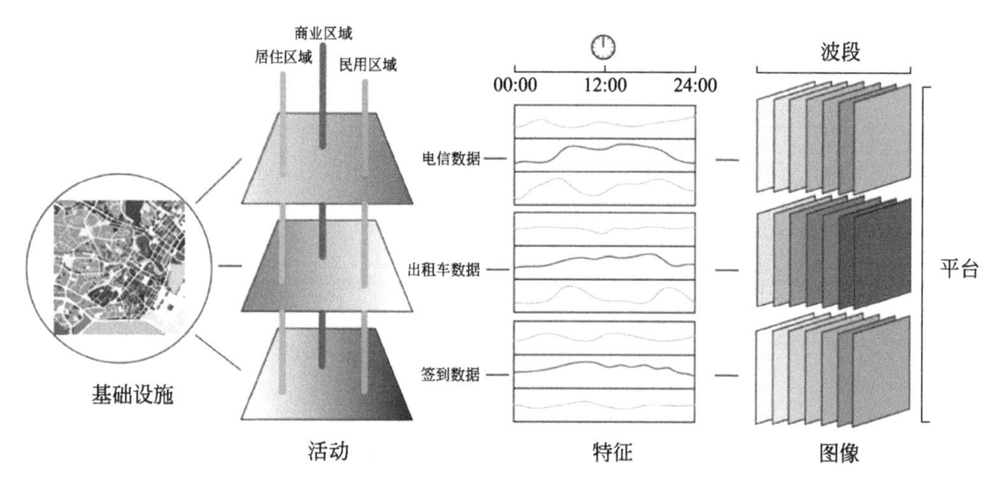

图4-4　基于不同空间大数据提取的城市不同地点活动量的时间变化特征进行的用地特征研究

就像传统遥感分析对于土地覆被的分类主要依赖于不同地物电磁波谱反射曲线不同那样，利用空间大数据所提取的活动分布特征感知土地利用类别的基本原则是活动量日变化特征对地块的指示能力。Liu 等（2012）针对上海市出租车轨迹的分析发现，轨迹数据提取的上下车活动的时空分布具有较高的规律性，可以用于分析城市用地的空间结构。如图4-5（a）表示了上海市6000多辆出租车一天之内上下车点的分布，其中蓝色表示上车点，紫色表示下车点。进而，统计整个研究区每个小时的上下车次数，可以发现较为规律的日周期特性［图4-5（b）］。

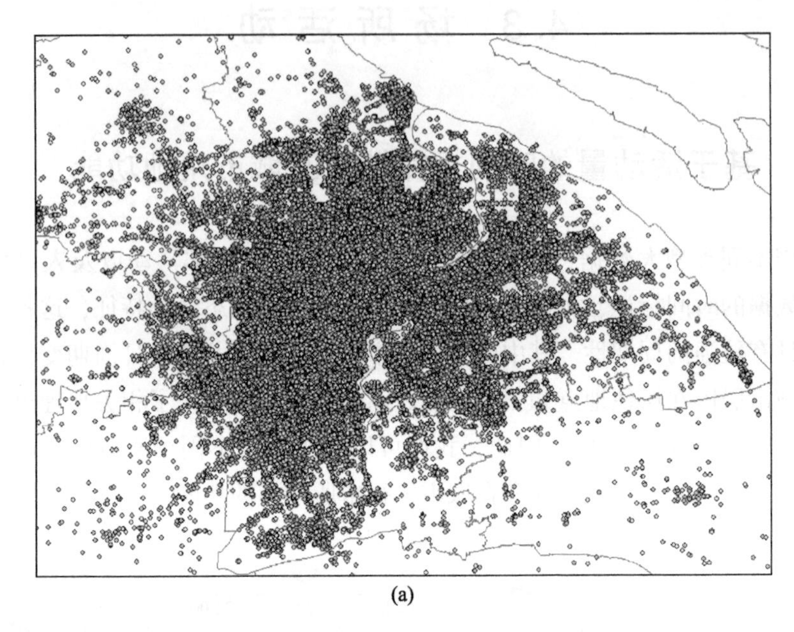

(a)

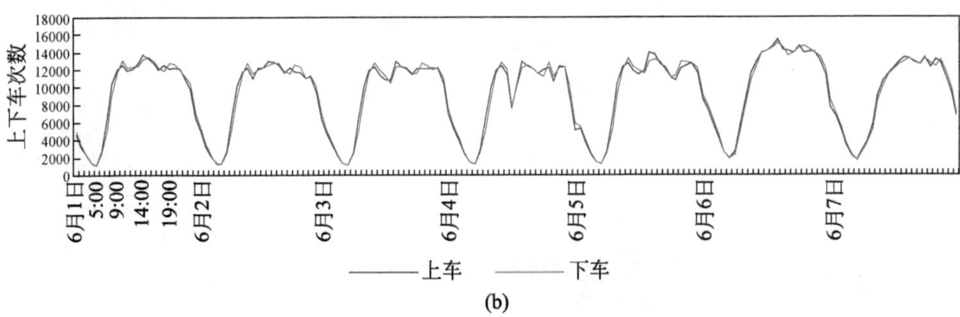

(b)

图4-5　上海市出租车下车点的时空分布（Liu et al.，2012）

（a）上海市一天内出租车数据的分布；（b）上下车次数随时间的变化，从中可以明显地看出日周期特征。其中第六天为周六，出租车出行总量高于工作日

图4-5（b）所刻画的城市活动强度的节律特征，已经被许多基于其他数据类型的研究，在全世界不同城市验证，如Kang等（2012）、Pei等（2014）、Ahas等（2015）等。由于城市不同区域的用地类型不同，不同类型社会感知数据所反映的活动强度及日变化曲线也存在差异。以上海市出租车数据为例，当在研究区选择五个样点，其上下车数量的日变化曲线呈现出非常大的差异，这种差

异可以帮助揭示城市用地功能的空间分布格局（图 4-6）。

(a)上海市五个采样点的位置
(从A到E分别表示城市中心商业区、居民区、虹桥机场、浦东机场以及近郊区)

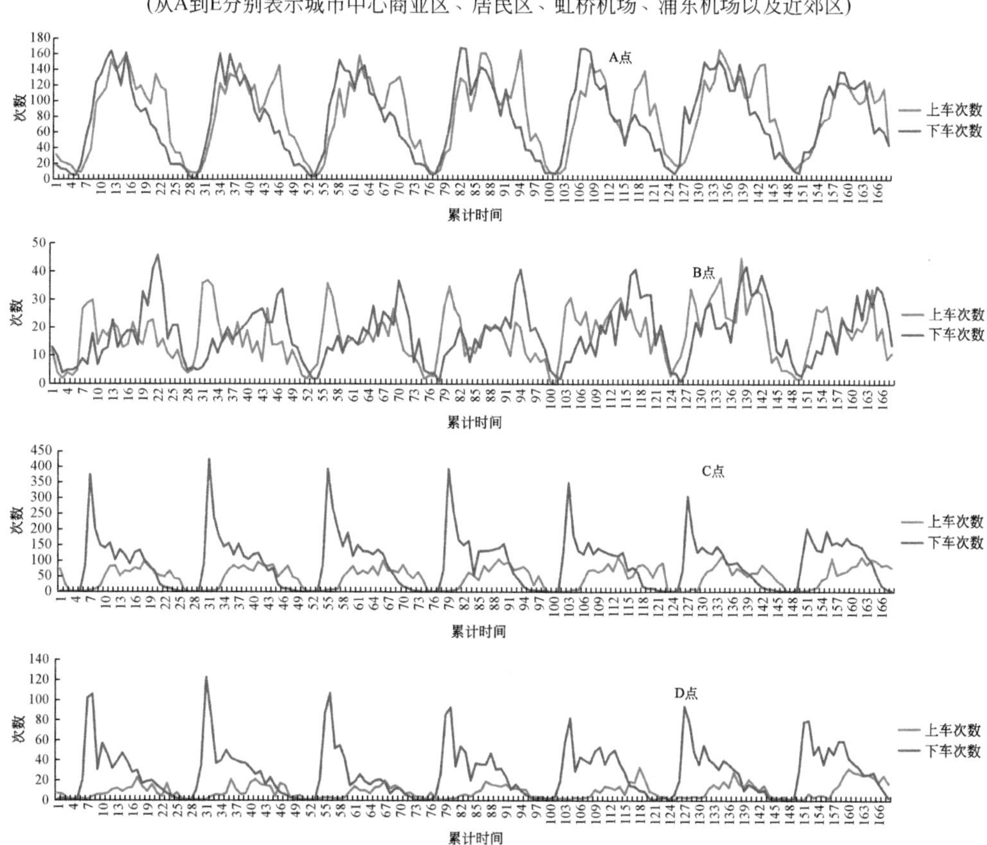

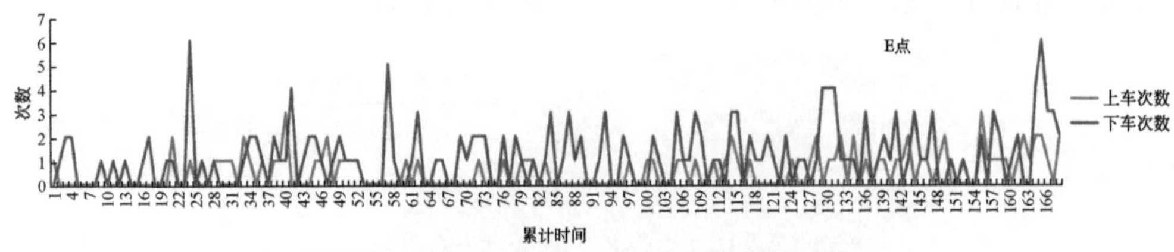

(b)不同区域每小时内出租车上下车次数的时间变化曲线

图 4-6　上海市五个样点出租车下车次数随时间变化的特征（Liu et al.，2012）

在基于活动变化曲线对城市用地功能进行分类时，由于训练区难以确定，多采用非监督分类方法，目前最常用的算法有 *K*-means 聚类、*K*-medoids 聚类等（Toole et al.，2012；Liu et al.，2012；Pei et al.，2014）。考虑到相同的土地覆被对应不同的居民活动特征，而外形相近的建筑可能承担了不同的社会功能，该方法从活动角度提供了对于城市土地利用更为全面的解读。在分类过程中，因为相同功能的地块存在强度的差异，如高密度居民区和低密度居民区尽管人口总量不同，但是其人口密度日变化特征应该比较相似，故而在非监督分类过程中，通常需要对活动时变曲线进行归一化预处理。此外，考虑城市居民工作日和周末的不同活动特征，在一些研究中，也将工作日数据和非工作日数据分开处理。由于空间大数据所提取的活动时空分布信息可以处理成与传统遥感数据相似的形式，因此除了非监督分类外，一些图像处理方法可以应用于社会感知数据，如采用主成分分析以及非负矩阵分解方法，识别一个城市不同区域活动变化的全局和局部变化特征（Ratti et al.，2006；Reades et al.，2009；Sun et al.，2011；Peng et al.，2012）。

4.3.2　基于场所活动时间变化推断用地混合度

对于城市中的给定区域，如一个工业园区或者一栋建筑，大数据所反映的活动总量及其时间变化特征，实际是由多类活动叠加的结果。如一个购物广场内，人们的活动包括就餐、购物、观影娱乐等，而每类活动有特定的时间节律，如就餐集中于中午和晚上两个时段。因此，可以借鉴遥感领域中的混合像元分解思路，分解观察到的活动变化曲线中不同类型活动的比例，并进而评估城市用地功能的混合程度。为了达成该目的，如图 4-7 所示，研究框架包括时谱曲线提取、用地功能基曲线提取、混合用地功能分解、结果验证四个步骤（Wu et al.，2020）。

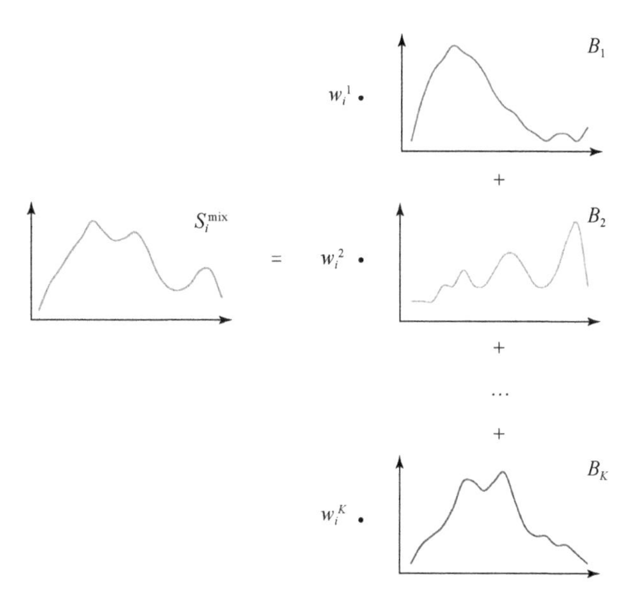

图 4-7　混合用地活动强度时间变化曲线分解

S_i^{mix} 为 i 个场所在不同时段的活动量；B_1、$B_2 \cdots B_K$ 为一项基本活动（如就餐）的活动量变化；w_i^K 为权重

1）时谱曲线提取：基于不同类型的地理大数据（如移动手机数据、出租车轨迹数据及社交媒体签到数据等），利用时空统计可以得到不同研究单元所对应的时谱曲线，其可以反映单元内人的活动规律。需注意时空统计单元及标准化方法的选择。

2）用地功能基曲线提取：研究假设在不考虑时差或生活习惯差异等影响下的研究区域，对于例行活动，如办公、餐饮等，其对应的时谱曲线的变化模式往往较为稳定，因此可以被视作反映城市用地功能的基曲线。基曲线提取有多种可选择的方法，如聚类方法、端元（endmember）提取方法等，选择时需根据研究目的以及实验数据的特点而定。

3）混合用地功能分解：研究假设每个研究单元的时谱曲线均可以视作不同用地功能基曲线的线性组合形式，利用优化方法对其进行线性拆解，不同曲线权重反映了对应用地功能的强度。除此之外，基于不同用地功能的强度占比与基曲线，还可以得到动态活动强度占比以及用地功能混合度。

4）结果验证：用地功能是个抽象概念，难以直接观测或度量，为了验证用地功能分解结果，可以与包含人类活动信息的其他数据进行对比。对于整体估计，可以绘制用地功能强度占比分布图或与其他真实数据进行相关性分析；而对于具体研究单元，可以进行更加细致的分析验证。

为了验证所提出的研究框架，选取北京五环以内区域作为研究区域，采用工作日社交媒体签到数据作为实验数据，采用交通小区（traffic analysis zones，TAZ）作为空间单元，以1小时作为时间单元。其类别标签分别为：户外休闲、居住交通、餐饮、办公教育、娱乐。采用线性模型进行混合用地功能分解，可以得到每一研究单元不同用地功能的强度占比（图4-8）。可以看到原始时谱曲线与拆解后再按强度占比加权合成曲线的相似度很高［图4-8（f）］；居住交通与餐饮功能的分布较为分散，基本覆盖全部研究区域；办公教育功能在西北部海淀区分布较多等。

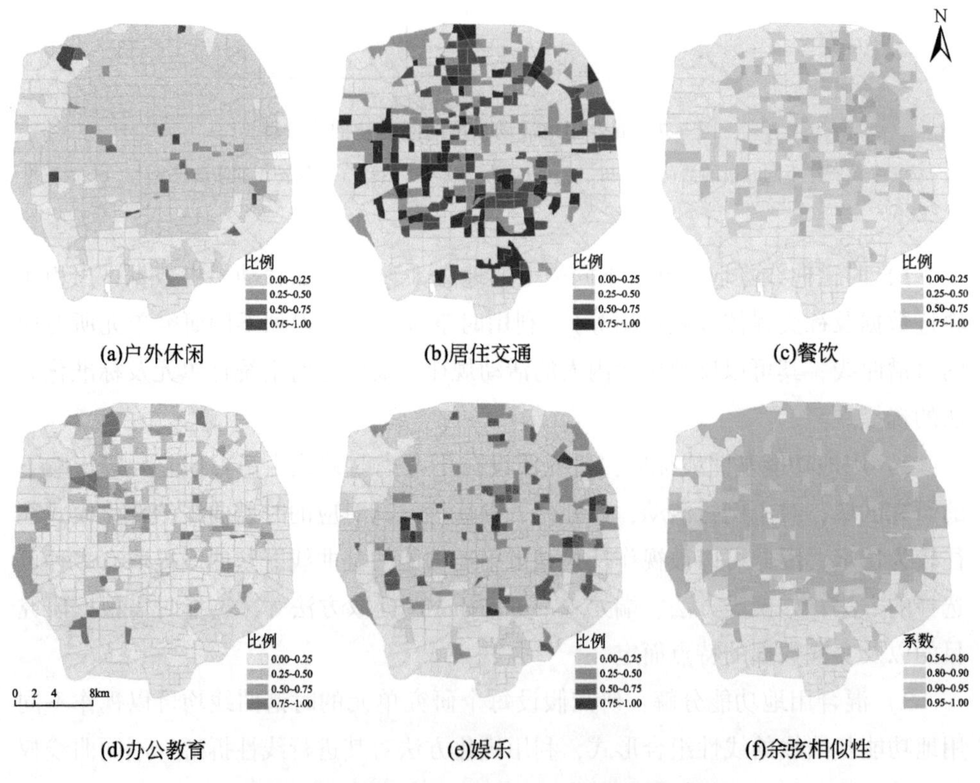

图4-8 北京市不同区域城市用地功能的混合程度

4.3.3 基于场所活动类型推断用地功能

多种多样的人类活动在城市空间中发生，特定的人类活动决定一个场所特定的功能。除了利用一个场所活动量的时间变化特征推断用地功能外，社交媒体的内容也为场所用地功能识别提供了支撑。例如，如果某个人在某个场所发布内容主题主要是购物等内容，则可推断该场所为商业区。下面介绍一项基于微博数据的北京市场所用地功能识别研究（Ye et al., 2021）。该研究先提取微博社交媒体文本中的动词作为人类活动的表示，通过对动词聚类识别城市功能，然后使用神经网络构建建筑环境与城市功能（基于动词）的关系去解决社交媒体稀疏性问题，从而达到对整个研究区域的城市功能识别。

由于北京五环内区域有明显多类型的城市功能，故被选作研究区域。使用的数据包括新浪微博数据、街景数据、兴趣点数据、土地类型数据以及出租车轨迹数据，其数据分布如图4-9所示。新浪微博数据与街景数据用作城市功能的识别，而其他数据用于结果的验证。

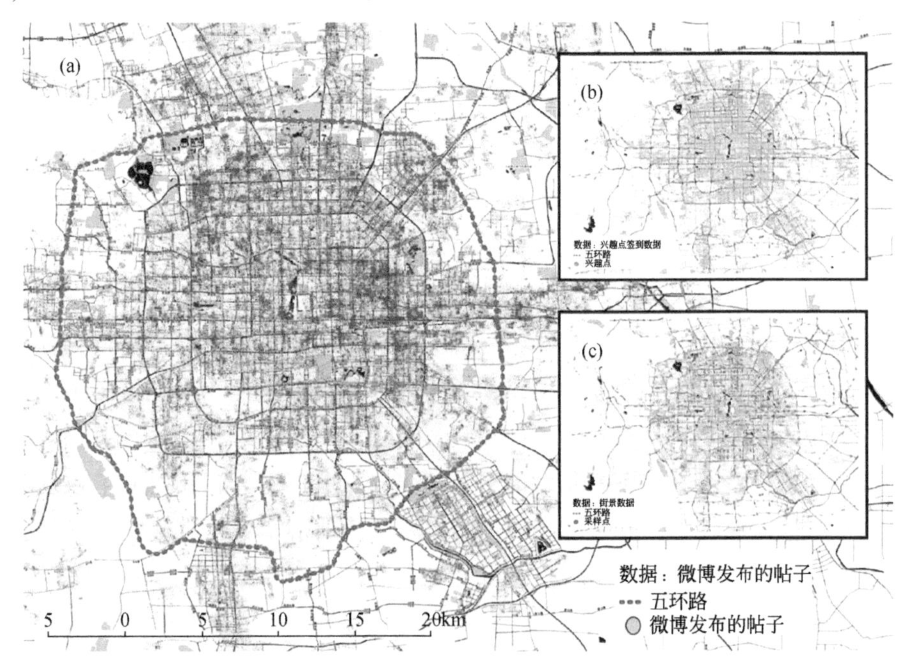

图4-9　北京市不同类型社会感知数据的分布

（a）社交媒体数据；（b）兴趣点签到数据；（c）街景数据

社交媒体文本中共有 1909 个动词被抽取作为动词词表，使用 Fuzzy C-Means 对词表进行聚类生成城市功能隶属度矩阵。当动词对某个城市功能隶属度大于 0.8 时被选择用于生成城市功能类的词云，如图 4-10 所示。

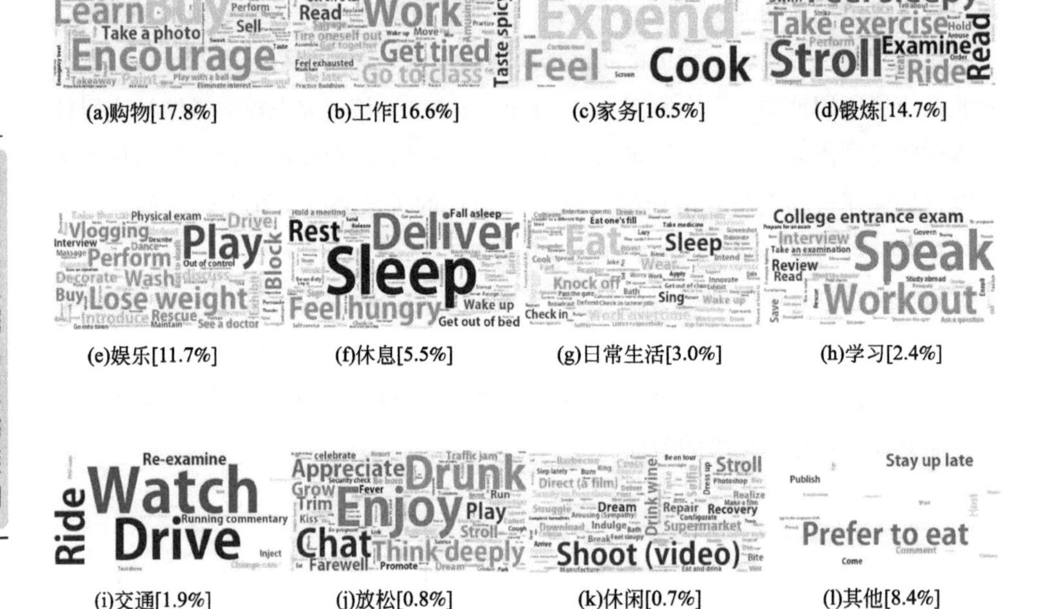

图 4-10　城市功能词云

其中占比最高的城市功能类分别为购物、工作及家务。与娱乐活动相关的城市功能类占比高达 31%，包括购物、休闲、娱乐及放松。其次，日常生活相关的城市功能（包括日常生活、家务、休息）占比达 25%，工作占比 16.6%。根据不同类型活动的空间分布，图 4-11 展示了工作和学习及休闲娱乐两类活动的空间分布，可以看出，如果把北京市沿中轴线分为东西两个部分，工作和学习活动在西部区域占比较高，而东部区域休闲娱乐类活动密度更大。这反映了北京市用地空间结构对居民活动的影响。

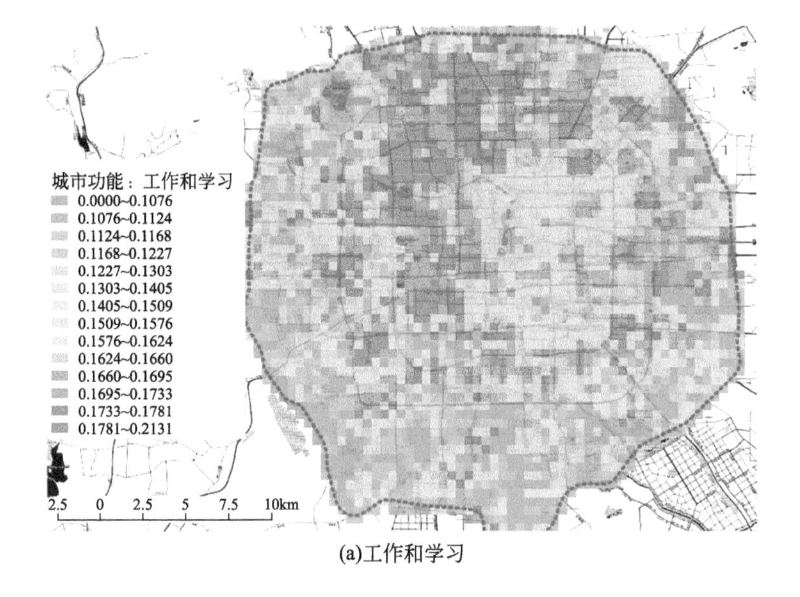

(a)工作和学习

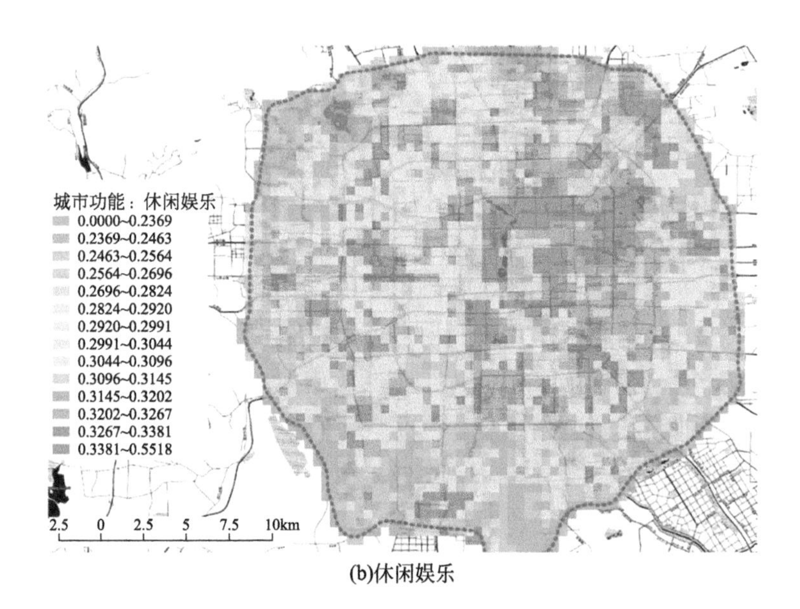

(b)休闲娱乐

图 4-11　北京市不同类型活动强度的空间分布

4.4 场所情感

场所情感是人长期从事空间活动而对地理环境产生的认知、情绪与感受，如归属感、幸福感、压抑感等。目前，场所情感的提取主要依赖文本数据或街景图像数据，使用大规模的社会感知数据采样使城市内各个场所的情感得以表达和呈现。基于文本的场所情感挖掘是通过带有地理位置标签的社交媒体文本、旅游博客、场所点评等数据，利用自然语言处理技术和情感分析（sentiment analysis）方法提取主体的情感特征与情感倾向，如焦虑、愤怒、抑郁、幸福感等；或将情感倾向分为积极、消极、中性三种极性（polarity）（Kovacs-Györi et al., 2018；Cao et al., 2018），评估与之相对应的量化得分。无疑不同场所由于其地理环境，以及人口学特征的差异，会导致场所情感的差异。带有地理位置标签的社交媒体数据可以用于提取情感的时空分布模式，并进而揭示其背后的因素。例如，Mitchell 等（2013）量化了美国全境以及个别大都市地区，如纽约、湾区的幸福感分布特征。而 Yang 和 Mu（2015）则针对纽约大都会地区，分析了压抑感情绪的空间分布，进而探讨了该分布与人口学特征（年龄、受教育水准）之间的关联。

此外，大数据还可以帮助了解人们对于特定事件（如天气变化、选举、疾病、流感、灾害、演唱会等）的响应程度以及时空演变模式（Hu, 2018；Yang et al., 2015）。例如，Cao 等（2018）利用 Twitter 文本数据提取马萨诸塞州的情感时空特征，发现大众的情绪值在商业和公共用地很高，在交通、农业、工业用地则较低，并呈现周末高、工作日和夜晚较低的特征。Zheng 等（2019）则采用自然语言分析算法，对2014 年3～11 月间来自中国144 个城市的2.1 亿条带有地理位置标签的微博文本进行情感分析，以提取相对客观且具有即时性特点的情绪数值。将每个城市每日的民众情绪中位数数值与当日该城市的 $PM_{2.5}$ 浓度、气象指标等较高频数据进行匹配，构建计量经济学模型剥离其他因素的影响，发现民众情绪的短期变化与当地 $PM_{2.5}$ 浓度变化之间显著的负相关关系。

基于街景图像的场所情感语义挖掘通过街景图像与众包语义标签定量化分析场所的物理视觉环境给人带来的感受。例如，Zhang 等（2018）通过带有情感语义标签的 Place Pulse 数据集和腾讯街景图像获取人们对场所的主观情绪，提出了一种基于深度学习的模型来估计个体对城市街道场景在安全感、活跃感、美丽感、富裕感、压抑感、无聊感等六个维度上的情感感知评分，得到基于视觉感的城市情感地图。Kang 等（2019）利用数百万张来自全球 80 个景点的照片分析人脸表情，从而得到不同类型的场所中人们的情绪，发现往往开阔空间和自然景观与积极情绪正相关，而封闭室内空间与人们的积极情绪负相关。

Gao 等（2022）基于微博数据，开展了北京市城市场所情感的研究。利用微博官方 API，抓取北京市五环内 2016 年全年带有位置坐标的签到数据共 3148184 条。通过语忆科技的接口，返回每条微博签到文本对应的情感极性及置信度，其中情感极性在 0 ~ 100 范围内，分数越高代表情感越积极，越低代表情感越消极；置信度区间为 0 ~ 1。表 4-1 对返回结果进行简单的示例说明。

表 4-1　微博签到文本情感分析结果示例

序号	文本内容	情感极性	置信度
1	×××真的太好看了!! ×××演得太好了!!	93.160	0.843
2	希望爸妈身体健康，平安快乐，新年了，愿一切安好，祝福!	85.433	0.900
3	好美的晚霞，相信否极泰来。	71.790	0.826
4	生活不止眼前的苟且 还有承诺和梦想。	54.195	0.714
5	夜幕下的北京城。	42.076	0.722
6	每当我们无能为力的时候，我们就总爱说顺其自然。	29.133	0.750
7	累惨了最近，连回程的机票都订错了。	18.046	0.717
8	这一刻感到辛酸、无力与无奈。说与不说的感觉是不一样。	9.210	0.844
9	我居然信了!	24.969	0.375
10	2016，我们。	57.756	0.250
11	昨天，今天，明天。	50.000	0.000

图 4-12 是以天为单位的情感特征年变化曲线。积极情感的峰值出现在各个节日，如元旦、春节、儿童节、中秋节，消极情感的峰值则在一些极端天气日，如高强度寒潮、连续暴雨、重度雾霾，以及特定节日如中元节。由此说明时间在一定程度上，独立于空间、全局且有力地影响着城市情感。而时间，如节日所带来的情感影响，一方面可能来源于它所附带的活动类型，如节日假期更多地参与休闲活动，而另一方面可能仅来源于它本身在文化语境下带来的心理暗示，如清明假期没有体现出高的积极情感。

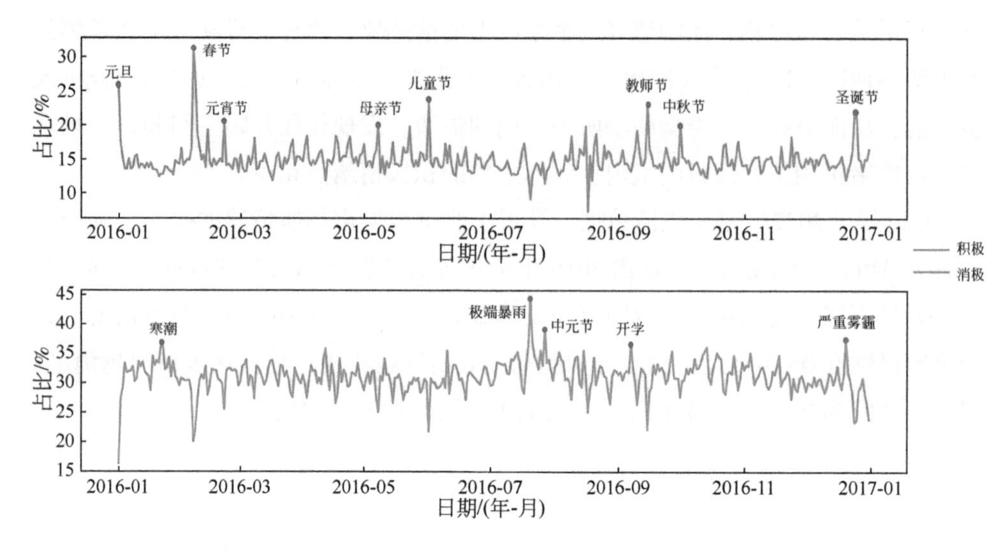

图 4-12　北京市情感特征年变化曲线（Gao et al., 2022）

以交通小区为场所单元，可以绘制北京的积极情感和消极情感的空间分布图（图 4-13），其中一个较为明显的模式就是：北京东半部（含东城、朝阳等区）积极情感的得分高于西半部（含西城、海淀），而消极情感得分低于西半部。该空间分布特征，也与这两个区域城市用地功能差异有关，参见图 4-6，东城、朝阳等区内有较多娱乐休闲设施，而西城、海淀则高校和高技术企业较多，那里的人们一定程度上学习、工作压力较大，从而使得情感分值相对较低。

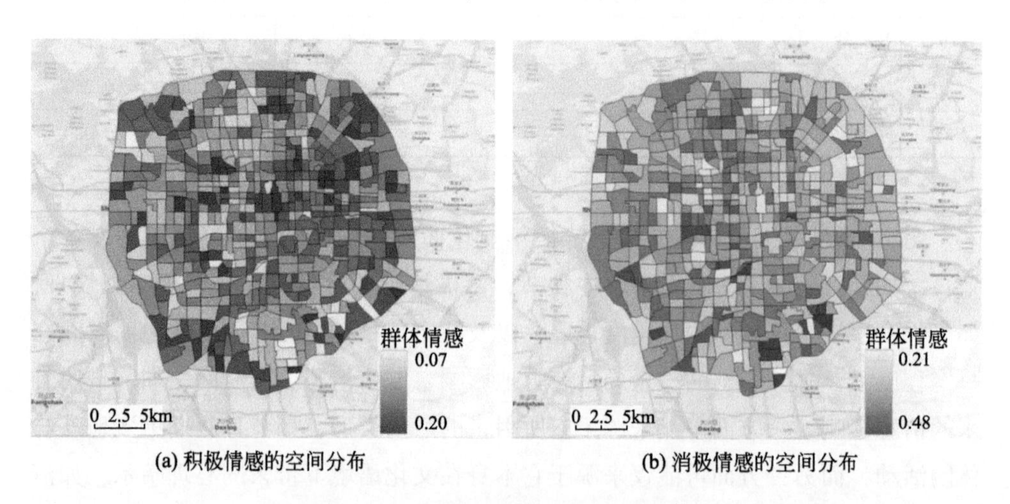

图 4-13　北京市积极情感和消极情感的空间分布（Gao et al., 2022）

4.5 场所感知应用

城市空间的异质性和多样性是城市研究和管理最为基础的特性，这种异质性和多样性可以从物质特征和社会经济特征两个维度进行刻画并揭示它们之间的耦合及动态演化模式。刘瑜等（2018）从“人-地-动-静”四个维度归纳了刻画城市空间的要素和指标体系（图4-14），而场所则是构成城市空间的基本单元。因此，可以针对城市中的场所单元，聚合社会感知大数据所提取的活动、情感等度量，以及传统地理空间数据，如土地利用、房屋、道路、兴趣点等，构建场所的多维度表征，实现对场所“画像”。假定每个场所可以表征为一个向量（$\boldsymbol{x}_1$，$\boldsymbol{x}_2$，…，$\boldsymbol{x}_n$），在此基础上，可以进行两类研究工作：第一类是进行非监督分类，对城市用地功能进行划分和识别；第二类是针对特定的研究议题，如城市活力、营商条件、治安环境等，选择相应的代理变量（proxy variable）作为指标，构建机器学习模型，采用分类（指标为类型变量）或回归（指标为数值变量）模型，揭示场所向量和指标之间的定量关系，并支持时空预测。

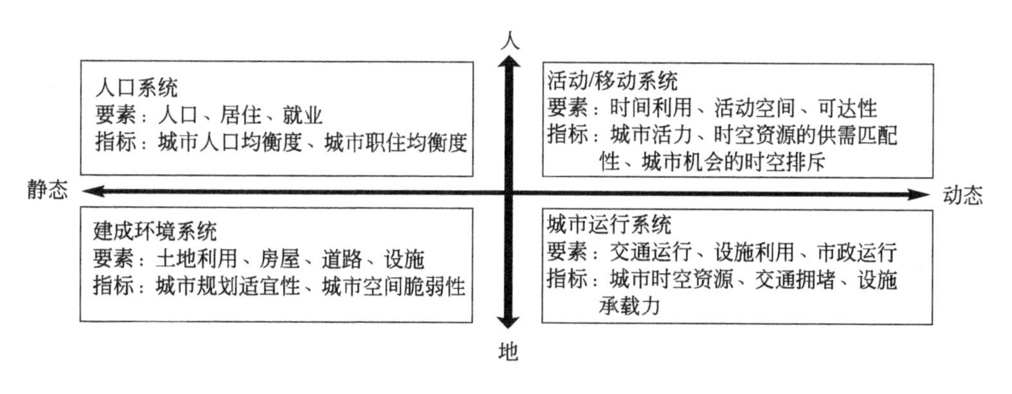

图4-14　刻画城市空间的“人-地-动-静”四个维度的要素和指标体系（刘瑜等，2018）

由于第一类应用相对简单，下面分别针对城市活力、营商环境、治安条件等研究议题，介绍场所感知的第二类应用。

Jacobs（1961）认为城市活力来源于城市内部人与人的活动及生活场所相互交织产生的多样性，城市多样性是保持城市生机、安全、活力的基础，强调了城市活力对城市发展和规划建设的重要意义。社会感知数据所提供的对场所活动的度量，可以作为活力的代理变量。一般而言，一个场所活动量（手机通话量、社交媒体签到数、出租车上下车次数等）越大，该区域的活力越高。基于此思路，Yue 等（2017）以手机信令数据提取的单元用户数目作为活力的度量，探讨了深圳市城市活力和兴趣点数据表征的用地混合度之间的关系；Zeng 等（2018）探究了芝加哥和武汉的城市活力空间特征的异同，从人口密度、空间宜居性、可达性和多样性角度对城市活力展开评价，获得了较好效果；Wu 等（2018）以 GPS 出行调查数据提取的社区活动量作为衡量活力的指标，对城市社区活力特征及影响机制进行研究；Huang 等（2020）在使用腾讯定位数据测度人群活动分布密度的基础上，分别使用微博数据和大众点评数据测度社交活动强度和经济活动强度，通过因子分析方法提取了综合城市活力指数，研究发现上海城市活力空间动态呈现多中心结构（图 4-15），并且与建筑物密度有关。

在商业区位方面，城市中不同的场所，由于其物质及社会经济环境的差异，以及人口分布和移动性特征的不同，形成了不同的营商环境，从而适合于相应的消费门店。反之，不同类型、档次的消费门店，如高档奢侈品店、电子产品体验店、快餐连锁店等，对经营环境的需求存在差异，在选址时必须加以考虑。而场所的多维特征表达，为定义和评估营商环境提供了数据支撑。Dong 等（2019）认为餐馆作为一类有代表性的地理要素，其营商环境反映了城市场所的社会经济指标，因此选择餐馆的类型、大众点评评论数据的条数作为自变量，构建机器学习模型，成功预测了城市的人口、消费等指标（图 4-16）。而在 Xu 等（2023）的研究中，以咖啡零售业为例，通过对比两家头部咖啡品牌（星巴克和瑞幸）在北京市的零售门店选址逻辑，尝试从区位角度揭示零售门店选址的驱动因素。其创新在于选择了中观和微观两个空间尺度的场所特征，比较营商环境的影响变量。其中中观尺度选择兴趣点分布构建场所特征，微观特征则依赖街景影像提取。中观模型结果显示，星巴克和瑞幸表现出截然不同的开店区位倾向性。瑞幸的门店选址与企业、高校、文化产业等场所的存在更加相关，而星巴克的门店选址与购物中心、交通枢纽等场所的存在有较强关联；而微观模型的结果表明相比于星巴克，瑞幸门店的位置往往相对偏僻且视觉特质较为“低端”：它往往与简陋、混杂的城市视觉特征相联系，而星巴克的门店则通常坐落于拥有摩天大楼、综合商场等元素的城市景观中。

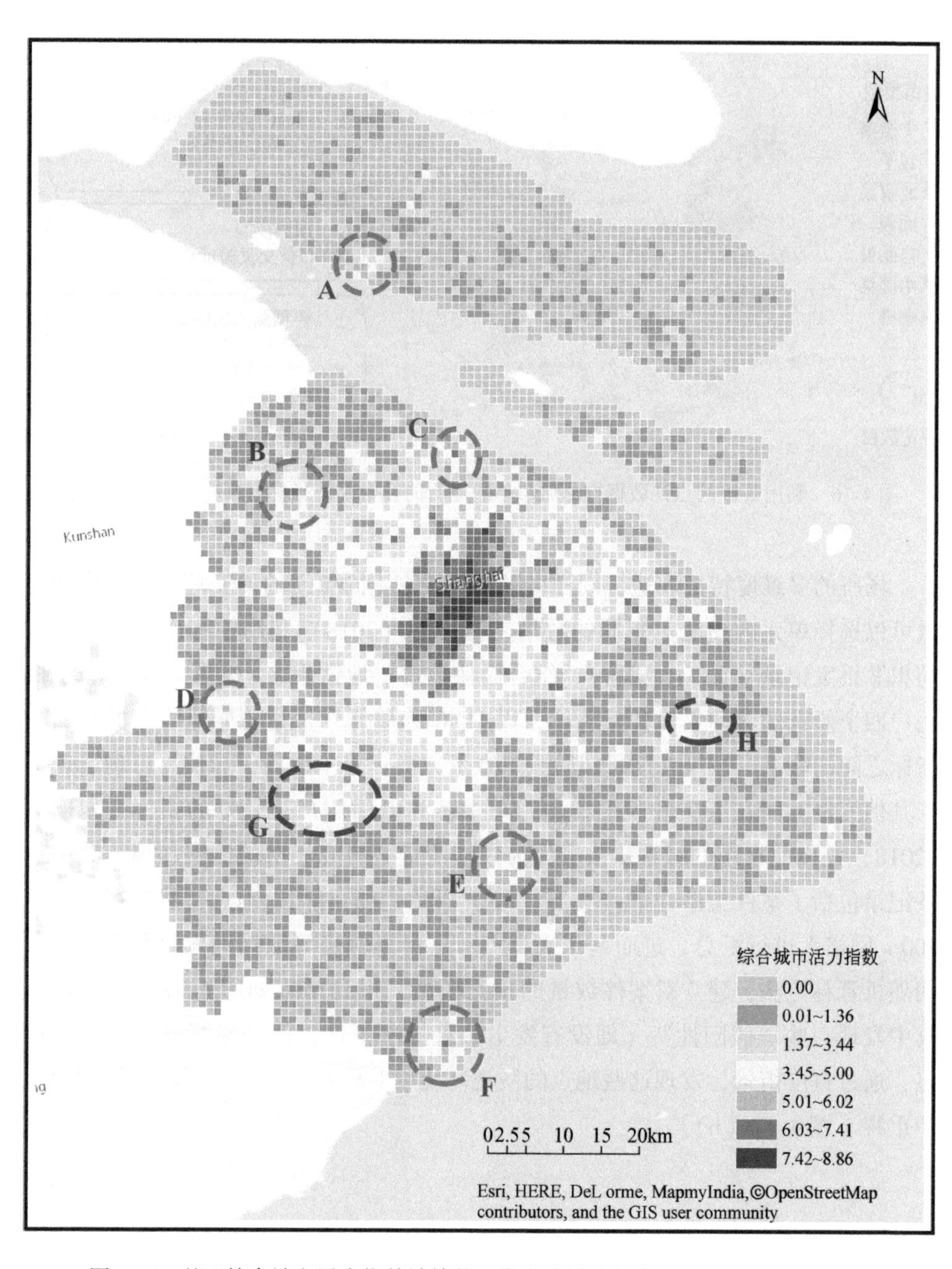

图 4-15　基于综合城市活力指数计算的上海市的活力中心（Huang et al.，2020）

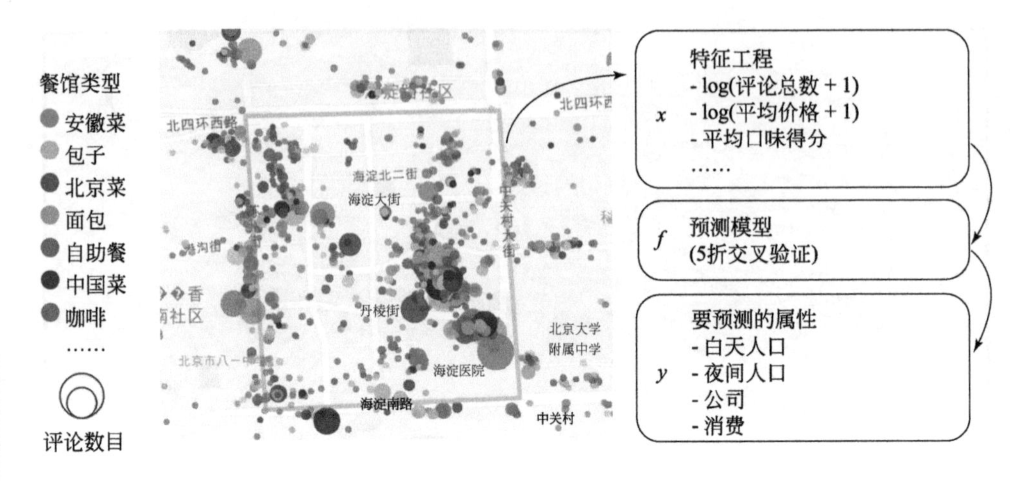

图 4-16　利用餐馆的点评数据推断城市不同场所的社会经济指标（Dong et al.，2019）

场所的多维度特征表达，同样可以反映城市不同单元的治安环境，其代理变量可以选择单元内违法、犯罪的数量。Song 等（2018）利用中国南方某大都市的犯罪报案记录（如 110 报警），结合居住人口、地铁乘客、出租车乘客和手机用户四个候选的流动人口数量指标，以 1km² 为单元，探讨犯罪风险人群与四个指标之间的联系。发现在度量风险人口数量方面：上午时段，居住人口的表现优于其他变量；而在下午和晚上，出租车乘客和电话用户是较好的指标。刘瑜等（2018）则以北京市的城管执法事件为代理变量，研究场所的治安环境。其中每条记录包括了案件类型（如“无照经营”）和发生的时间、地点，然后在 500m×500m 网格上进行汇总，进而基于兴趣点、出租车轨迹等数据构建解释变量，采用随机森林方法，建立对案件数量的预测模型，得到结果如图 4-17（a）所示。其中发现一些“假阳性”（即没有发生城管执法事件，但是预测会发生）的地点，通过百度街景，发现这些地点的微观环境相对较差，从而需要城市管理者给予重视［图 4-17（b）］。

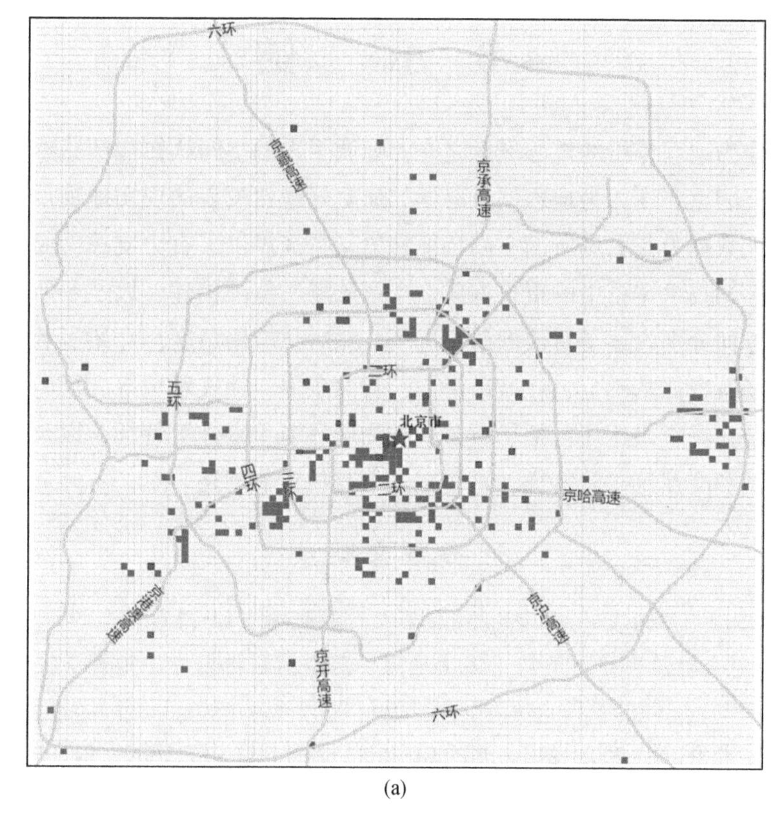

(a)

(b)

图4-17　利用机器学习方法预测北京市城市执法事件的空间分布

(a) 北京市执法事件空间分布（蓝点）及机器学习预测的“假阳性”地点（红点）；(b)“假阳性”地点的百度街景，反映了较差的治安环境，需要城市管理者加以关注

4.6 小　　结

场所作为地理分析的核心概念之一，强调了人的空间认知与情感感受对于人地关系研究的重要性，为地理信息科学如何更好地建模表达现实地理世界提供了新视角。大数据为获取场所的空间特征和语义特征提供了有力支撑，而场所感知也是社会感知技术体系中的重要构成。本章从场所范围构建，以及场所活动、情感感知两方面分别论述了目前的研究进展，然后从应用角度，介绍了利用多源大数据量化场所特征基础上，在城市活力、营商条件、治安环境等方面的研究。值得指出的是，场所表达还包括场所关联的物质环境、事件等特征，以及场所之间的空间关系和交互等二阶特征，这将在本书其他章节阐述。

参考文献

艾廷华 . 2008. 适宜空间认知结果表达的地图形式 . 遥感学报，12（2）：347-354.

刘瑜 . 2016. 社会感知视角下的若干人文地理学基本问题再思考 . 地理学报，71（4）：564-575.

刘瑜，方裕，邬伦，等 . 2005. 基于场所的 GIS 研究 . 地理与地理信息科学，21（5）：6-10.

刘瑜，袁一泓，张毅 . 2008. 基于认知的模糊地理要素建模——以中关村为例 . 遥感学报，12（2）：370-377.

刘瑜，詹朝晖，朱递，等 . 2018. 集成多源地理大数据感知城市空间分异格局 . 武汉大学学报：信息科学版，43（3）：327-335.

王圣音，刘瑜，陈泽东，等 . 2018. 大众点评数据下的城市场所范围感知方法 . 测绘学报，47（8）：83-91.

王圣音，高勇，陆锋，等 . 2020. 场所模型及大数据支持下的场所感知 . 武汉大学学报（信息科学版），45（12）：1930-1941.

Agnew J. 2011. Handbook of Geographical Knowledge. London：Sage.

Ahas R，Aasa A，Yuan Y，et al. 2015. Everyday space-time geographies：Using mobile phone-based sensor data to monitor urban activity in Harbin，Paris，and Tallinn. International Journal of Geographical Information Science，29（11）：2017-2039.

Blaschke T，Merschdorf H，Cabrera-Barona P，et al. 2018. Place versus space：From points，lines and polygons in gis to place-based representations reflecting language and culture. ISPRS International Journal of Geo-Information，7（11）：452.

Cao X, Macnaughton P, Deng Z, et al. 2018. Using twitter to better understand the spatiotemporal patterns of public sentiment: A case study in Massachusetts. International Journal of Environmental Research and Public Health, 15 (2): 250.

Davies C, Holt I, Green J, et al. 2009. User needs and implications for modelling vague named places. Spatial Cognition & Computation, 9 (3): 174-194.

Dong L, Ratti C, Zheng S. 2019. Predicting neighborhoods' socioeconomic attributes using restaurant data. Proceedings of the National Academy of Sciences of the United States of America, 116 (31): 15447-15452.

Gao S, Janowicz K, Montello D R, et al. 2017. A data-synthesis-driven method for detecting and extracting vague cognitive regions. International Journal of Geographical Information Science, 31 (6): 1245-1271.

Gao Y, Chen Y, Mu L, et al. 2022. Measuring urban sentiments from social media data: a dual-polarity metric approach. Journal of Geographical Systems, 24: 199-221.

Giordano A, Cole T. 2018. The limits of GIS: Towards a GIS of place. Transactions in GIS, 22 (3): 664-676.

Goodchild M F. 2011. Formalizing place in geographic information systems//Burton L, Matthews S, Leung M, et al. Communities, Neighborhoods, and Health. New York: Springer.

Goodchild M F. 2015. Space, place and health. Annals of GIS, 21 (2): 97-100.

Hu Y. 2018. Geo-text data and data-driven geospatial semantics. Geography Compass, 12 (11): e12404.

Hu Y, Gao S, Janowicz K, et al. 2015. Extracting and understanding urban areas of interest using geotagged photos. Computers, Environment and Urban Systems, 54: 240-254.

Huang B, Zhou Y, Li Z, et al. 2020. Evaluating and characterizing urban vibrancy using spatial big data: Shanghai as a case study. Environment and Planning B: Urban Analytics and City Science, 47 (9): 1543-1559.

Jacobs J. 1961. The Death and Life of Great American Cities. New York: Vintage Books.

Janowicz K, Zhu R, Verstegen J, et al. 2022. Six GIScience ideas that must die//Parseliunas E, Mansourian A, Partsinevelos P, et al. Proceedings of the 25th AGILE Conference on Geographic Information Science. vol. 3. Lithuania: Vilnius.

Kang C, Liu Y, Ma X, et al. 2012. Towards estimating urban population distributions from mobile call data. Journal of Urban Technology, 19 (4): 3-21.

Kang Y, Jia Q, Gao S, et al. 2019. Extracting human emotions at different places based on facial expressions and spatial clustering analysis. Transactions in GIS, 23 (3): 450-480.

Kovacs-Györi A, Ristea A, Kolcsar R, et al. 2018. Geo-Information beyond spatial proximityclassifying parks and their visitors in London based on spatiotemporal and sentiment analysis of Twitter data. ISPRS International Journal of Geo-Information, 7: 378.

Liu Y, Wang F, Xiao Y, et al. 2012. Urban land uses and traffic 'source-sink areas': Evidence from GPS-enabled taxi data in Shanghai. Landscape and Urban Planning, 106 (1): 73-87.

MacEachren A M. 2017. Leveraging big (geo) data with (geo) visual analytics: Place as the next frontier. In: Spatial Data Handling in Big Data Era. Berlin: Springer.

Matthews S A. 2011. Spatial polygamy and the heterogeneity of place: Studying people and place via egocentric methods//Burton L, Matthew S, Leung M, et al. Communities, Neighborhoods, and Health. New York: Springer.

Merschdorf H, Blaschke T. 2018. Revisiting the role of place in geographic information science. ISPRS International Journal of Geo-Information, 7 (9): 364.

Mitchell L, Frank M R, Harris K D, et al. 2013. The geography of happiness: Connecting twitter sentiment and expression, demographics, and objective characteristics of place. PLoS ONE, 8 (5): e64417.

Montello D R. Goodchild M F, Gottsegen J, et al. 2003. Where's downtown? Behavioral methods for determining referents of vague spatial queries. Spatial Cognition & Computation, 3 (2-3): 185-204.

Pei T, Sobolevsky S, Ratti C, et al. 2014. A new insight into land use classification based on aggregated mobile phone data. International Journal of Geographical Information Science, 28 (9): 1988-2007.

Peng C, Jin X, Wong K-C, et al. 2012. Collective human mobility pattern from taxi trips in urban area. PLoS ONE, 7 (4): e34487.

Purves R S, Clough P, Jones C B, et al. 2018. Geographic information retrieval: Progress and challenges in spatial search of text. Foundations and Trends in Information Retrieval, 12 (2-3): 164-318.

Purves R S, Winter S, Kuhn W. 2019. Places in information science. Journal of the Association for Information Science and Technology, 70 (11): 1173-1182.

Ratti C, Frenchman D, Pulselli R M, et al. 2006. Mobile landscapes: Using location data from cell phones for urban analysis. Environment and Planning B: Planning and Design, 33 (5): 727-748.

Reades J, Calabrese F, Ratti C. 2009. Eigenplaces: Analysing cities using the space-Time structure of the mobile phone network. Environment and Planning B: Planning and Design, 36 (5): 824-836.

Roche S. 2016. Geographic information science II: Less space, more places in smart cities. Progress in Human Geography, 40 (4): 565-573.

Song G, Liu L, Bernasco W, et al. 2018. Testing indicators of risk populations for theft from the person across space and time: The significance of mobility and outdoor activity. Annals of the American Association of Geographers, 108 (5): 1370-1388.

Sui D, Goodchild M F. 2011. The convergence of GIS and social media: Challenges for GIScience. International Journal of Geographical Information Science, 25 (11): 1737-1748.

Sun J B, Yuan J, Wang Y, et al. 2011. Exploring spacetime structure of human mobility in urban space. Physica A: Statistical Mechanics and Its Applications, 390 (5): 929-942.

Timpf S, Frank A U. 1997. Using hierarchical spatial data structures for hierarchical spatial reasoning//Hirtle S, Frank A. Lecture Notes in Computer Science. Berlin: Springer.

Toole J L, Ulm M, González M C, et al. 2012. Inferring land use from mobile phone activity. Beijing, China: International Workshop on Urban Computing, UrbComp 2012.

Tuan Y-F. 1977. Space and Place: The Perspective of Experience. Minnesota: University of Minnesota Press.

Vasardani M, Winter S. 2016. Place properties//Onsrud H, Kuhn W. Advancing Geographic Information Science: The Past and Next Twenty Years. New York: GSDI Association Press.

Winter S, Freksa C. 2012. Approaching the notion of place by contrast. Journal of Spatial Information Science, 5 (5): 31-50.

Winter S, Kuhn W, Krüger A. 2009. Guest editorial: Does place have a place in geographic information science? Spatial Cognition and Computation, 9 (3): 171-173.

Wu J, Ta N, Song Y, et al. 2018. Urban form breeds neighborhood vibrancy: A case study using a GPS-based activity survey in suburban Beijing. Cities, 74: 100-108.

Wu L, Cheng X, Kang C, et al. 2020. A framework for mixed-use decomposition based on temporal activity signatures extracted from big geo-data. International Journal of Digital Earth, 13 (6): 708-726.

Wu X, Wang J, Shi L, et al. 2019. A fuzzy formal concept analysis-based approach to uncovering spatial hierarchies among vague places extracted from user-generated data. International Journal of Geographical Information Science, 33 (5): 991-1016.

Xu L, Li F, Huang K, et al. 2023. A two-layer location choice model reveals what's new in the "new retail." Annals of the American Association of Geographers, 113 (3): 635-657.

Yang W, Mu L. 2015. GIS analysis of depression among Twitter users. Applied Geography, 60: 217-223.

Yang W, Mu L, Shen Y. 2015. Effect of climate and seasonality on depressed mood among twitter users. Applied Geography, 63: 184-191.

Ye C, Zhang F, Mu L, et al. 2021. Urban function recognition by integrating social media and street-level imagery. Environment and Planning B: Urban Analytics and City Science, 48 (6):

1430-1444.
Yue Y, Zhuang Y, Yeh A G, et al. 2017. Measurements of POI- based mixed use and their relationships with neighbourhood vibrancy. International Journal of Geographical Information Science, 31 (4): 658-675.
Zeng C, Song Y, He Q, et al. 2018. Spatially explicit assessment on urban vitality: Case studies in Chicago and Wuhan. Sustainable Cities and Society, 40: 296-306.
Zhang F, Zhou B, Liu L, et al. 2018. Measuring human perceptions of a large-scale urban region using machine learning. Landscape and Urban Planning, 180 (8): 148-160.
Zheng S, Wang J, Sun C, et al. 2019. Air pollution lowers Chinese urbanites' expressed happiness on social media. Nature Human Behaviour, 3 (3): 237-243.

第5章 空间交互感知

5.1 流和空间交互

地理空间中不同位置的事物间存在不同强度的联系，并以物质、能量、信息等不同的形式进行移动和交换，这个过程被称为空间交互（spatial interaction）（Tobler，1976；Fotheringham and O'Kelly，1989；Roy and Thill，2004）。空间交互重点关注地理现象发生的起点和终点位置及其相互关系，因此在地理信息系统中通过OD数据或者流数据表达。地理学有着悠久的空间交互研究传统，Ullman（1954）用“Geography as Spatial Interaction”的说法强调空间交互对于地理研究的重要意义，并归纳了影响空间交互产生的三个因素：互补性（complementary）、介入机会（intervening opportunities）和可运输性（transferability），作为构建模型所要考虑的基本要素。Haggett（1977）借鉴物理学热传递的三种方式，把交互形式分为对流、传导和辐射三种类型；而对空间交互的定量研究（Ravenstein，1885；Reilly，1931；Stouffer，1940），则更早于这些概念和理论的提出。

空间交互的空间复杂度为$O(n^2)$，即n个地理单元需要$n \times n$矩阵来存储交互数据，这一方面提升了数据管理的难度，另一方面也意味着较高空间分辨率的交互数据获取成本较高。因此，尽管地理学者早就认识到了空间交互的意义，然而在数据和方法上仍然缺乏有效的支持，目前主流地理信息系统软件很少提供空间交互分析功能。地理大数据为量化空间交互提供了全新的感知手段（刘瑜等，2020）。例如，基于出租车轨迹、公交刷卡记录可以提取个体的一次移动（流），而不同场所两个人的通话记录、社交网络的好友关系则反映了这两个场所之间的联系。因此，汇总个体层面的移动和联系，可以量化两个地理单元之间的空间交互强度（图5-1）。社会感知数据由于其独特的个体粒度、高时空分辨率等优势，可以更好地支持不同空间尺度的交互模式发现，及其动态演化特征模拟和预测，从而为空间交互研究带来了新机遇。

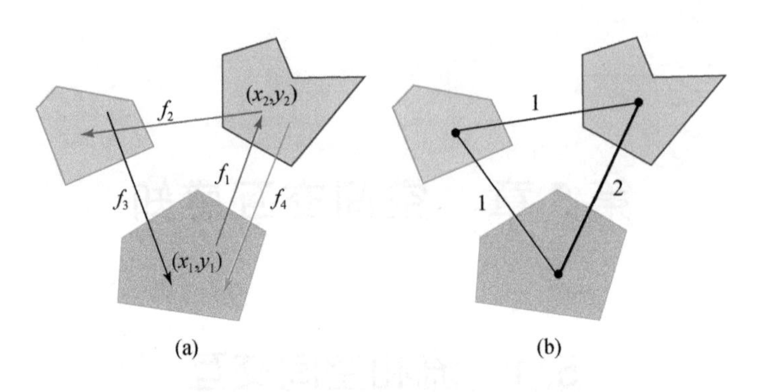

图 5-1　流和空间交互的联系和区别

图（a）中表示了四个具体的流，f_1 到 f_4，其中每个流都有确定起点和终点，如 f_1 的起点和终点分别为（x_1，y_1）和（x_2，y_2），每个流通常对应了个体粒度的一次出行。而通过聚合操作，可以统计每对单元之间的空间交互强度［图（b）］，后者量化了两个地理单元之间的联系

5.2　流分析方法

一次流可以抽象为在时空间起点（x_1，y_1，t_1）到终点（x_2，y_2，t_2）的一个向量，其分布模式是一个重要的研究议题，其中可以主要分为三个研究方向：①通过定义定性的判断标准，识别流的不同分布特征。如同在点模式分析中，存在均匀分布、随机分布、聚集分布那样，对于矢量形式的流，也可以发现有意义的分布模式。②通过将点分布模式的统计量，如 Getis-Ord Gi *（Getis and Aldstadt，2004）、Moran's I 扩展到向量，定量描述流的空间分布。③类比点的聚类方法，通过定义流的相似度（或相异度）并采用经典聚类框架发现流聚簇。上述三个方面的研究，均可单独考虑空间分布的形态，或综合考虑时间和空间进行时空分布模式的分析。

5.2.1　流的空间分布模式

空间中分布的流，由于其位置、长度、角度的特征，会呈现出丰富的空间模式。裴韬等（2020）总结了流分布的六种模式（图 5-2），包括随机、丛集、聚散、社区、并行、等长。其中每种模式对应于不同的实际流动情形，例如，丛集模式对应于起讫点都相近的出行。例如，如果一个单位职员居住在同一个居民小区，他们在上下班时形成的通勤流就会呈现出丛集模式；而一场赛事或演出活动前后，观众到达及离开场馆的流动，则对应于聚散模式。值得指出的是，由于流分布的复杂性，上述六种类型并非是全部可能的分布模式，需要在实际的具体应用中，根据需求提取其他有意义的模式。

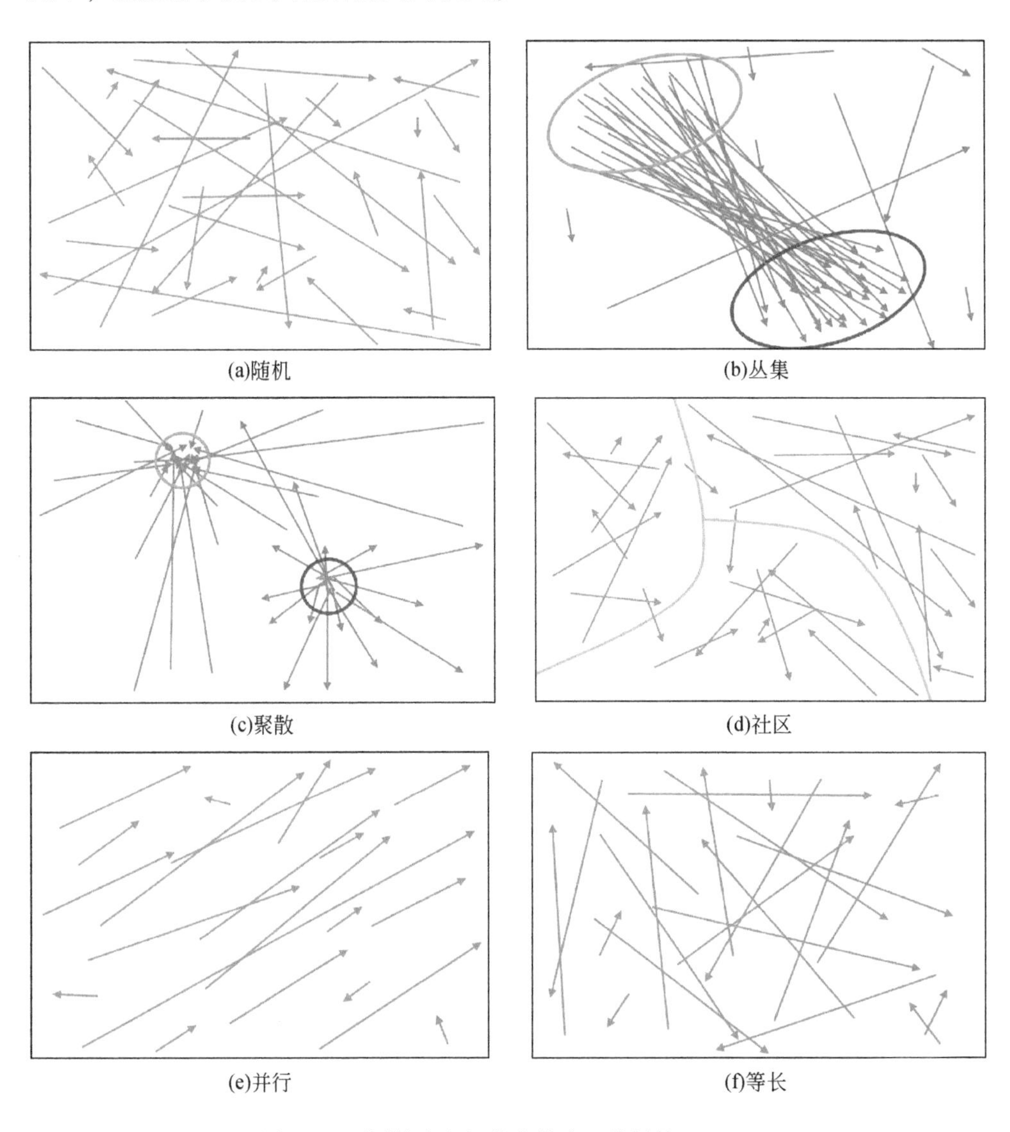

(a)随机 (b)丛集

(c)聚散 (d)社区

(e)并行 (f)等长

图 5-2 不同的流空间分布模式（裴韬等，2020）

正如在点模式分析中，发现点的聚集分布具有重要的应用价值那样，对于流而言，丛集模式也有助于发现频繁流所形成的空间联系“廊道”，如果源于相近地点的流，其终点也相近，就会形成流的聚集分布，换言之，这些流之间具有正的空间自相关（spatial autocorrelation）。

流数据的结构复杂性使得直接观察其分布特征较为困难，而聚类是对数据分布模式的一种概括。对于地理大数据而言，流聚类有助于发现较强的区域联系和主要移动趋势。目前挖掘空间流聚集模式主要有三类方法：第一类通过定义统计指标判断流分布是否呈现全局或者局部的聚集，属于空间统计方法，需要通过假设检验确定其统计显著性。例如，Berglund 和 Karlström（1999）将局部 Getis-Ord Gi * 统计量直接应用到流数据发现其聚集的热点区域；Lu 和 Thill（2003）通过检测流数据的端点聚类的显著性水平，来表示流聚类的一致性（聚为一类的可能性）以及矢量的自相关性（图 5-3）；Liu Y 等（2015）将点的空间自相关指数扩展到流向量数据，指出自相关指数高的区域，流数据更倾向于集聚；Tao 和 Thill（2016）则是扩展局部 K 函数进行流聚集检测。第二类方法通过定义流的相似度（或相异度）并采用经典聚类框架发现流聚簇。通常起点和终点越接近的空间交互越相似，因此可利用起点和终点的欧氏距离（Tao and Thill 2016；Xiang and Wu 2019）或拓扑距离（Zhu and Guo，2014）来度量流的距离，此外也可根据流本身的空间关系进行定义（Yao et al.，2018）。第三类方法基于动态优化策略。Gao 等（2018）将流作为四维空间中的点，利用空间扫描统计方法发现动态扫描窗口中的流数据是否存在显著聚集性，同样需要进行假设检验；Song 等（2019）及 Tao 和 Thill（2019a）基于区域相邻关系定义流的邻接性，并分别使用蚁群算法和扩展 AMOEBA 算法识别起点和终点均为不规则区域的流聚类。

5.2.2 流的空间自相关度量

对于流的空间分布模式，不论是图 5-2 的分类，还是图 5-3 的集聚模式，都是定性方式定义的。在定量刻画方面，将既有针对点模式的分析方法扩展推广到流模式的分析，是一个自然的思路。其中包括两个方向：一个是关注流的起点和终点位置分布，将点分布模式的度量方法，如 K 函数、L 函数进行扩展（Shu et al.，2021；Tao and Thill，2019b），分析流的分布特征。另一个是将流视为一个向量，根据起点或终点的位置，扩展标量的空间自相关度量方法，如 Moran's

集聚显著性		示意图	流聚类的一致性/矢量的自相关性
起点	终点		
高	高		高
高	中		中
高	低		无
中	高		中
中	中		低
中	低		无
低	高	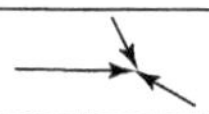	无
低	中	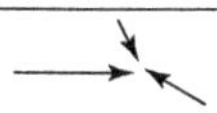	无
低	低		无

图 5-3　依据起点和终点集聚程度定性确定流的空间自相关（Lu and Thill，2003）

I，计算流的自相关程度（Liu Y et al.，2015）。

Shu 等（2021）将点模式的 L 函数应用于流，从而发现特定聚集尺度的流簇。流由一个二维的起点和一个二维的终点组成，因而其可看作一个四维流空间的点。两个流之间的距离可以采用这两个四维点之间的欧氏距离、两个流起点间和终点间距离的加和或最大值定义。给定一个流以及距离阈值 R，可以生成一个流空间的“流球体”。当采用最大距离定义时，该球体的体积为$\pi^2 R^4$。进而，既定研究区内有 n 个流，可以定义流空间的流过程强度 λ_F，为 n 与这 n 个流形成的流空间体积的比值，公式为

$$\lambda_F = \frac{n}{\pi^2 \sum_{i=1}^{n} d_{i,1}^4} \tag{5-1}$$

其中，$d_{i,1}$为流 F_i到其最近流的距离。在基础上可以定义流的 L 函数：

$$L(r) = \sqrt[4]{\frac{\sum_i \sum_j \sigma_{ij}(r)}{n \lambda_F \pi^2}} \tag{5-2}$$

其中，r 为距离参数；σ_{ij} 用于判定两个流 F_i、F_j是否小于 r，如果小于 r，则取值为 1，否则为 0。

Liu Y 等（2015）通过扩展传统的 Moran's I 函数定义，将其中的标量改为向量，从而计算流的空间自相关程度，公式如下：

$$I = \frac{n}{\sum_i \sum_j w_{ij}} \frac{\sum_i \sum_j w_{ij}(\vec{\boldsymbol{x}}_i - \bar{\vec{\boldsymbol{x}}}) \cdot (\vec{\boldsymbol{x}}_j - \bar{\vec{\boldsymbol{x}}})}{\sum_i (\vec{\boldsymbol{x}}_i - \bar{\vec{\boldsymbol{x}}}) \cdot (\vec{\boldsymbol{x}}_i - \bar{\vec{\boldsymbol{x}}})} \tag{5-3}$$

其中，n 为流的数目；$\vec{\boldsymbol{x}}$ 表示一个流向量；$\vec{\boldsymbol{x}}_i\,\vec{\boldsymbol{x}}_j$ 表示两个向量的点乘；$\bar{\vec{\boldsymbol{x}}}$ 表示向量的平均值；w_{ij}表示两个流的权重，两个流越接近，权重越高。考虑到一个流有两个端点，权重的计算可以采用起点计算，也可以采用终点计算。图 5-4 表示了四种不同的流的空间格局，及其对应的 I 系数，可以看出，当将标量的 I 系数扩展到向量后，同样可以反映流的自相关程度。

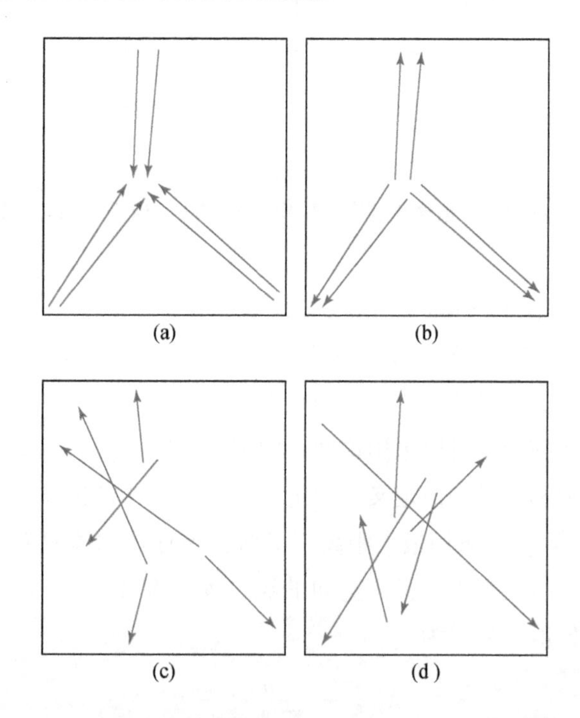

图 5-4　四种不同的流分布及 I 系数（Liu Y et al.，2015）

（a）起点视角的正自相关，即起点（O）接近的流，终点（D）也接近。$I_O=0.996$，$I_D=-0.194$。（b）终点视角的正自相关，即终点接近的流，起点也接近。$I_O=-0.194$，$I_D=0.996$。（c）起点视角的负自相关，即起点接近的流，终点较为分散。$I_O=-0.602$，$I_D=0.228$。（d）随机分布的流。$I_O=0.327$，$I_D=0.236$

5.2.3 流聚类

多源地理大数据可以帮助提取海量的点到点的流数据，但由于数据量大，难以发现其全局和局部的时空分布规律，因此需要对原始的流数据进行聚合或聚类，从而帮助揭示流的分布模式。聚合或聚类两种操作本质上都是将大量的流合并成单元间的空间交互，其区别在于前者往往空间划分是预先指定的，而后者则根据流的时空间特征，自下而上识别一些有意义的流簇。

在流的聚合方面，Andrienko 和 Andrienko（2011）通过对意大利米兰的汽车 GPS 数据点生成泰森多边形并根据点聚类结果合并多边形，从而实现对车流的合并［图5-5（a）］。Guo（2009）将美国的县作为图的节点，县到县的人口迁移作为图的边来构建图结构，随后进行图分割并合并迁移流［图5-5（b）］。这类方法可以有效降低大量流数据可视化中的杂乱问题，但是从空间分析的角度，会受到可变面积单元问题的影响。

流聚类则提供了自下而上的流簇识别方法，从而帮助解释流的时空模式。在聚类分析中，通常采用“相似度”和“距离”这两个术语表现两对象的接近程度。对于流聚类而言，由于其定义比点聚类更为复杂，流间相似度及距离的计算也更为复杂，如对于距离计算，可以采用前面提到的四维点欧氏、首尾点距离和及最大值等定义。Zhu 和 Guo（2014）提出了共享近邻距离（shared nearest neighbor distance，SNN distance）的概念，其原则是两个流的起点与终点的近邻

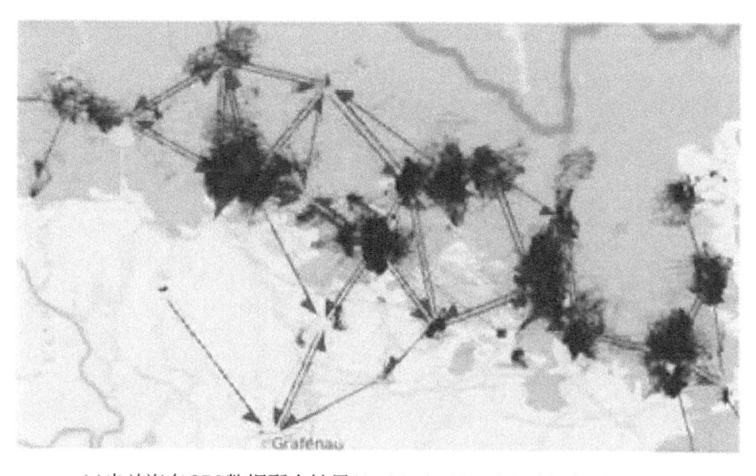

(a)米兰汽车GPS数据聚合结果(Andrienko N and Andrienko G, 2011)

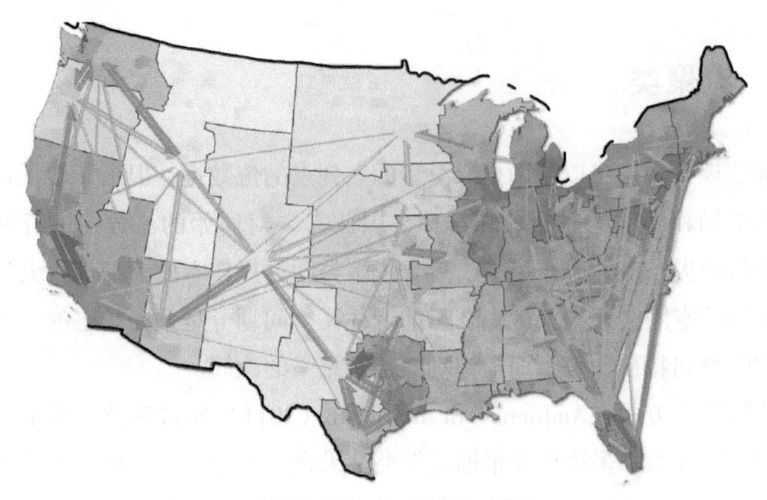

(b)基于图分割的美国本土人口迁移流可视化(Guo, 2009)

图 5-5　流的聚合及可视化

蓝色为原始轨迹，红色为聚合后的流数据

点集合重合度越大，则这两个流越相似。如图 5-6 所示，取近邻数 $k=7$，则流 p 与 q 的起点的 k 个近邻起点有 2 个共享，终点的共享数为 3。由此构建流距离的计算如下：

$$\mathrm{dist}(p,q)=1-\frac{|\mathrm{KNN}(O_p,k)\cap \mathrm{KNN}(O_q,k)|}{k}\times\frac{|\mathrm{KNN}(D_p,k)\cap \mathrm{KNN}(D_q,k)|}{k} \tag{5-4}$$

其中，$\mathrm{KNN}(O_p,k)$表示取 O_p的 k 个 O 近邻点。因此图 5-6 中两个流的距离为 $1-(2/7\times3/7)\approx0.88$。

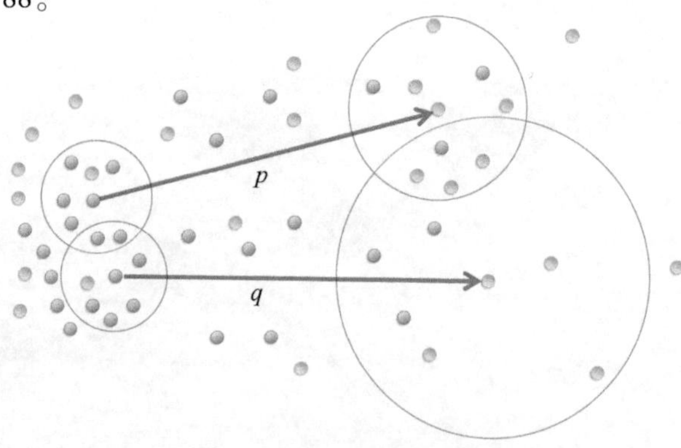

图 5-6　空间交互的共享近邻距离

蓝色点为起点，绿色点为终点

基于上述距离定义，他们根据 SNN 距离用层次聚类方法对流数据实现了聚类，给定 n 条流和近邻数 k，步骤如下：

1）找到每条流的 k 条近邻流，即起点和终点都是该流起点和终点的 k 近邻点，得到 k 对流；

2）根据式（5-4）计算第一步得到的每一对流的距离，按距离升序排列流对；

3）将每一条流看作一个类，对每一对流，如果其所属的类不同，并且距离小于 1，则合并所属的类。

该聚类方法用于深圳市出租车数据，得到的结果如图 5-7 所示。

(a) 10%出租车流

(b) k=1500

图 5-7　深圳市原始出租车数据 10% 抽样和 k=1500 时的聚类结果

（Zhu and Guo，2014）

5.3 空间交互与地理空间格局

相较于地理现象的复杂内在特性，包括与位置相关的属性依赖、位置的局部结构化作用和空间异质性等空间作用（Haining，1989），空间交互起到了联系空间单元、形成特定空间结构的作用，是地理格局研究的关键。因此 Batty（2013）认为“要了解空间，就必须了解流（和交互）；而要了解流（和交互），就必须了解网络”。具体而言，以下四种作用与交互模式密切相关。

1）距离衰减（distance decay）。一般而言，两个区域空间距离越近，依赖关系越强，发生交互的可能性越高（Miller，2004）。这种效应的出现有两个原因：一是介入机会，即对于长距离交互目的地，存在较多的潜在目的地可作为替代，降低其被选择的可能性；另一个是交互成本与距离呈正相关，由于成本约束，长距离交互强度被削弱。

2）空间依赖（spatial dependency）和组团结构（community structure）。从地理单元属性（如人口、经济水准等）的角度，地理格局表现为不同的空间分异，这正是空间交互形成的根本原因，而单元间的位置关系及其属性的空间依赖则共同决定了观察到的空间交互模式（Tobler，1970；Rodrigue et al.，2013）。由于空间交互反映了地理单元之间的联系程度，联系相对紧密的单元形成社区，社区之间的联系则相对稀疏，从而形成具有一定结构和功能的组团格局（Ratti et al.，2010；Liu et al.，2014a）。

3）尺度效应（scale effect）。在地理研究中，尺度是一个重要影响因素，空间交互中的尺度问题同样需要关注。首先，选择不同粒度的空间单元进行观测，空间交互起点和终点位置存在差异（Arbia and Petrarca，2013），一般来说，基本空间单元越大，聚合程度越高，单元内部的交互将被忽略，造成反映的信息量越少，因此空间单元的大小会影响观测到的交互量强弱，使得观察到的空间交互格局呈现明显的模式差异（Zhang et al.，2018）。选择不同的研究单元形状（格网、道路、行政区）或大小（粒度）观测空间交互，对应于研究不同地理格局表达下的交互分布特征（Abel et al.，2014；Kang and Qin，2016；Zhu et al.，2017；Yao et al.，2019）。

4）地理空间复杂性（geospatial complexity）。一方面，空间交互是造成超线性（super-linear）标度律（scaling law）重要原因，Bettencourt（2013）指出城市

内基础设施网络的发展使得人群之间更容易产生交互机会，而城市社会经济规模与这种交互是成比例的，这使得城市效益和人口规模之间存在着超线性关系。另一方面，空间交互在地理单元聚合形成了嵌入空间的网络，其中地理单元为网络节点，区域间的流为网络的边。很多空间交互网络呈现复杂网络的特点，如集群性和层级结构、无尺度特性和小世界特征等。

5.4 空间交互模型和距离衰减

空间交互建模主要研究给定两个空间分析单元之间产生某种联系的形式化表达，建立交互强度 T_{ij} 与起点 O_i、终点 D_j、交互成本 c_{ij} 三个基本要素之间的函数关系：

$$T_{ij}=f(O_i,D_j,c_{ij}) \tag{5-5}$$

常用的空间交互模型包括重力模型（gravity model）（Ravenstein，1885）、介入机会模型（intervening opportunities model）(Stouffer，1940)、最大熵模型（Maximum Entropy Model）(Wilson，1967）和辐射模型（radiation model）（Simini et al.，2012）。它们虽然函数形式各不相同，但是都具有一定的理论基础，在研究和实践中被广泛应用。

重力模型的思想来源于牛顿力学，其基本假设是“交互强度与起始点的规模成正比，与距离成反比”。因此，其函数形式可表示为

$$T_{ij}=A_iO_iB_jD_jf(c_{ij}) \tag{5-6}$$

其中，A_i 和 B_j 分别为起点和终点的交互总量 O_i 和 D_j 标准化系数；c_{ij} 为起点和终点间的运输成本，通常与距离正相关；f 是距离衰减函数。此外，不少学者将人工神经网络方法与重力模型结合对空间交互强度进行估计，取得了更好的估计效果（Openshaw，1993；Fischer and Gopal，1994；Black，1995；Celik，2004）。Wilson（1967）采用熵最大化方法，得到空间交互模型的解析函数形式为

$$T_{ij}=A_iO_iB_jD_j\exp(-\mu c_{ij}) \tag{5-7}$$

其中，μ 为衰减系数。

介入机会模型不直接考虑起始点间的交互成本，而是假设“交互强度与目的地可提供的机会数成正比，与起始点之间的介入机会数成反比”。因此，其函数形式可表示为

$$T_{ij}=A_iO_if(D_j,V_{ij}) \tag{5-8}$$

其中，V_{ij}为起始点（不包括 O_i和 D_j）之间的介入机会数。

辐射模型（Simini et al.，2012）的思想来源于粒子的物理运动，其基本假设是“给定源点需求，交互将指向供给大于该需求的目的地，且源点与该目的地之间具有最小的交互成本”，本质上与介入机会机制相一致。

在大数据支持下，研究者针对不同类型的空间交互检验了重力模型、介入机会模型和辐射吸收模型及其变种的适用性。其中一个研究重点是通过选取合理的规模和成本因素，比较不同模型的准确度（Masucci et al.，2013）。大量实证结果表明空间交互模型的效果显著依赖分析的空间尺度（Yan et al.，2014）。在较大空间尺度下，一般认为辐射吸收模型表现最优；而在小空间尺度下，介入机会模型表现力较好。此外，由于辐射吸收模型具有无参数特性，其通用性低于重力模型和介入机会模型，通常无法在不同的空间交互系统中取得较好的建模效果。因此，借鉴重力模型和介入机会模型的思想，引入规模效应、起始点限制和“竞争-中介”等机制，产生了不同的参数化辐射吸收模型（Kang et al.，2015a）。在实证研究过程中，通常需要通过拟合和评估不同的模型参数来选取最合适的空间交互模型。

各种空间交互模型的构建都需要考虑距离衰减效应。距离衰减是指空间交互的强度通常随着距离的递增而减弱（Fotheringham，1981），这种效应能够揭示空间交互作用机制。大数据样本量大的优势，能够量化距离对不同尺度、不同类型的空间交互强度的影响（图 5-8）。已有研究表明，距离对城市间空间交互的影响比城市内的略小（Liu et al.，2012；Kang et al.，2012；Xiao et al.，2013），对信息流等非空间移动形式表现的空间交互影响更不明显（Kang et al.，2013；Liu et al.，2014b）。而在同一空间尺度，不同的出行行为受到距离的影响也是不同的。很显然，日常购物和观看体育比赛对应的出行，呈现出的距离衰减存在差异，即前者受距离衰减的影响更为明显。Kong 等（2017）利用出租车数据，研究了北京市不同类型和等级的医院对应的就医行为距离衰减存在差异，通常一个高等级的综合医院具有更缓的距离衰减函数，而妇幼医院则距离衰减更快，即空间吸引范围相对较小。

因此，基于地理大数据拟合空间交互的距离衰减函数，有助于理解地理设施的性质，并为城市规划和管理提供参数。在实际应用中，常常通过反向重力模型拟合等途径计算距离衰减系数来量化距离衰减，主要包括以下两类方法。

第一类是解析法。如果已知空间单元的吸引力，一种直接的方法是将重力模

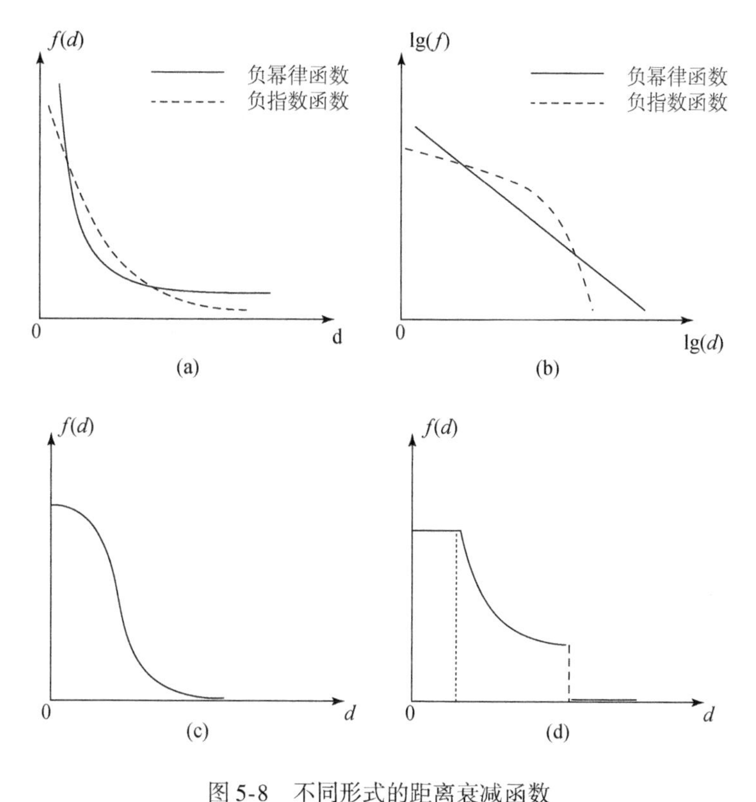

图 5-8 不同形式的距离衰减函数

（a）、（b）负幂率和负指数衰减，（c）高斯衰减函数，（d）分段衰减函数

d 为距离；$f(d)$ 为距离衰减函数

型等式进行对数变换后，将不同区域间的空间交互强度和距离代入得到散点图，通过线性拟合计算斜率作为距离衰减系数。线性法基于对数变换后的重力模型等式构建线性方程组，从而将问题转化为线性系统求解问题。在此基础上，线性规划（O'Kelly et al.，1995）和线性回归（Song，2006）分别引入误差项和虚变量来进行优化求解；代数法（Shen，1999，2004）则推导空间单元吸引力的解析解，通过与真实值进行比较确定最优距离衰减系数。

第二类是模拟法。基于粒子群优化的逆重力模型拟合（Xiao et al.，2013）将空间单元的吸引力作为粒子，通过迭代优化，估计每个单元的吸引力以及最佳的距离衰减系数。蒙特卡罗方法（Liu et al.，2012）通过设置不同的距离衰减系数，基于重力模型计算产生区域间一次交互的概率，然后随机模拟生成大量交互，与真实交互模式进行对比，如果匹配程度高，说明该衰减系数设置较为合理，可以通过模拟个体行为来发现群体空间交互模式。

5.5 空间交互和可达性

到特定设施（如医院、学校、公园绿地等）的空间可达性（spatial accessibility）是评估居民生活福祉的重要因素，一般而言，到上述设施更高的可达性，意味着更高的生活质量。因此，可达性的准确测度是合理并科学制定政策的重要依据。针对医疗设施的可达性度量，Luo 和 Wang（2003）开发了两步移动搜索法（2-step floating catchment area，2SFCA）（图 5-9），该方法的假设是医疗设施可达性受到医疗设施（供给端）和居民点（需求端）空间分布的影响。无疑该方法也同样适用于其他设施的可达性评估，其计算基础是供给端的设施和居民的距离，或者其他度量出行成本的变量，如时间、费用等（Wang and Luo，2005；Wang et al.，2012）。

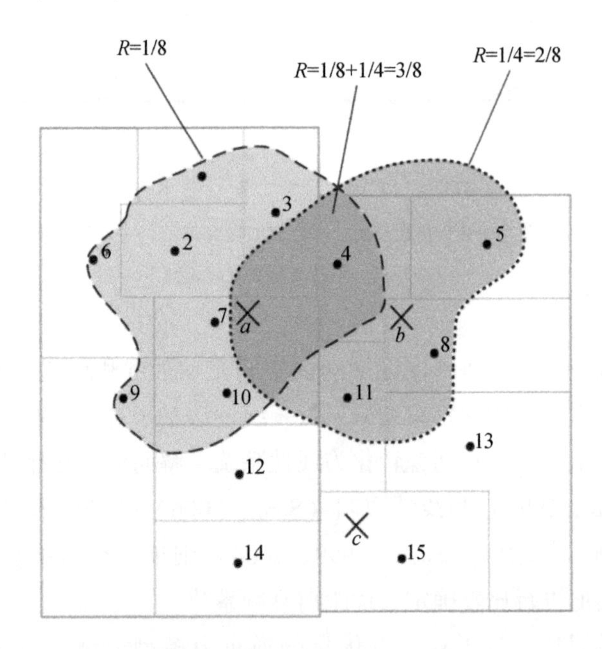

图 5-9 两步移动搜索法计算示意（Luo and Wang，2003）

R 为可达性度量

值得指出的是，以两步移动搜索法为代表的可达性度量方法，仅仅考虑了空间配置，但是没有考虑个体的年龄、性别等人口学特征以及具体的时空行为模式，而大数据为获取上述信息提供了支持，从而可以更为精细地度量可达性。下面介绍基于手机数据和出租车数据在北京市开展的两项可达性研究。

Guo 等（2019）利用手机数据，提取了北京市老年人（年龄不小于 60 岁）出行轨迹，进而根据其出行特征估计到公园绿地的可达性，并结合如路网数据、土地利用数据、房价数据等，分析老年人居住环境差异及其社会经济水平对公园可达性造成的影响。研究以北京市六环内注册登记的 264 个大于 $2hm^2$ 的公园为对象，得到的可达性分布如图 5-10 所示。进而，他们探讨了可达性和房价之间的关系，发现：①当房价由低到中高水平时，公园可达性也在升高；②生活在房价最低的地区的老年人公园可达性水平最差，且其人口密度最低；③中低房价地区和中高房价地区的老年人公园可达性具有明显差异，且中高房价地区的老年人可达性比中低房价地区的高；④除了建成年代在 2000 年以前的区域外，其他地区的公园可达性随着房价的增高而增高。

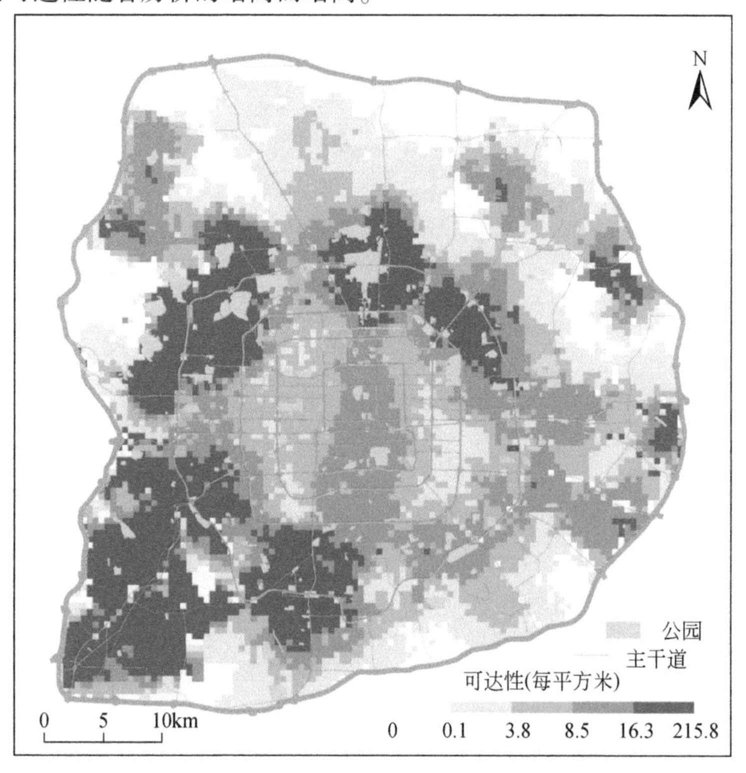

图 5-10　北京市老年人的公园可达性空间分布

从个体的角度，一个人可能会由于时间预算的限制，从而难以访问距离很近的设施（参见第 3 章中关于活动空间的介绍）。但是，计算个体粒度可达性，需要精细的时空轨迹，从而在实践中难以实施。因此，一个折中就是利用大数据提取的出行信息，刻画设施和居民点之间的空间交互，并基于此度量可达性，从而能够考虑变化的医疗设施服务范围，以及医疗服务范围内居民医疗资源获取能力的差异。基于以上思路，Wang 等（2020）使用改进后的两步移动搜索法，借助出租车 GPS 数据，分别度量了北京乘坐出租车就医者的潜在可达性和观测可达性，评估医疗设施可达性状况。从空间分布来看，潜在可达性的空间分布呈现出单中心结构，以三环以内区域为中心［图 5-11（a）］。北京市医疗资源主要集

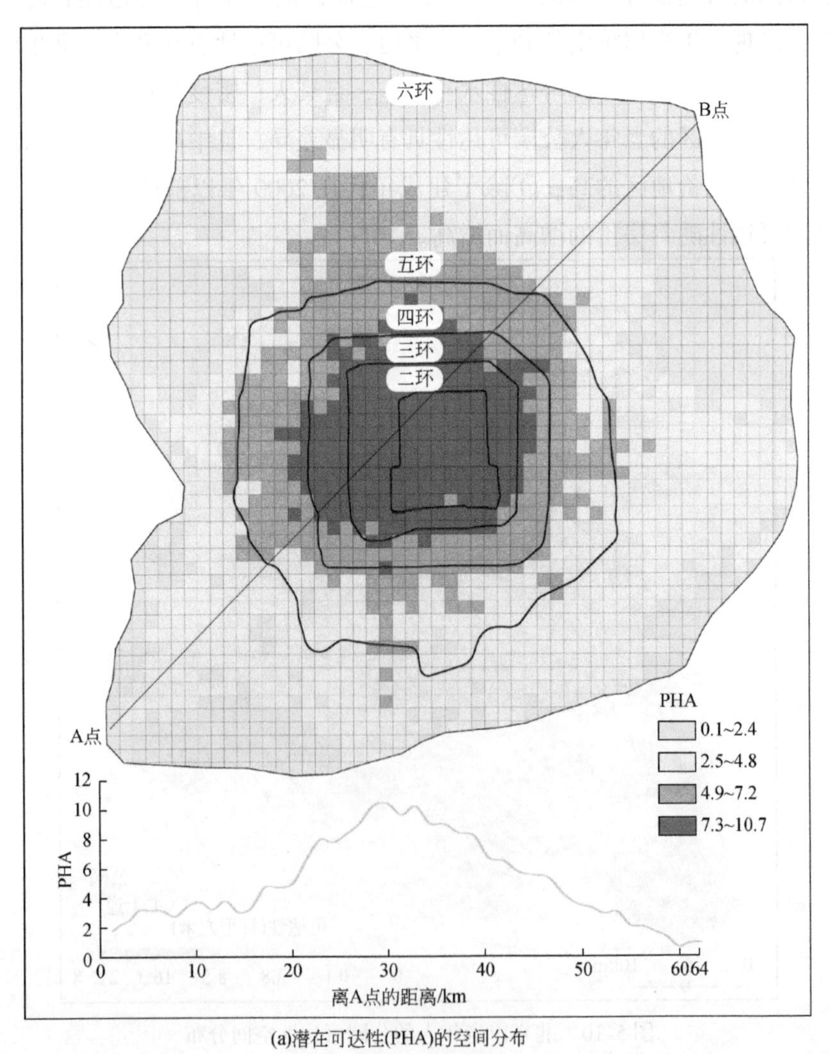

(a)潜在可达性(PHA)的空间分布

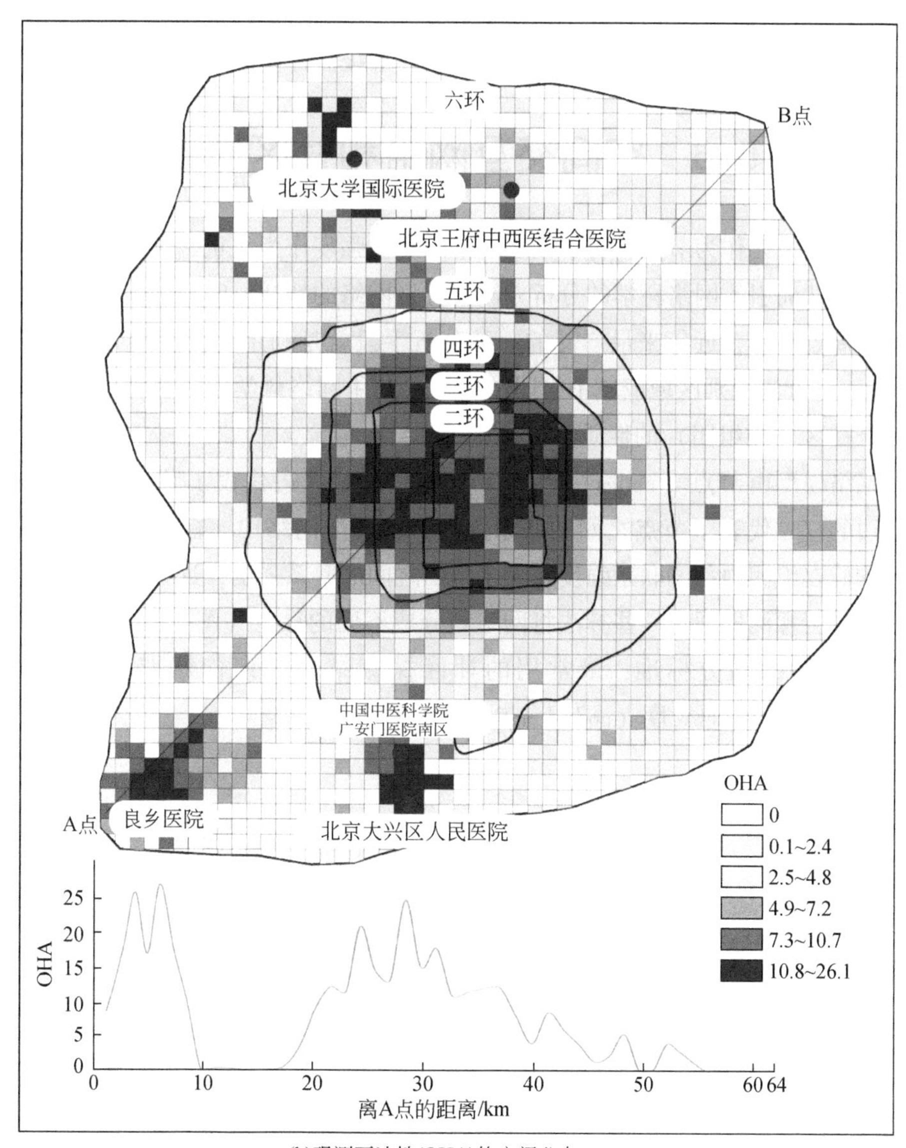

(b)观测可达性(OHA)的空间分布

图 5-11　潜在可达性与观测可达性的空间分布

中分布在三环以内，其周围居民的潜在医疗设施可达性较高，从中心到外围居民的潜在可达性下降。而观测可达性除了以三环内医院聚集区为中心外，同时呈现出以良乡医院、中国中医科学院广安门医院南区、北京大学国际医院为中心的多中心结构［图5-11（b）］，以上医院主要服务于周边居民，使得其周边居民具有较高的医疗设施可达性，同时说明了居民的高等级医疗资源选择偏好。

5.6 空间交互网络和社区探测

将地理单元作为节点，将单元之间空间交互强度作为权重，可以构建空间交互网络，从而引入网络科学的分析方法，分析网络的特征，解释网络背后的地理空间格局。其中，近年来最广泛的一种分析手段就是利用社区探测（community detection）方法识别区域或城市组团结构，并利用网络科学中的多种度量手段考察各个社区（或组团）的性质。

网络模型由节点（nodes）和边（edges）构成，边代表了节点之间存在联系，边的权重代表了节点之间的联系强度。在一个网络中，有些节点构成了组团，它们在组团内部的联系强度要大于组团之间的联系强度，这样的组团就叫作社区。社区探测即通过一些算法将网络划分成不同的社区（图5-12），不同的算法具有不同的划分标准，最常用的社区探测结果的评价标准包括模块度（modularity）和编码长度（code length）。

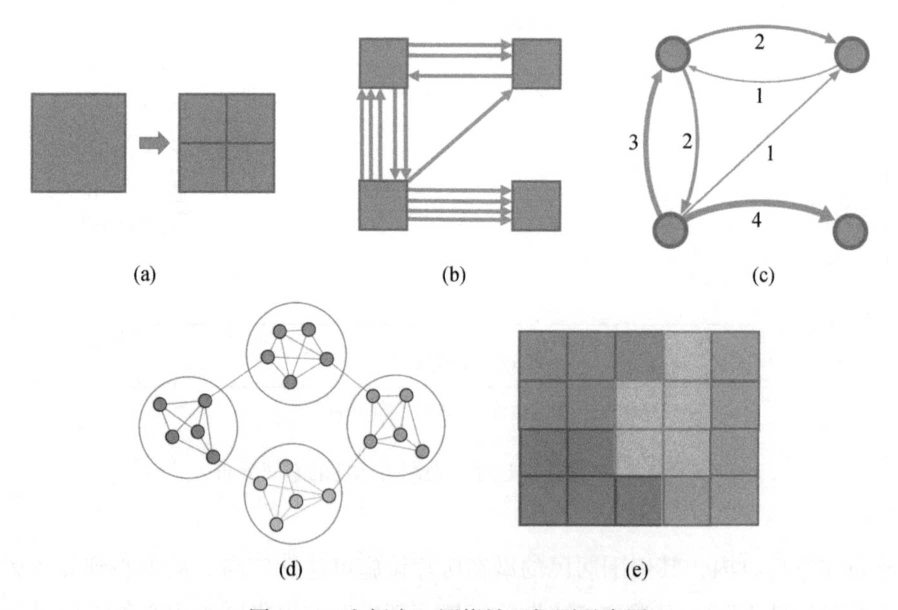

图5-12 空间交互网络社区探测示意图

（d）子图展示的网络被分割成四个社区，相同颜色的节点被分在同一个社区。同一社区内的节点比社区之间的节点具有更强的联系

早期的社区探测算法主要基于节点之间联系的强弱进行层次聚类，但很多情况下节点之间的联系强弱不方便进行计算，并且聚类结果对社区边缘区域的划分也很不理想，难以完整地反映出网络的社区结构。因此，Girvan 和 Newman (2002) 提出了基于边的介中心性指标（betweenness）的分割方法，并提出模块度这一标准用以度量社区探测结果的优劣。这一算法使用广泛，很多学者也基于此算法进行改进，提出了以模块度为度量标准的其他算法。

Girvan 和 Newman 提出算法的核心思想是，找出连接不同社区的边，将这些边打断便可以得到网络的社区结构。边的介中心性衡量了一条边“介于”其他节点之间的程度，即这条边连接其他节点对时的重要性。如果节点对之间的最短路径通过该边的次数越多，该边的介中心性越高。因为连接两个不同社区节点的边具有较高的介中心性，而连接同一个社区内部节点的边具有较低的介中心性，便可以通过介中心性的计算打断连接两个社区的边，从而得到网络的社区结构，而社区结构即可以反映网络结点的组团性质。该算法主要包含四个步骤：①计算网络中所有边的介中心性；②删去具有最高介中心性的边；③重新计算所有收到删除影响的边的介中心性；④重复第二个步骤直到所有边都被删除。

在算法的计算过程中，每删除一次边都会计算一次网络的模块度。所有边都被删除之后，取模块度最大时所对应的网络结构即为该网络最优的社区结构。模块度衡量的是属于同一社区节点之间联系强度与该网络对应的随机网络中这些节点的联系强度的差异。其计算公式为

$$Q = \sum_{i} (e_{ii} - a_i^2) \tag{5-9}$$

其中，e_{ij}为连接社区 i 和社区 j 的边的比例；$\sum_{i}(e_{ii})$ 是连接网络中同属一个社区节点的边的比例；$a_i = \sum_{j} e_{ij}$ 代表所有连接到社区 i 的边的比例，如果该网络是随机网络，则a_i^2的值即为连接社区 i 内所有节点的边的比例。所以 Q 值越大，即表明同一个社区内结点的联系强度越高。

但 Girvan 和 Newman 提出的算法同样具有缺点，即不能很好地处理有向图的社区探测问题。对于有向加权网络，Infomap 算法（Rosvall and Bergstrom，2008）适于探究其组团结构。Infomap 算法从信息论的视角来理解网络结构，其采用随机游走模拟信息流在网络中的传播，认为信息流更易于在联系更紧密的节点之间传播，从而能够反映出组团性质。该算法采用二级编码的方式对节点进行编码，

第一级别编码代表了社区组团，第二级别编码分别在组团内部进行霍夫曼编码（Hoffman coding）。假设一种社区分割方式 M 将 n 个节点分割至 m 个社区中，如果有一种分割方式能够将每个随机游走经过的节点的描述编码长度期望值最小化，那么这种分割方式即为最优。用公式表达，即求平均编码长度 L（M）的最小值。

$$L(M) = qH(Q) + \sum_{i=1}^{m} p^{i}H(P^{i}) \tag{5-10}$$

其中，q 是某一步骤时随机游走切换社区的概率；H（Q）为社区组团编码的熵；p^i是某一步是随机游走在社区 i 内部移动的概率；H（P^i）为在社区 i 内部移动的熵。Infomap 算法是基于信息在网络中的流动来反映网络结构特征，因此适用于有向加权的网络，其计算效率等也高于其他基于模块度的算法（Fortunato, 2010）。

采用上述方法，Chi 等（2016）和 Liu 等（2015）分别利用通话数据和出租车轨迹数据，构造空间交互网络，对黑龙江省和上海市进行社区探测，从而实现区域划分，揭示空间结构（图 5-13）。从中可以发现一些有意义的模式。首先，尽管在做社区探测时没有施加空间约束，即不规定同一社区的单元必须是空间连通的，但是分区的结果却呈现出同社区单元形成空间连续的单元。这应归因于空间交互中的距离衰减效应，即短距离位置间的空间交互强度相对更高，这使得它们更倾向于划分在同一个社区。其次，一些行政或者自然的边界，会对空间交互形成阻碍，从而在社区划分结果中得以体现（Jin et al., 2021）。如图 5-13（a）所示，明显可以发现“省—市（地级行政单元）—县级行政单元”的三级层次结构，这意味着在同一行政单元内部，移动、通信等空间交互行为相对更强。而图 5-13（b）中，可以发现城市内部的空间交互，受行政边界影响较弱，但是自然边界的作用却较为明显，如黄浦江与社区边界大致重合。再次，城市内部的层次结构呈现出类似于克里斯塔勒中心地理论结构，而其中城市的商贸综合体等扮演了单元枢纽的角色。最后，尽管社区分布模式与行政边界一致，但是依然可以发现一些“异常”，如图 5-13（a）中的安达和肇东，它们都没被划分到相应的地级行政单元中，这是由于历史的以及社会经济的原因，使其与另外的行政区（分别为大庆和哈尔滨）联系更强。

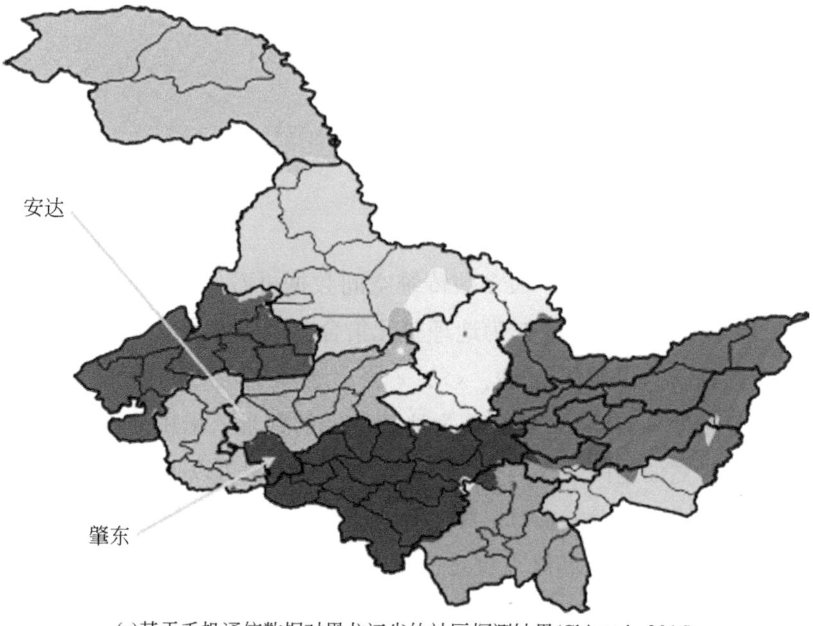

(a)基于手机通信数据对黑龙江省的社区探测结果(Chi et al., 2016)

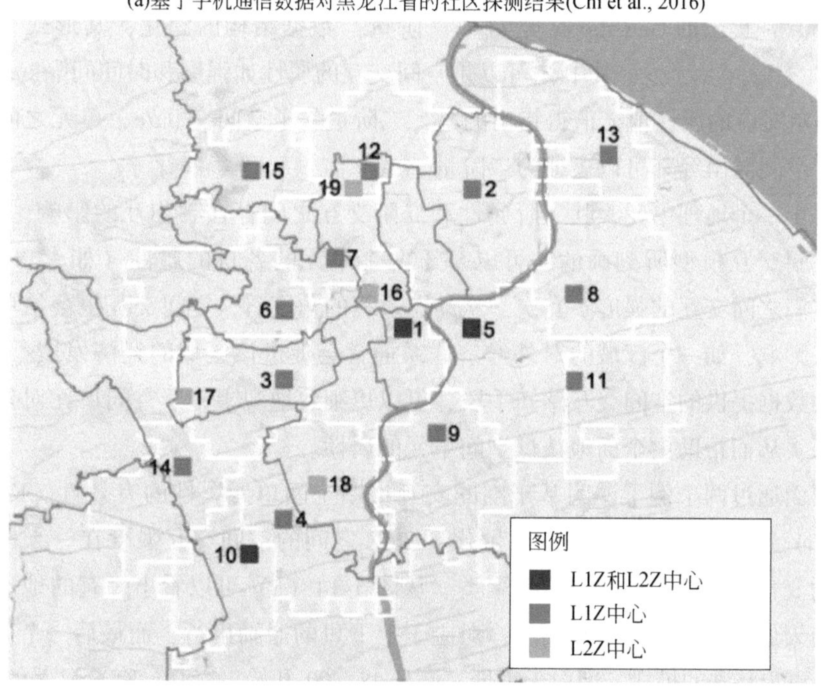

(b)基于出租车提取的出行数据对上海市进行社区探测结果
L1和L2分别代表了第一层次和第二层次的社区

图 5-13　社区探测结果（Liu，2015）

5.7　一阶分布模式和二阶交互模式

5.7.1　基于二阶量理解单元属性

从空间数据结构的角度，大多数传统空间数据可看作为“一阶量”，即抽象为映射f：$P \to V$，其中定义域P为地理单元集合，值域V为属性值（或向量）的集合。相应数据结构可组织为$<x, s>$，x表示地理单元的位置，s表示属性值。数据的空间复杂度是$O(n)$，其中n为地理单元的数量，采用简单的关系数据表即可实现管理。然而空间交互数据是一类“二阶量”，可以抽象为映射f：$P \times P \to V$，其存储的空间复杂度为$O(n^2)$。对二阶量最常用的一种表达形式为$<x_1, x_2, s>$，其中x_1和x_2表示交互起点和终点位置，s表示交互强度，这种形式反映了空间交互作为起讫点数据的特点，能够最直接、精确地表达交互的空间分布。Goodchild等（2007）提出的Geo-dipole是对“二阶量”数据结构的泛化，其形式为$<x_1, x_2, Z, z(x_1, x_2)>$，其中$Z$可以是空间交互的属性如强度和时间间隔，$z(x_1, x_2)$表示对应的属性值。值得指出的是，二阶量除了空间交互外，单元之间的相似度、空间溢出等都可以表征为二阶量。

对于一个地理单元，其一阶属性和二阶交互之间存在着相互的影响。首先，正如空间交互模型所刻画的，可以基于两个单元的各自的属性（如人口）等，推断它们之间交互的强度。其次，从动态过程的角度看，空间交互也会给单元属性带来影响，如一个区域的对外经济联系通常会促进该区域的经济发展。最后，通过大数据提供的空间交互感知手段，可以更细致地观察一个空间单元对外的交互特征，从而帮助更全面地认识空间单元的属性。

下面通过两个例子说明基于空间交互推断空间单元属性的有效性。Kang等（2015b）利用北京出租车数据，量化了TAZ之间的空间交互强度在一天内不同时刻的变化特征，并进行非监督聚类。从图5-14（a）可以看出，有的地理交互强度白天低傍晚高，有的则相反，对应于上下班的通勤出行，而最后一个类别则呈现出更为特殊的模式，即白天很低，而从18：00开始，交互量有着显著的提升，通过将该类的交互绘制在地图上，可以发现主要对应的区域为三里屯这一北京著名的酒吧区，该区域夜间休闲娱乐活动较多。图5-14（b）和（c）展示了城市

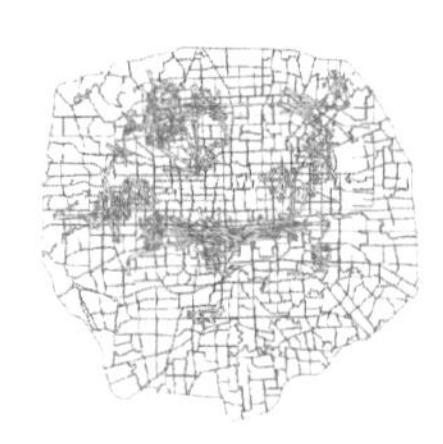

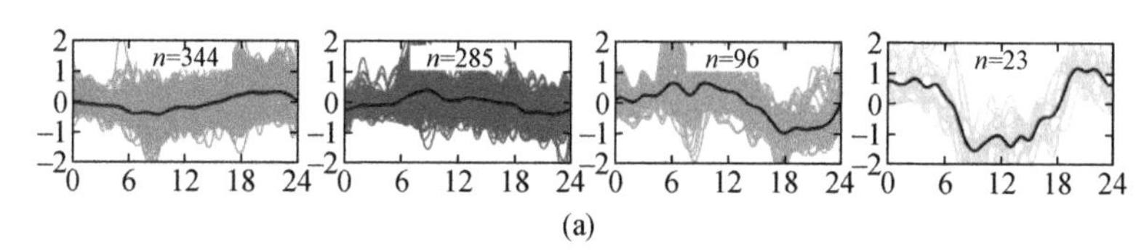

(a)

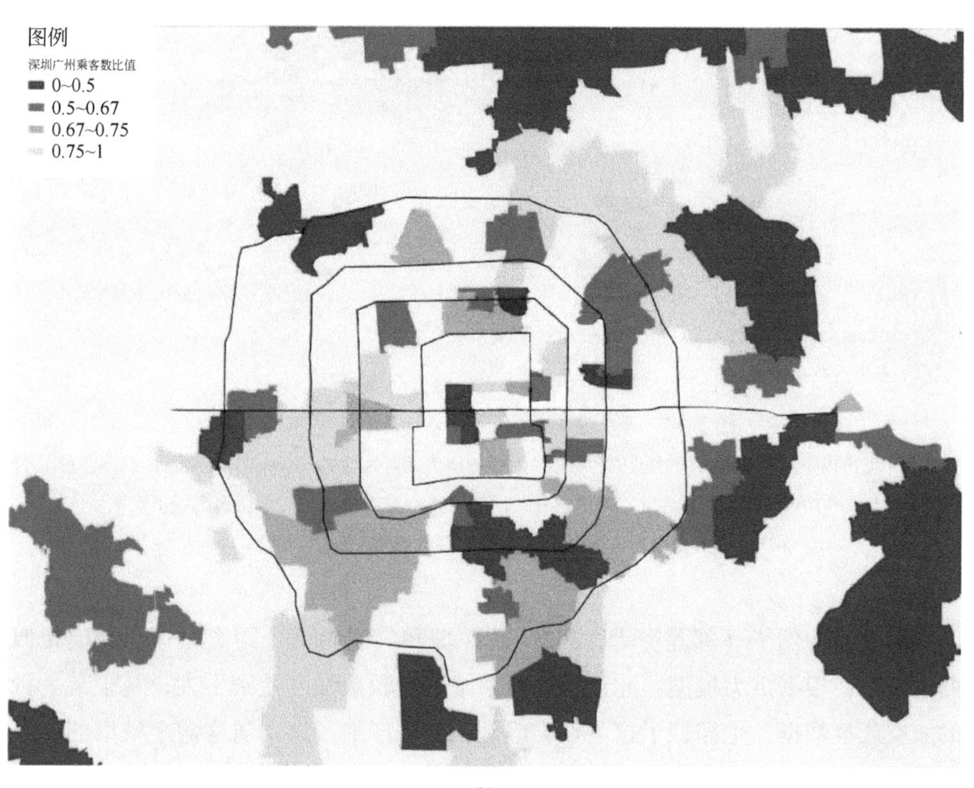

(b)

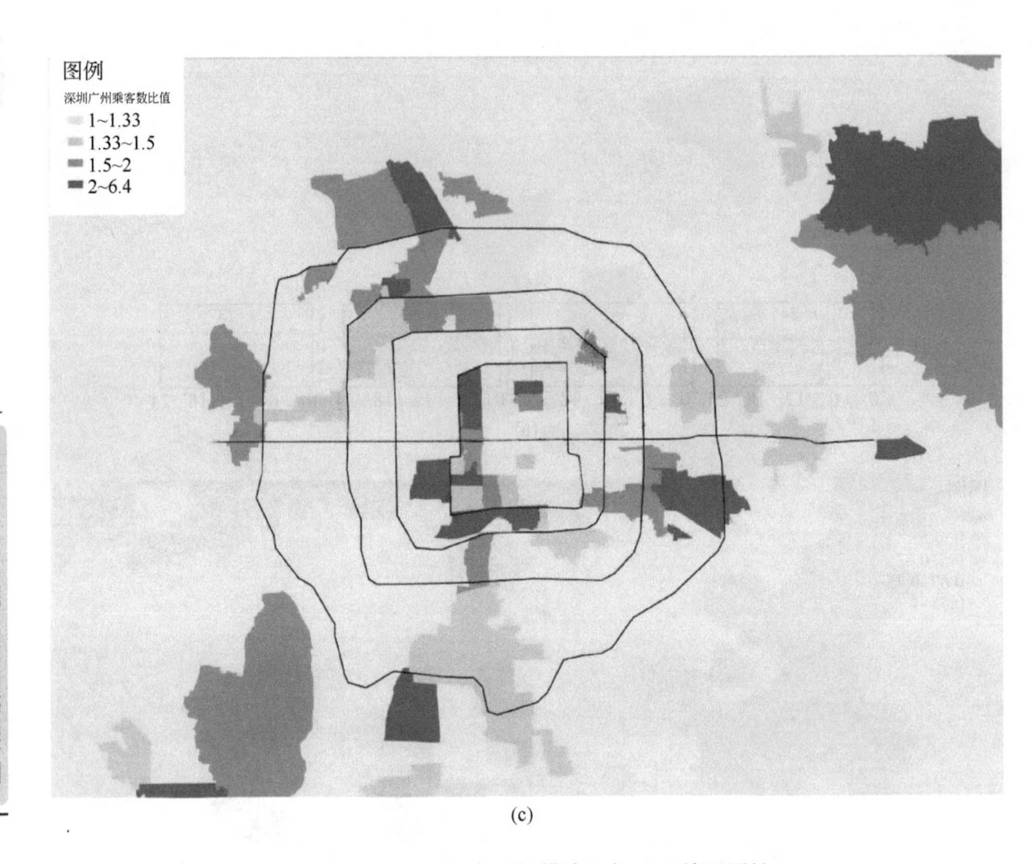

(c)

图 5-14　基于空间交互的模式理解地理单元属性

(a) 基于城市内空间交互强度的时间变化特征，刻画地理单元属性（Kang et al., 2015b）。(b)、(c) 分别展示了北京到访广州深圳旅客在北京市内的分布，(b) 表示有更多到访广州旅客的城市区域，(c) 则是有更多到访深圳旅客的城市区域（郭磊贤等，2021）

间空间交互的例子（郭磊贤等，2021）。深圳和广州是两个距离很近、规模相似的大城市，根据重力模型，北京与这两个城市的联系强度差别不大。基于某一日的航空旅客数据，也印证了这一点，但是，如果仔细考察到访这两个城市的旅客在北京市内的工作地点，则呈现出有意思的模式，即到访广州旅客更多的区域，对应于部委等城市功能区，而到访深圳旅客更多的区域则对应于科教、金融等功能区，这恰好与广州、深圳两个城市的职能相对应。以上两个例子，生动展示了基于二阶空间交互特征刻画地理单元属性的可行性。

在目前的基于社会感知的空间交互研究中，大多直接汇总个体粒度的流得到交互强度，这使得细节信息被丢失，从而丧失了大数据的优势。如前所述，这些流的时间分布特征、频率分布特征等，具有重要的意义。如果只关注总量，则难以深入理解交互所刻画的联系特性，以及联系两端地理单元的属性。例如，在一周时间内，城市内部两个地点间的交互总量是1000人次，其频率分布特征不同，则对应不同的含义。例如，这1000人次交互是由200人、人均5次完成，还是1000人各一次完成，其对应的具体出行目的存在差异，前者通常对应于通勤行为，而后者则可能与一般性的休闲、娱乐活动有关。类似地，对于两对场所而言，在交互强度相同的情况下，其时间分布、频率分布、对称性等语义特征的差异，可以区分场所间的关系并帮助理解参与交互的场所。因此，基于地理单元的空间交互属性，感知刻画该单元的特征，可以形象地用一句俗语表述："要更全面地认识一个人，可以看他的朋友"。基于这个思路，Liu等（2016）设计了一个集成空间交互时间变化信息的城市用地分类算法，比单纯考虑地块的一阶属性的分类精度更高。

值得指出的是，对于一个地理单元（如场所）而言，它和其他单元的交互联系是一个向量，从中可以提取出不同的指标，如交互的总强度、交互平均强度、交互强度的统计分布特征、交互的平均距离、交互的方向分布等，这些指标对于刻画地理单元特征有着指示性的意义。如图5-15所示，首都机场两个航站楼对应的空间交互，具有更长的距离以及"西南—东北"的方向分布。因此，Yao等（2019）设计了一种可视化方法，可以同时表达一个地理单元交互的强度、方向以及距离等指标。

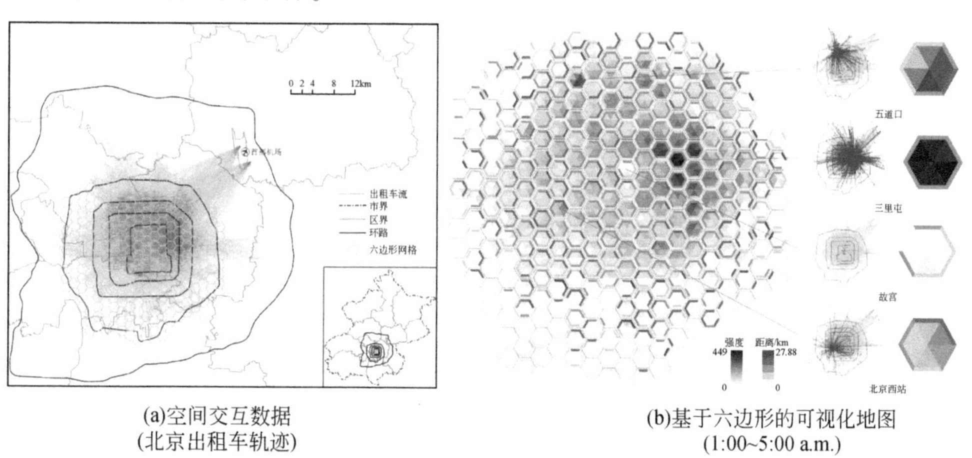

(a)空间交互数据
(北京出租车轨迹)

(b)基于六边形的可视化地图
(1:00~5:00 a.m.)

图5-15 基于六边形地理空间单元的空间交互指标可视化

六边形中每个三角形表示了该方向交互的强度，三角形外边则表示了该方向交互的平均距离

如何对一个地理单元的所有交互进行概括，得到好的表达指标，针对于不同的探究目标，可以有不同方案。下面介绍 Wang 等（2021）提出的一个指标 I 指数，该指标借鉴了文献学中的著名指标：H 指数，即一个作者至多有 h 篇文章分别被引用了 h 次，则该作者的 H 指数为 h。某地点的 I 指数为 i，则意味着到达该地的出行流中有 i 条流的长度分别至少为 αim，其中 α 为预定义的参数。在计算给定场所的 I 指数时，可以将该地点的流按照距离进行排序，然后计算排序结果连成的曲线与 $y=\alpha x$ 交点，即可得到 I 指数（图 5-16）。通常，I 指数越高，说明相应场所一方面具有较强的吸引力，另一方面能够吸引更长的出行，如图 5-15 所示的机场，必然具有较高的 I 指数。同时作者认为，I 指数可以识别出居民日常生活中不可替代的设施，其值越高，对应设施的不可替代性越高，并且往往提供了高等级的服务。

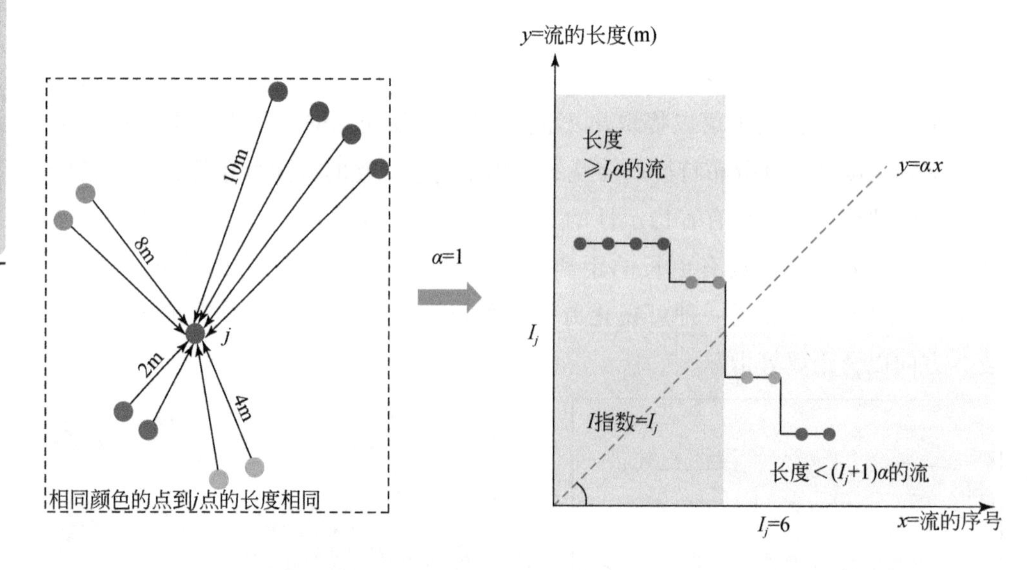

图 5-16　基于出行流的 I 指数计算（Wang et al., 2021）

5.7.2　集成一阶量和二阶量进行空间预测

对于一组地理单元（或场所）而言，为了预测特定的属性（如活动人口数量），可以选择自变量（如兴趣点类型、数量、区位等）并建立机器学习模型，揭示响应变量和预测变量之间的数学关系。这类应用在地理学或城市科学研究中

非常多，值得指出的是，在这些应用中，响应变量和预测变量都是关于地理单元的一阶属性。但是毋庸置疑，在一阶属性的基础上，考虑地理单元之间的空间交互，有助于更好地刻画地理单元的语境（context），提升预测精度。

近年来得到广泛应用的图卷积神经网络，有助于集成一阶量和二阶量进行空间预测。下面以 Zhu 等（2020）提出的场所图（place graph）为例，介绍相关方法。如图 5-17 所示，将场所代表的地理单元表达为节点，场所属性作为节点的特征信号，场所连接作为节点之间的边，可形成一个非常简洁的包含待处理信息的图结构，即场所图。在场所图结构的基础上，将一个带有 X 类别属性的场所图，和一个只含有部分（样本）Y 类别属性的场所图，分别作为解释变量和因变量输入到图卷积神经网络模型中，通过训练神经网络实现对其余场所的 Y 类别属性的推测。

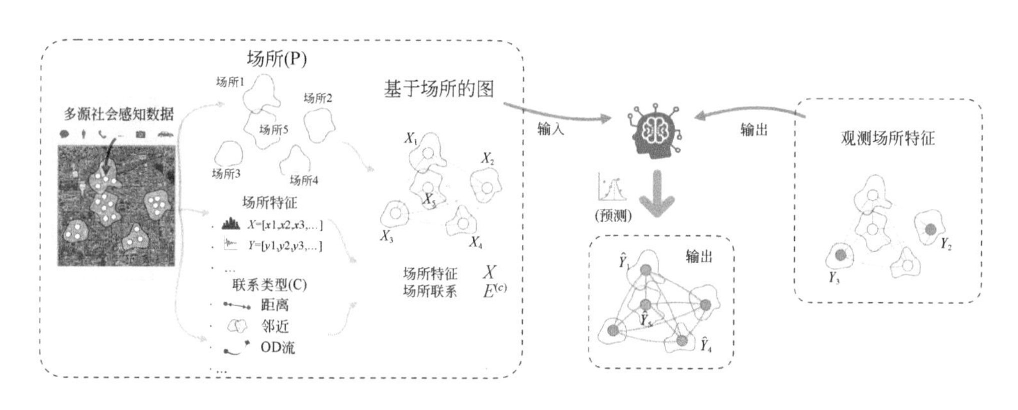

图 5-17　构造场所图以及使用图卷积神经网络推测未知场所属性的示意图

利用场所图方法，Zhu 等（2020）基于北京市内带有场所名称标签的超过 24 万个兴趣点数据，使用核密度方法勾勒了五环内 203 个主要场所名称（如中关村、五道口等）所对应的空间边界表达。这些场所覆盖了被广泛认知的主要城市子区，包括著名的旅游景点、居民区、商业区等。其几何空间范围存在叠加、包含、分离等多种空间关系。研究选择了两类场所属性：其一是人类对场所环境的视觉认知，其二是人类活动赋予场所的社会功能。这两者分别作为视觉特征和社会功能特征被输入到图卷积模型之中，其中视觉特征作为输入，社会功能特征作为待预测的属性。研究利用出租车轨迹提取的场所间空间交互定义场所的地理连接语境，探索不同社会功能属性在给定视觉特征下的可预测性差异。图 5-18 为选

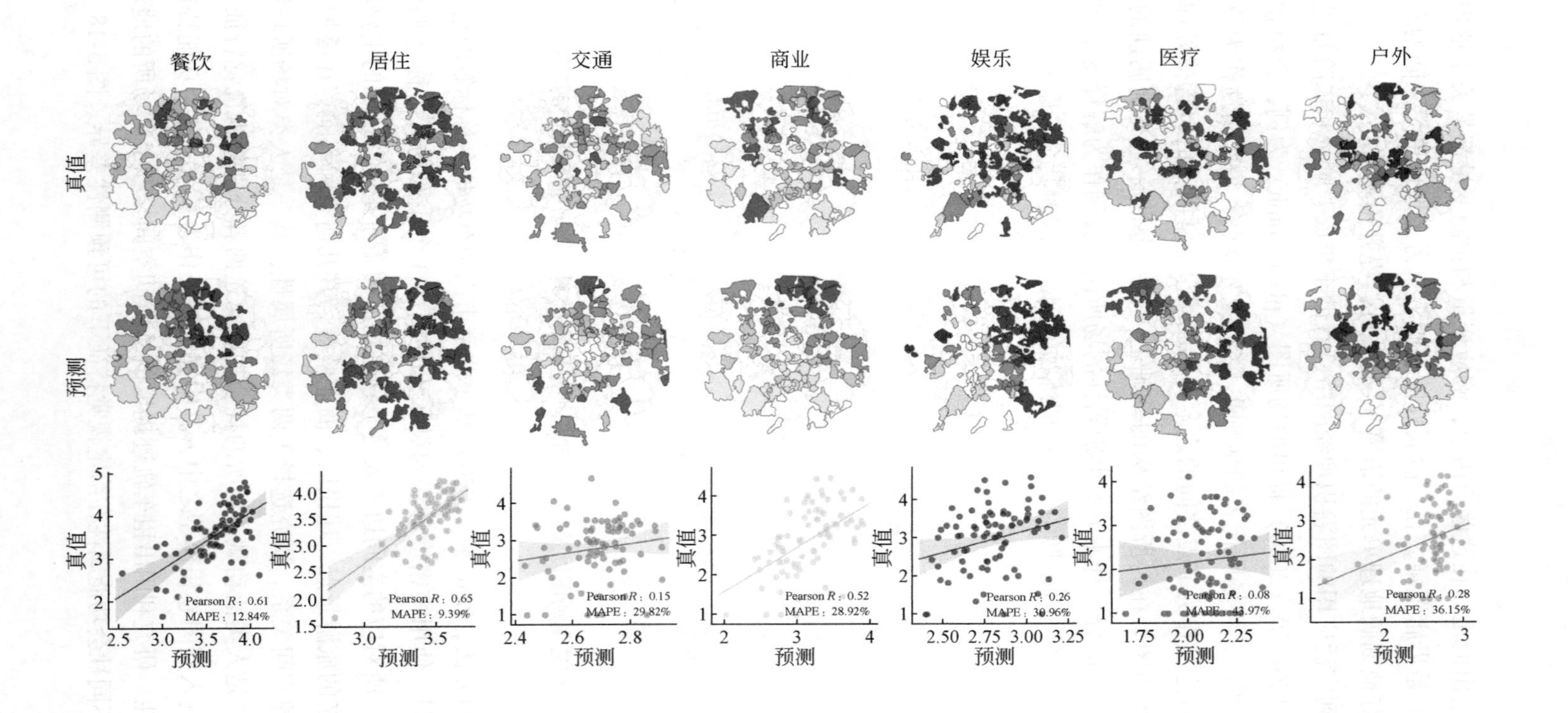

图5-18 出租车空间交互语境下各社会功能属性的最优预测结果在测试场所上的空间分布

取60%采样率下各功能属性最优的预测结果。可以看到，餐饮和居住有更高的精度，平均绝对百分比误差（mean absolute percentage error，MAPE）低于15%，说明空间交互二阶量可以较好地帮助刻画这两类社会功能属性的空间关系。

5.8 小　　结

空间交互是地理学研究的经典命题，地理大数据提供的感知手段为量化空间交互、分析分布模式、揭示空间结构提供了有力支撑。由于流和空间交互存在着密切的联系，本章首先针对流介绍了空间交互的空间分布模式分析。进而从空间交互模型和距离衰减量化、可达性分析，以及基于网络科学方法的社区探测等角度，介绍了大数据支持下的空间交互分析的三个重要方向。最后，本章强调了空间交互作为地理单元的一种二阶度量，和一阶度量存在着内在的联系。地理大数据具有粒度细的优势，可以更好地提取空间交互的细节信息，如时间分布、频率分布等，从而全面刻画一阶和二阶度量。最后，我们指出利用图卷积神经网络，集成这两类信息，是一个有潜力的研究方向。

参考文献

郭磊贤，吴晓莉，郭晓芳，等. 2021. 城市网络关系中的广州、深圳城市功能研究——基于对航空客流来源地的比较分析. 热带地理，41（2）：229-242.

刘瑜，姚欣，龚咏喜，等. 2020. 大数据时代的空间交互分析方法和应用再论. 地理学报，75（7）：1523-1538.

裴韬，舒华，郭思慧，等. 2020. 地理流的空间模式：概念与分类. 地球信息科学学报，22（1）：30-40.

Abel G J，Sander N. 2014. Quantifying global international migration flows. Science，343（6178）：1520-1522.

Andrienko N，Andrienko G. 2011. Spatial generalisation and aggregation of massive movement data. IEEE Transactions on Visualization and Computer Graphics，17（2）：205-219.

Arbia G，Petrarca F. 2013. Effects of scale in spatial interaction models. Journal of Geographical Systems，15（3）：249-264.

Batty M. 2013. The New Science of Cities. Cambridge，MA：MIT Press.

Berglund S，Karlström A. 1999. Identifying local spatial association in flow data. Journal of Geographical Systems，1（3）：219-236.

Bettencourt L M. 2013. The origins of scaling in cities. Science, 340 (6139): 1438-1441.

Black W R. 1995. Spatial interaction modeling using artificial neural networks. Journal of Transport Geography, 3 (3): 159-166.

Celik H M. 2004. Modeling freight distribution using artificial neural networks. Journal of Transport Geography, 12 (2): 141-148.

Chi G, Thill J-C, Tong D, et al. 2016. Uncovering regional characteristics from mobile phone data: A network science approach. Papers in Regional Science, 95 (3): 613-631.

Fischer M M, Gopal S. 1994. Artificial neural networks: A new approach to modeling interregional telecommunication flows. Journal of Regional Science, 34 (4): 503-527.

Fortunato S. 2010. Community detection in graphs. Physics Reports, 486: 75-174.

Fotheringham A S. 1981. Spatial structure and distance-decay parameters. Annals of the Association of American Geographers, 71 (3): 425-436.

Fotheringham A S, O'Kelly, M E. 1989. Spatial Interaction Models: Formulations and Applications. Boston, MA: Kluwer.

Gao Y, Li T, Wang S, et al. 2018. A multidimensional spatial scan statistics approach to movement pattern comparison. International Journal of Geographical Information Science, 32 (7): 1304-1325.

Getis A, Aldstadt J. 2004. Constructing the spatial weights matrix using a local statistic. Geographical Analysis, 36 (2): 90-104.

Girvan M, Newman M E. 2002. Community structure in social and biological networks. Proceedings of the National Academy of Sciences of the United States of America, 99: 7821-7826.

Goodchild M F, Yuan M, Cova T J. 2007. Towards a general theory of geographic representation in GIS. International Journal of Geographical Information Science, 21 (3): 239-260.

Guo D. 2009. Flow mapping and multivariate visualization of large spatial interaction data. IEEE Transactions on Visualization and Computer Graphics, 15 (6): 1041-1048.

Guo D, Zhu X, Jin H, et al. 2012. Discovering spatial patterns in origin-destination mobility data. Transactions in GIS, 16 (3): 411-429.

Guo S, Song C, Pei T, et al. 2019. Accessibility to urban parks for elderly residents: Perspectives from mobile phone data. Landscape and Urban Planning, 191: 103642.

Haggett P, Cliff A D, Frey A . 1977. Locational Analysis in Human Geography. London: Edward Arnold.

Haining R. 1989. Geography and spatial statistics: Current positions, future developments// MacMillan W. Remodelling Geography. Oxford: Basil Blackwell.

Jin M, Gong L, Cao Y, et al. 2021. Identifying borders of activity spaces and quantifying border effects on intra-urban travel through spatial interaction network. Computers, Environment and Urban

Systems, 87: 101625.

Kang C, Qin K. 2016. Understanding operation behaviors of taxicabs in cities by matrix factorization. Computers, Environment and Urban Systems, 60: 79-88.

Kang C, Liu Y, Guo D, et al. 2015a. A generalized radiation model for human mobility: spatial scale, searching direction and trip constraint. PLoS ONE, 10 (11): e0143500.

Kang C, Liu Y, Wu L. 2015b. Delineating intra- urban spatial connectivity patterns by travel-activities: A case study of Beijing, China. Wuhan, China: The 23rd International Conference on Geoinformatics.

Kang C, Ma X, Tong D, et al. 2012. Intra- urban human mobility patterns: An urban morphology perspective. Physica A: Statistical Mechanics and its Applications, 391 (4): 1702-1717.

Kang C, Zhang Y, Ma X, et al. 2013. Inferring properties and revealing geographical impacts of intercity mobile communication network of China using a subnet data set. International Journal of Geographical Information Science, 27 (3): 431-448.

Kong X, Liu Y, Wang Y, et al. 2017. Investigating public facility characteristics from a spatial interaction perspective: A case study of Beijing hospitals using taxi data. ISPRS International Journal of Geo-Information, 6 (2): 38.

Liu X, Gong L, Gong Y, et al. 2015. Revealing travel patterns and city structure with taxi trip data. Journal of Transport Geography, 43: 78-90.

Liu X, Kang C, Gong L, et al. 2016. Incorporating spatial interaction patterns in classifying and understanding urban land use. International Journal of Geographical Information Science, 30 (2): 334-350.

Liu Y, Kang C, Gao S, et al. 2012. Understanding intra-urban trip patterns from taxi trajectory data. Journal of Geographical Systems, 14 (4): 463-483.

Liu Y, Sui Z, Kang C, et al. 2014a. Uncovering patterns of inter-urban trip and spatial interaction from social media check-in data. PLoS ONE, 9 (1): e86026.

Liu Y, Wang F, Kang C, et al. 2014b. Analyzing relatedness by toponym co-occurrences on web pages. Transactions in GIS, 18 (1): 89-107.

Liu Y, Tong D, Liu X. 2015. Measuring spatial autocorrelation of vectors. Geographical Analysis, 47 (3), 300-319.

Lu Y, Thill J- C. 2003. Assessing the cluster correspondence between paired point locations. Geographical Analysis, 35 (4): 290-309.

Luo W, Wang F. 2003. Measures of spatial accessibility to health care in a GIS environment: Synthesis and a case study in the Chicago region. Environment and Planning B: Planning and Design, 30 (6): 865-884.

Masucci A P, Serras J, Johansson A, et al. 2013. Gravity versus radiation models: On the importance of scale and heterogeneity in commuting flows. Physical Review E, 88 (2): 022812.
Miller H J. 2004. Tobler's first law and spatial analysis. Annals of the Association of American Geographers, 94 (2): 284-289.
Openshaw S. 1993. Modelling spatial interaction using a neural net//Fischer M M, Nijkamp P. Geographic Information Systems, Spatial Modelling and Policy Evaluation. Heidelberg: Springer.
O'Kelly M E, Song W, Shen G. 1995. New estimates of gravitational attraction by linear programming. Geographical Analysis, 27 (4): 271-285.
Ratti C, Sobolevsky S, Calabrese F, et al. 2010. Redrawing the map of Great Britain from a network of human interactions. PLoS ONE, 5 (12): e14248.
Ravenstein E G. 1885. The laws of migration. Journal of the Royal Statistical Society, 48 (2): 167-227.
Reilly W J. 1931. The Law of Retail Gravitation. New York: Knickerbocker Press.
Rodrigue J P, Comtois C, Slack B. 2013. The Geography of Transport Systems. New York: Routledge.
Rosvall M, Bergstrom C T. 2008. Maps of random walks on complex networks reveal community structure. Proceedings of the National Academy of Sciences of the United States of America, 105: 1118-1123.
Roy J R, Thill J C. 2004. Spatial interaction modelling//Florax R J G M, Plane D A. Fifty Years of Regional Science. Heidelberg: Springer.
Shen G. 1999. Estimating nodal attractions with exogenous spatial interaction and impedance data using the gravity model. Papers in Regional Science, 78 (2): 213-220.
Shen G. 2004. Reverse-fitting the gravity model to inter-city airline passenger flows by an algebraic simplification. Journal of Transport Geography, 12 (3): 219-234.
Shu H, Pei T, Song C, et al. 2021. L-function of geographical flows. International Journal of Geographical Information Science, 35 (4): 689-716.
Simini F, González M C, Maritan A, et al. 2012. A universal model for mobility and migration patterns. Nature, 484 (7392): 96-100.
Song C, Pei T, Ma T, et al. 2019. Detecting arbitrarily shaped clusters in origin-destination flows using ant colony optimization. International Journal of Geographical Information Science, 33 (1): 134-154.
Song W. 2006. Nodal attractions in China's intercity air passenger transportation. Papers of the Applied Geography Conferences, 29: 443-452.
Stouffer S A. 1940. Intervening opportunities: A theory relating to mobility and distance. American So-

ciological Review, 5 (6): 845-867.

Tao R, Thill J-C. 2016. Spatial cluster detection in spatial flow data. Geographical Analysis, 48 (4): 355-372.

Tao R, Thill J-C. 2019a. flowAMOEBA: Identifying regions of anomalous spatial interactions. Geographical Analysis, 51 (1): 111-130.

Tao R, Thill J-C. 2019b. Flow cross K-function: A bivariate flow analytical method. International Journal of Geographical Information Science, 33 (10): 2055-2071.

Tobler W R. 1970. A computer movie simulating urban growth in the Detroit region. Economic Geography, 46: 234-240.

Tobler W R . 1976. Spatial interaction patterns. Journal of Environmental Systems, 6 (4): 271-301.

Ullman E L. 1954. Geography as spatial interaction. Annals of Association of the American Geographers, 44: 283-284.

Wang F. 2012. Measurement, optimization, and impact of health care accessibility: A methodological review. Annals of the Association of American Geographers, 102 (5): 1104-1112.

Wang F, Luo W. 2005. Assessing spatial and nonspatial factors for healthcare access: Towards an integrated approach to defining health professional shortage areas. Health and Place, 11 (2): 131-146.

Wang J, Du F, Huang J, et al. 2020. Access to hospitals: potential vs. observed. Cities, 100: 102671.

Wang X, Chen J, Pei T, et al. 2021. I-index for quantifying an urban location's irreplaceability. Computers, Environment and Urban Systems, 90: 101711.

Wilson A G. 1967. A statistical theory of spatial distribution models. Transportation Research, 1 (3): 253-269.

Xiang Q, Wu Q. 2019. Tree-based and optimum cut-based origin-destination flow clustering. ISPRS International Journal of Geo-Information, 8 (11): 477.

Xiao Y, Wang F, Liu Y, et al. 2013. Reconstructing gravitational attractions of major cities in China from air passenger flow data, 2001-2008: A particle swarm optimization approach. The Professional Geographer, 65 (2): 265-282.

Yan X Y, Zhao C, Fan Y, et al. 2014. Universal predictability of mobility patterns in cities. Journal of the Royal Society Interface, 11 (100): 20140834.

Yao X, Zhu D, Gao Y, et al. 2018. A stepwise spatio-temporal flow clustering method for discovering mobility trends. IEEE Access, 6: 44666-44675.

Yao X, Wu L, Zhu D, et al. 2019. Visualizing spatial interaction characteristics with direction-based pattern maps. Journal of Visualization, 22 (3): 555-569.

Zhang S, Zhu D, Yao X, et al. 2018. The scale effect on spatial interaction patterns: An empirical study using taxi OD data of Beijing and Shanghai. IEEE Access, 6: 51994-52003.

Zhu D, Wang N, Wu L, et al. 2017. Street as a big geo-data assembly and analysis unit in urban studies: A case study using Beijing taxi data. Applied Geography, 86: 152-164.

Zhu D, Zhang F, Wang S, et al. 2020. Understanding place characteristics in geographic contexts through graph convolutional neural networks. Annals of the American Association of Geographers, 110 (2): 408-420.

Zhu X, Guo D. 2014. Mapping large spatial flow data with hierarchical clustering. Transactions in GIS, 18 (3): 421-435.

第6章 地理过程感知

大数据由于带有时间标记，从而能够较好地感知地理要素及空间结构的演化过程，并且支持对于未来趋势的预测。短时间尺度（以天为单位）活动的规律性与城市用地功能密切相关，从而被成功应用于城市空间结构分析，该部分内容已经在第3章介绍。本章着重讲述对地理事件的感知、对长时间尺度的地理过程感知以及对于地理复杂过程的模拟和预测。

6.1 地理事件识别

事件是比较重大且对一定人群产生一定影响的事情，包含人类有目的的行为及其与物体间的相互作用，具有复杂的动态多变性。发生在客观世界中具有一定时空范围的地理事件，是人类活动与地球表层相互作用且产生重大影响的事情（杜云艳等，2021）。地理事件既包括自然地理事件，如地震、台风等，也包括人文地理事件，如公众集会等。时空分布是地理事件的重要特性，主要体现在三个方面：首先，一个地理事件通常发生于特定的时间和地点，并且对应一定的持续时间和空间影响范围。例如，对一个城市而言，交通拥堵通常只会影响城市的局部区域，大致在千米尺度，时长在小时尺度；暴雨事件影响的空间范围则往往更大，是全局性的，时间尺度大致为几个小时；出现疫情时采取的防控措施，空间范围是全局的，但时间尺度则要到几天或更长时间。其次，人们对于地理事件的反应，通常距离越远，关注度也越低甚至无关注，而随着时间流逝，关注程度也逐渐下降，从而呈现时空衰减效应。值得指出的，对于同一地理事件，不同范围人群的关注点也不一致，如当奥运会在一个城市举行时，该城市居民更关注由于举办盛会对于城市正面的或者负面的影响，而其他国家的人们则可能更关心该国家运动员的表现。最后，值得指出的是，在地理事件发生过程中，其空间属性具有动态性，如一个台风事件，随着台风中心的移动，它的影响范围也在发生变化。

人的行为受到地理事件的影响，因此，基于大数据提供的社会感知手段，可以定量评估一个地理事件影响强度的时空分布。通常，有两种途径可以用于刻画地理事件的影响：第一，是利用带位置的社交媒体数据，通过自然语言理解，提取与地理事件有关的主题，并进而分析地理事件的空间分布和时间演化（Li J et al.，2017）。第二，由于基于手机、出租车等数据所刻画的活动量随时间变化具有较强的规律性，而特定地理事件的发生，会破坏这种规律性，例如当城市发生暴雨时，市民出行意愿会降低，从而使得手机信令、出租车轨迹数据提取的出行量会小于较正常时段，而出行量减少的比例，则可用于反映暴雨事件的影响强度（易嘉伟等，2020）。

图 6-1 展示了一个生动的案例，2012 年 10 月 30 日，飓风桑迪（Sandy）在新泽西州登陆，袭击美国东北部地区，造成大量财产损失和人员伤亡。这次自然灾害的影响，可以通过社交媒体签到点的时空分布清晰展示出来。Foursquare 是一家基于用户地理位置信息的手机服务网站，其鼓励手机用户通过签到同他人分享自己当前所在地理位置等信息。图 6-1 左右两图分别展示了飓风 Sandy 袭击纽约曼哈顿地区之前以及之后的签到分布。很明显，在曼哈顿岛南部区域，签到数量大大减少，这应该归因于飓风对于该区域的破坏，造成电力设施损坏以及市民由于躲避灾害的暂时迁出。而与此相反，曼哈顿岛的北部区域则可根据签到分布变化不大这一事实，判定灾损较轻。针对此次自然灾害，Xiao 等（2015）利用 Twitter 推文数据发现，该地区损害程度和推文数量间表现出一个倒 U 形关系。在推文数量最多的地区，有 34. 6% ~40. 3% 的土地被洪水淹没。在受灾相对较轻的

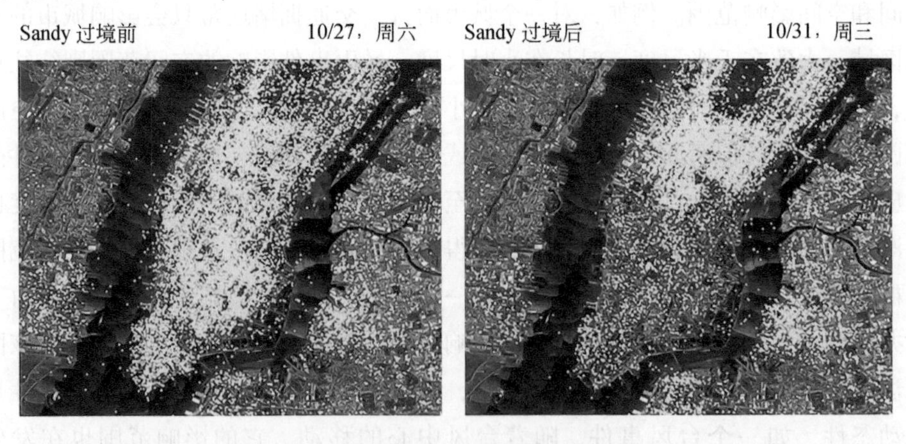

图 6-1　Foursquare 签到点的分布变化反映了飓风 Sandy 的影响范围

地区，推文数量和受损程度正相关，这是因为随着损失的增加，带来了更多的话题，如树木倾倒和加油排队；而在超过上述阈值后，更少的推文对应着受到更严重破坏的地区，这是由于损害过于严重，人们暂时离开该地区。

6.1.1 基于社交媒体发现地理事件

地理事件对人们的生产生活造成影响，同样，人们也会利用社交媒体途径自发上传、分享对于事件的个人感受。利用带位置的社交媒体数据，借助于自然语言分析技术，可以量化地理事件影响的空间范围以及随时间的变化，并进而区分不同空间单元的人们对于同一地理事件的关注点差异。地理事件的时间、空间、主题特征，都可以借助社交媒体数据进行提取，从而实现地理事件及其影响的识别和量化（Cheng and Wicks，2014）。而在灾害事件中，则可以利用该途径，实现众源途径的信息采集，了解灾情严重程度、受灾人群需求，提供救灾所需要的基础数据（如实时道路交通信息），从而最终服务于减轻灾害影响（Goodchild and Glennon，2010；De Albuquerque et al.，2015）。

下面以地震事件的感知和发布为例，介绍相关研究和应用。在实践中，由于地震波传输需要时间，这样离震源较远地区如果及早获取地震信息，就有避难的机会。社交媒体平台，如 Twitter，提供的对事件的感知能力，使其成为实时收集和发布地震信息的来源。Sakaki 等（2010）开发了一个基于 Twitter（包含内容和地理位置信息）的地震侦测和通知系统。他们综合运用了支持向量机、卡尔曼滤波和粒子滤波来侦测地震和地震发生地，并将侦测的信息通过邮件发送给该系统的注册用户。此外，Crooks 等（2013）分析了 Twitter 中有关美国东海岸地震（2011 年 8 月 23 日发生，震级为 5.8）推文的时空分布特征（图 6-2），并与美国地质调查局运行的地震信息众包网站“Did You Feel It?”进行了对比，发现基于 Twitter 的地震信息传播速率和信息容量均优于官方的“Did You Feel It?”。值得指出的是，对于在人烟稀少区域发生的地震，因为缺少足够的社交媒体发布数据，社会感知手段可能会失效。但是从实用性的角度出发，如果地震发生于人口稀疏地区，其危害也相对较低，这种“漏报”是可以容忍的，这也恰恰说明了社会感知手段“以人为本”的特点。

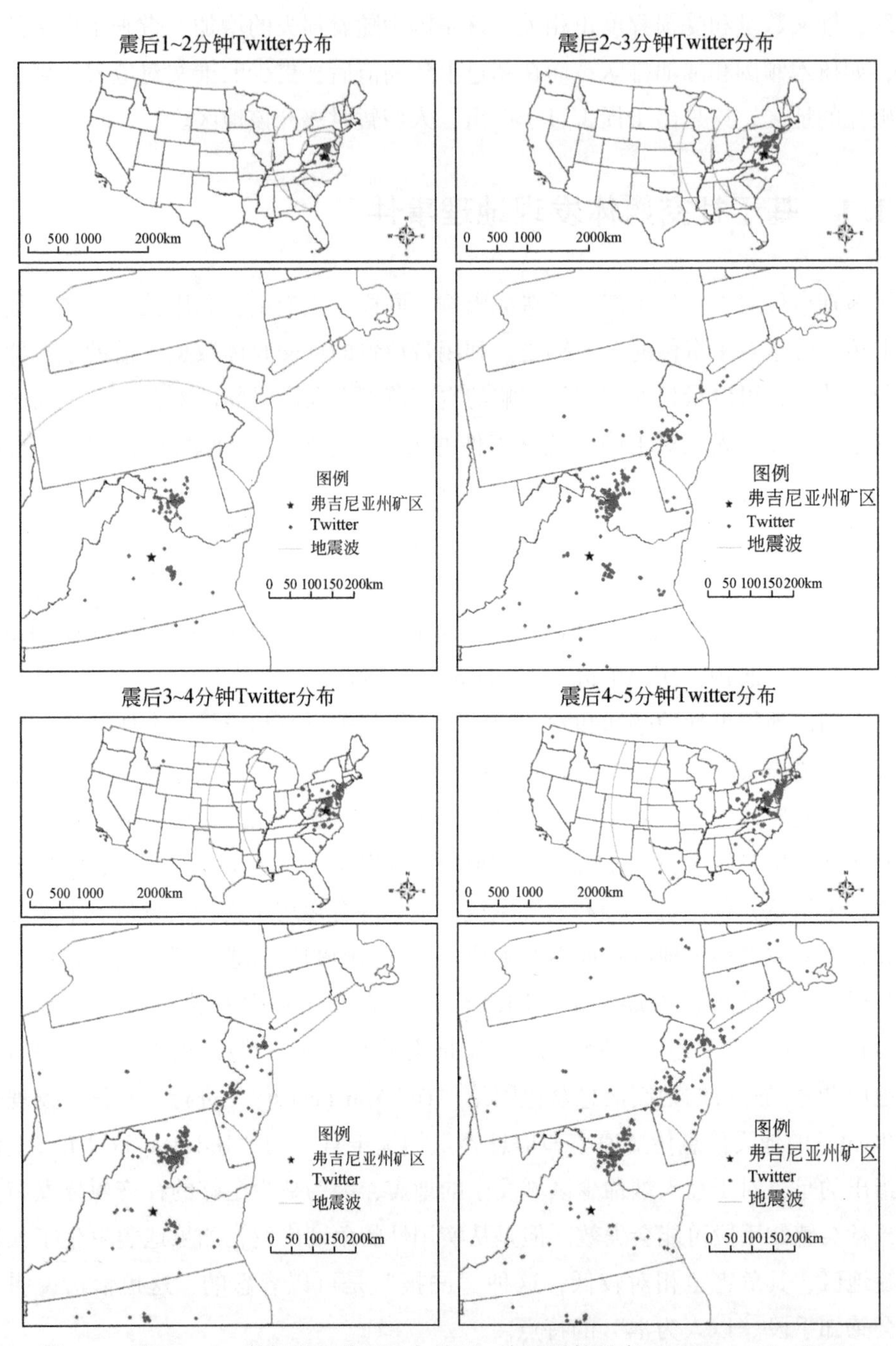

图 6-2 利用 Twitter 数据提取美国民众对于一次地震的反应（Crooks et al.，2013）

分别展示了震后 1 ~ 2 分钟、2 ~ 3 分钟、3 ~ 4 分钟以及 4 ~ 5 分钟内，提及此次地震的 Twitter 文本空间分布，从一定程度上反映了地震波的传播过程

6.1.2 基于人群活动量变化识别事件

人群活动具有一定的时空规律，但是，在受到极端天气等外界事件的影响下，会形成与常规时空模式不同的活动特征，例如因下雨导致部分路段出现堵车，或是受疫情影响导致休闲场所客流量降低等。因此，可以将这种受到外界事件影响导致出现非常规活动特征的现象视作异常。大数据时代的到来，使得签到行为、出租车轨迹等多种人类活动数据可以被记录并应用到研究中（图6-3）。如果能从人群活动数据（如时谱曲线）中提取异常，有助于理解外界事件对人类活动的影响机制，从而更好地预测活动的时空特征，这可以为政府日常管理及对特定事件的响应提供参考，有效减少诸如踩踏等紧急事件的发生。

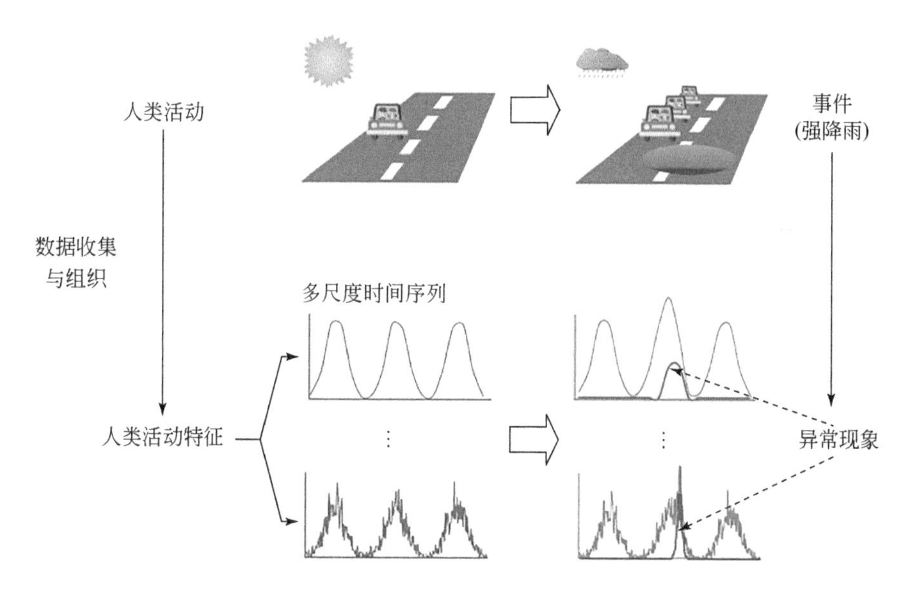

图6-3　基于城市人群活动量时间变化节律特性提取异常事件

基于出租车数据提取的上下车点的规律性时空分布模式，已被广泛应用于城市用地识别。然而，当仔细观察一个城市特定区域的上下车次数形成的时谱曲线时，可以发现在以周、日为周期的节律性之外，同样存在活动量的异常增加或降低，它们多对应于特定事件，如前所述，这些事件具有不同时空分布特征，因此需要建立一种多尺度的识别方法。

下面介绍一项考虑多空间尺度的异常事件提取研究（Cheng et al.，2021）。研究以2016年北京出租车轨迹为数据源，共选择了六种分辨率的规则格网作为空间单元，以出租车上车点数量为例进行分析。图6-4展示的是在全局尺度下进行异常提取的结果，其中灰色曲线表示活动时谱曲线的残差部分，红色点表示提取的异常时间段，而彩色点表示不同尺度聚合得到的活动时空异常。

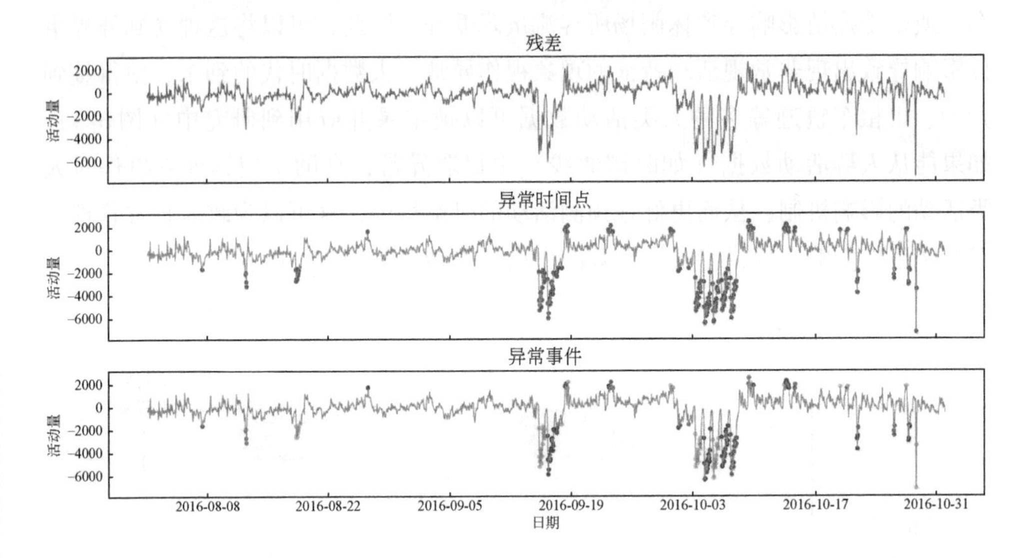

图6-4　基于出租车活动量时间变化曲线提取的异常事件发生时间段（Cheng et al.，2021）

对提取到的异常进行解释，需要分别考虑不同尺度的影响因素。研究收集到放假安排、天气、空气质量等外部数据，采用频繁模式挖掘方法进行分析，发现工作日放假与上车点数量减少具有相关性、工作日空气污染与上车点数量增加具有相关性。由于异常信息较少以及精细尺度下外部数据收集困难等原因，考虑单一尺度在异常解释上具有局限性，因此可以多尺度角度进行解释。图6-5展示了发生在9月份的异常在六个尺度下的空间影响范围，可以看出该事件能够影响全市大部分区域，比对异常发生的日期可确定该天为中秋节。而通过对最精细尺度下受影响区域与兴趣点数据的对比分析，可以得出交通类型兴趣点数量较多的区域更容易被影响，这与放假期间通勤行为的减少相符。由于得到了多尺度的异常变化信息，因此可同时利用全局的放假安排数据以及精细的兴趣点数据对异常进行解释，使结果更具说服力。

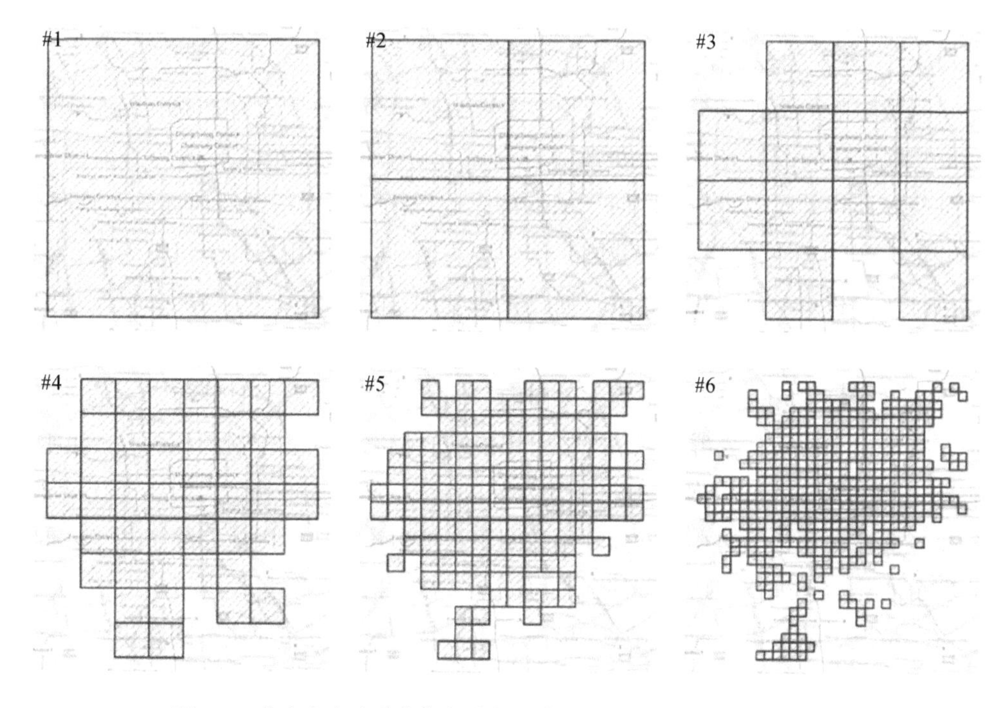

图6-5 北京市在中秋节期间出行异常变化在不同空间尺度的体现

6.1.3 案例介绍：2014 年上海外滩踩踏事件

上海外滩踩踏事件是发生在 2014 年 12 月 31 日晚的一起悲剧。当时正值跨年夜活动，因很多游客市民聚集在上海外滩迎接新年，上海市黄浦区外滩陈毅广场东南角通往黄浦江观景平台的人行通道阶梯处底部有人失衡跌倒，继而引发多人摔倒、叠压，致使拥挤踩踏事件发生，造成 36 人死亡，49 人受伤。事故发生后，百度、腾讯等企业在大数据支持下，对该事件的发生过程进行了回顾，以总结教训，避免类似悲剧再次发生。下面，我们以百度大数据实验室的分析报告为主要内容，介绍相关研究。

图6-6（a）展示了南京东路地铁站附近区域（左下蓝框）、外滩源附近区域（右上蓝框）、事发地陈毅广场附近区域（右下黑框）和外滩区域（右侧红框）在事发当时的人群热力图。颜色越红表示人群越密集，越蓝表示越稀疏。从图中可以看出，由于跨年活动，形成了多个人群分布热点区域。事发当晚，外滩区域

(包含陈毅广场)确实非常拥挤，人流量已经达到了平时最高值的 3 倍多［图 6-6（b)］，这是造成踩踏事故的间接诱因。

造成事故的另外一个原因是，很多游客当时是为了去观看灯光秀，但是到了陈毅广场后才发现灯光秀地点更改（往年都在陈毅广场，2014 年改为外滩源)，因此决定前往外滩源，与此同时，又有许多市民因为不知情继续前往陈毅广场，因此形成人流对冲，导致踩踏悲剧。这一事实也可以借助用户的手机搜索记录加以佐证。分析当晚游客在什么位置通过手机地图 App 搜索“外滩源”，可发现大部分都集中在外滩附近［图 6-6（c)］，这意味着当时在陈毅广场的游客因为得知了正确的灯光秀地点，而欲前往外滩源。同样，对比事发当日及前六天的外滩地图搜索请求次数与人群汇聚情况，可以发现它们之间存在较强的相关性，并且有约 1.5h 的滞后［图 6-6（d)］。这反映了一个基本事实：就是人们要前往一个陌生场所时，通常倾向在出发前利用地图服务搜索该场所。因此，除了基于实时人群分布热力图进行踩踏预警外，也可以基于搜索信息，更早发现下一时段的人群聚集情况，从而更早地做出应对措施。由于特定事件引起的城市踩踏事件，往往会带来惨重的生命损失，如 2022 年 10 月，韩国首尔梨泰院踩踏事故造成 154 人死亡，采用社会感知大数据进行人群异常聚集预警，依然是城市管理部门的重要任务。

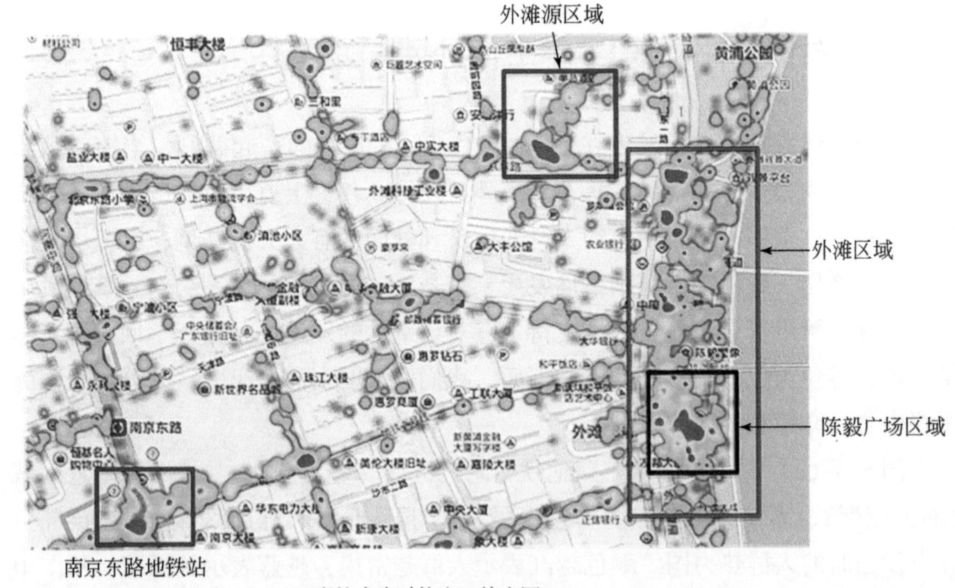

(a)事故发生时的人口热力图

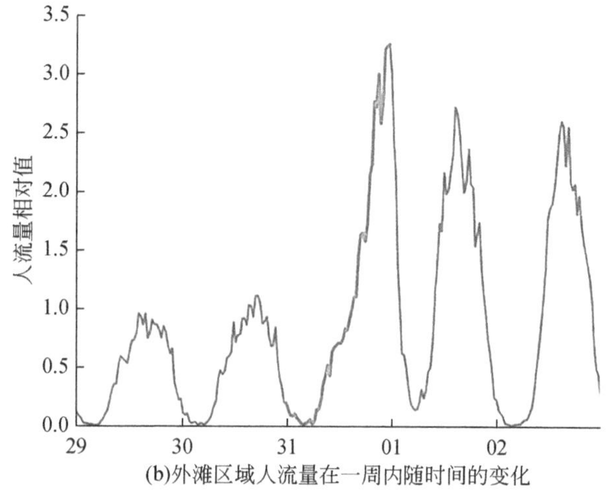

(b)外滩区域人流量在一周内随时间的变化

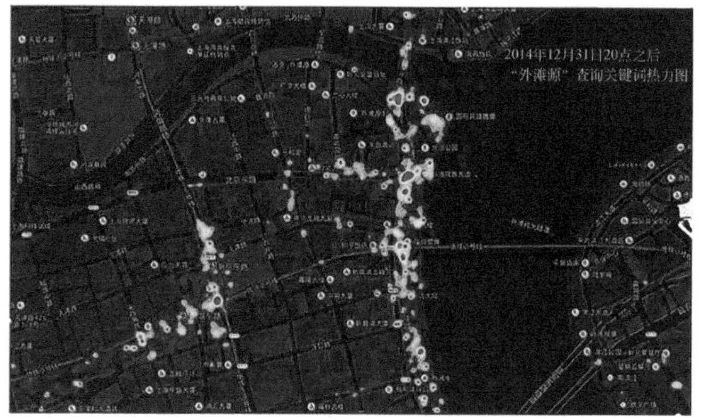

(c)利用手机地图APP搜索"外滩源"用户的位置分布

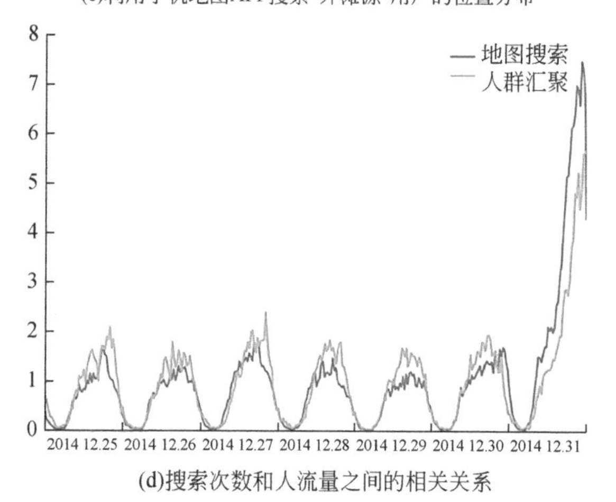

(d)搜索次数和人流量之间的相关关系

图 6-6　2014 年上海外滩踩踏事件的回顾分析

6.2 时空预测

社会感知数据由于具备对高频活动信息的观察能力，从而可支持动态变化的预测。其中两类时空预测任务在大数据支持下，得到了较多的重视：第一类是在个体层面，根据一个个体的历史移动轨迹，参考个体间的相似度和地理要素的空间分布，对未来轨迹进行预测；第二类则是在汇总层面，考虑人的活动的周期性、地理环境的特征等因素，对一个场所的活动量或一条道路的交通量做出预测。这两类预测通常都基于高频数据，对短时长的活动变化进行预测，因此在实时系统中可发挥更大作用。

6.2.1 个体移动位置预测

个体移动位置预测是时空数据挖掘的主要任务之一，它根据个体粒度（如一个人或者一辆车）的历史轨迹，预测给定对象在下一个时刻的位置。位置预测在日常生活中有广泛的应用，如旅游推荐、位置感知广告、潜在的公共紧急事件的早期预警等。位置预测相关的方法通常包括基于轨迹内容的方法、基于轨迹模式的方法以及考虑用户特征的方法等（Liu et al.，2016；Wu R et al.，2018）。值得指出的是，个体移动位置预测和人类移动性研究（见第3章）非常相近，都是针对个体粒度的移动轨迹开展研究，但是其关注点有所不同。前者侧重提高具体对象下一个位置的预测精度，可以采用黑箱方法，后者则研究一般性移动规律的发现和机理模型的构建，所得到模型通常是“白箱”的。但是两者之间依然存在较大的重叠，不论是进行预测，还是构建模型，都需要考虑地理环境、个体特征、社交关系等对移动轨迹有重要影响的因素。

轨迹内容一般指轨迹中包含的不同位置之间的转移过程。从概率模型角度，用户在位置之间转移的过程是用概率来描述的，即用户在位置之间的转移概率。因此假设所有下个位置都依赖当前位置，那么理论上根据用户在位置之间的转移概率即可得到用户最可能的下个位置。这其中，最常用的模型是马尔可夫模型（Markov model）。但实际的应用问题中，事物当前的状态不能被直接观察到，但能通过观测向量序列观察到。所以研究者提出了基于马尔可夫过程的隐马尔可夫模型，用于实际问题建模与预测。隐马尔可夫模型是关于时序的概率模型，由一个隐藏的马尔可夫链随机生成不可观测的状态随机序列，再由各个状态生成一个观测从而产生观测随机序列的过程。如 Cheng 等（2013）提出一种区域限制的个性化马尔可夫链，不仅可以挖掘用户在出行轨迹中的个性化马尔可夫出行链，而且考虑了用户在空间上的移动限制。

在轨迹模式挖掘方面，Giannotti 等（2007）尝试通过在大量时空轨迹数据集中挖掘人类移动行为中一般规律性知识，从而提出了轨迹模式（trajectory pattern，T-Pattern）的概念。一个轨迹模式可以表示为（S，A），其中 S 为区域的序列，其中每个序列可以基于轨迹点的聚类得到，A 为在两个区域之间转移对应的标注信息，最典型的标注是时间间隔（图 6-7）。T-Pattern 反映了研究区内频次较高的区域间移动，基于该模型，Monreale 等（2009）提出了 T-Pattern 树的预测方法。该方法对特定区域内的 T-Pattern 进行学习，将树模型中匹配到的最佳路径来预测新轨迹的下个位置。T-Pattern 树是由一组提取出的 T-Pattern 构建的模式树，它是一个由最长到访序列组成的前缀树。在这个过程中，一个 T-Pattern 被认为是另一个 T-Pattern 的前缀，当且仅当前者的规模等于或者小于后者且前者所有区域的序列是后者的子序列。该方法的优点有两点：一是它可以通过特定区域内任意用户的移动模式来预测当前用户下个位置，而非通过当前待预测用户的历史轨迹；二是该预测模型通过学习轨迹数据中出现的时空模式特征来严格限定匹配用户移动模式的条件，从而得到更加精确的匹配预测结果。

用户的相似性也是进行位置预测的重要因素，其基本假设是相似的用户在下个位置的选择也有较大的概率存在相似性。因此，可以基于用户的偏好对用户下个位置进行预测，目前有不少方法可以用于确定用户的偏好，其中应用最广泛的方法即是协同过滤（collaborative filtering，CF）。该类方法在推荐系统（recommendation system）中的研究较为成熟，在此不再赘述。除了用户的相似性外，也有部分研究利用社交关系来模拟用户的移动，从而推断给定用户未来的访问位置，并缓解位置预测中冷启动问题的影响，即对于给定用户，如果缺乏历史轨迹，可以利用其具有社交关系的用户轨迹，辅助预测下一个到访位置（Cho et al.，2011；Gao et al.，2012）。

近年来，深度学习方法被广泛应用于位置预测，其常见的神经网络模型包括循环神经网络（recurrent neural network，RNN）、长短期记忆（long short-term memory，LSTM）网络等，并且利用这些网络对于影响轨迹的因素如轨迹点的顺序、地理环境、时间影响、社会要素等进行处理，达到了较好的效果。Bao 等

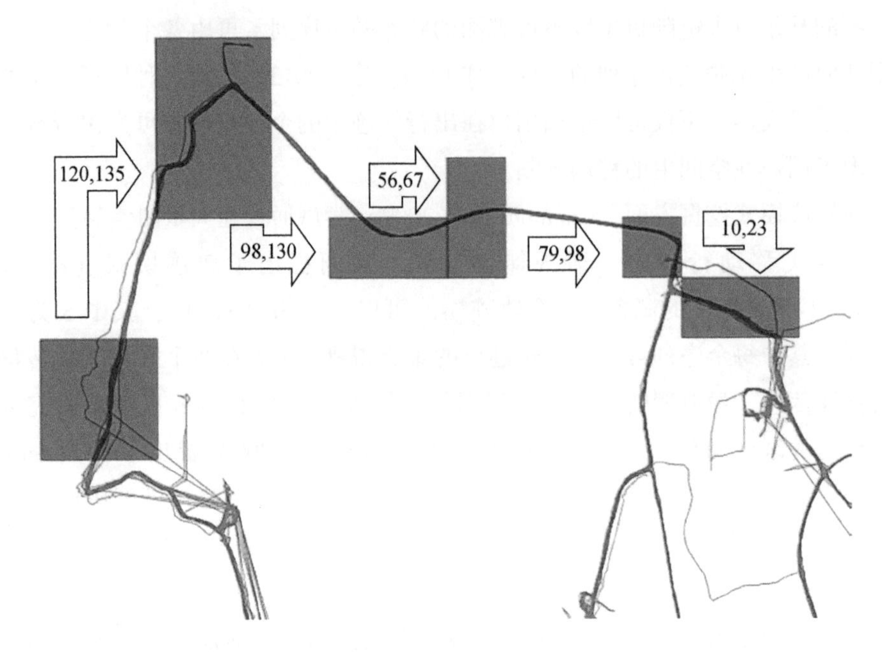

图6-7　一个轨迹模式的样例（Monreale et al.，2009）

（2021）构建的BiLSTM-CNN模型的聚类区域预测模型，主要包括三步操作：基于用户轨迹点进行聚类，得到一系列簇集区域（clustering area，CA），从而将位置预测转换为对到访簇集区域的预测；进而基于所有用户轨迹，计算簇集区域间的权重，从而构建出簇集区域作为节点的图网络，并采用图嵌入方法获得每个CA的低维向量表示；利用每个CA的特征向量，可根据用户的轨迹序列获取其特征矩阵，最后结合BiLSTM（双向LSTM）方法和卷积神经网络（convolutional neural network，CNN）方法，将用户的特征矩阵输入BiLSTM模型中，将得到的输出作为CNN的特征输入，并使用一维卷积和池化获取最终特征并用于分类预测。在武汉市基于社交媒体签到数据的位置预测实例验证中，BiLSTM-CNN优于LSTM等传统方法，表明该模型能够更好地捕获全局特征和局部特征。

6.2.2　汇总量时空预测

时间序列分析在许多领域（如金融、气象）有着重要的应用，它通过对按照时间顺序组织的一组数据进行分析，从而描述过去、分析当下规律并预测未来。当每个时间序列数据所描述的对象具有空间分布特性时，可以进行感兴趣量值的时空预测。典型的时空预测任务，包括根据历史观测数据，预测一个景区下一时段的客流量以及一个路段的车速或流量。由于不同位置之间存在空间关联，从而需要在构造预测模型时加以考虑。在一个实时系统中，预测结果可以支持管理者的科学决策，尤其是当真实值与预测值差别较大时，可以帮助识别异常事件。目前，采用数据驱动的机器学习方法，对短期（小时尺度）的预测研究较多，通常构建的模型为黑箱模型。而如果预测更长时间尺度的时间变化，通常需要专业的机理模型。

对个体粒度的社会感知数据进行汇总，可以得到不同地理单元的时序数据，如不同位置的活动量以及不同路段的交通流等，从而支持对未来演化的预测。下面以交通流预测为例介绍基于社会感知数据的时空预测方法。

交通流量预测基于动态获取的若干时间序列道路交通流状态数据，构建模型对历史数据进行拟合，以推测未来时段的交通流状态。对于一组长度为 L 的交通状态序列标量数据 $X=\{x_0, x_1, x_2, \cdots, x_t, \cdots\} \in R^{Lm}$，其中 $x_t \in R^m$ 是 t 时刻交通状态以及序列影响因素或特征（主要包括天气、路面等级、节假日因素等）的 m 维集合，$x_t=\{x_{t_0}, x_{t_1}, x_{t_2}, \cdots, x_{t_m}\}$。交通流量预测任务将使用过去 T 步的历史时刻数据 $X=\{x_{t-T+1}, \cdots, x_t\}$ 作为输入，建立一个模型 M，输出未来 τ 步的数据 $\hat{X}=\{\hat{x}_{t+1}, \cdots, \hat{x}_{t+\tau}\}$ 作为预测，即 $\{\hat{x}_{t+1}, \cdots, \hat{x}_{t+\tau}\}=M(X_t, X_{t-1}, \cdots, X_{t-T+1})$（图 6-8）。

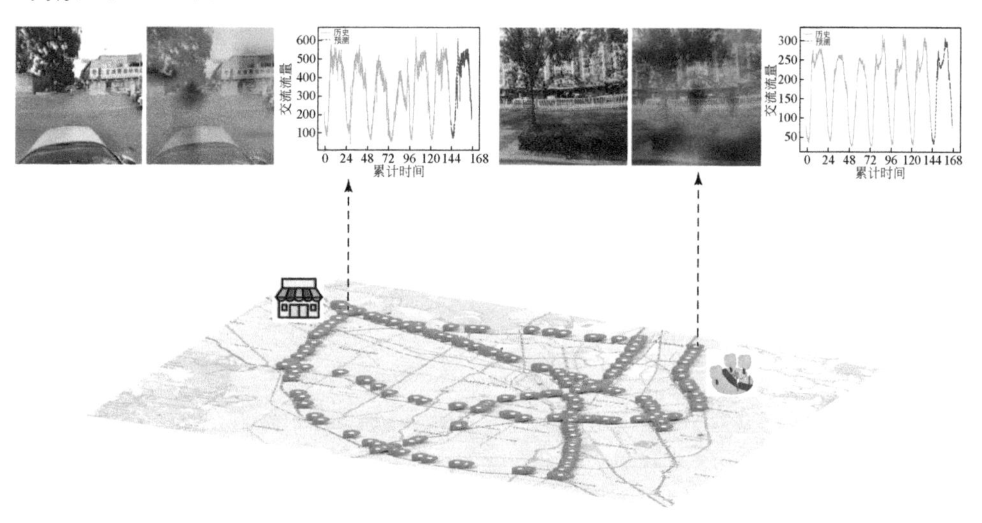

图 6-8　时空预测的概念图

数据驱动方法主要用数理统计的方法处理交通历史数据，对交通流、交通速度、旅行时间等进行预测。一般来说统计模型使用历史数据进行预测，它假设未来预测的数据与过去的数据有相同的特性。基于传统统计理论的预测方法主要有历史平均模型（history average，HA）、时间序列模型（time serial model），以及卡尔曼滤波模型（Kalman filtering，KF）等。

在数据驱动的交通流预测中，通常需要处理如下因素：①空间相关性。即交通流与道路网络的拓扑结构有密切关系，一条道路的交通状况将影响其相邻道路的交通流量及变化。这一方面符合地理学第一定律的表述，另一方面也和交通流的特性有关，即一条道路的车辆，大都会在下一个时刻流入相邻的道路。②时间相关性。交通状况随时间动态变化，时间相关性可以通过依赖性和周期性来反映。依赖性意味着最近时隙的交通状况比遥远时隙的交通状况更相关。周期性是指交通状况在一定时间间隔内（典型的就是以天为间隔）呈现周期性变化模式。③语义关联/语义相关性。由于一些潜在的语义关联和空间交互，距离较远的道路车流量之间也可能有一定的关联。值得指出的是，上述因素在交通流预测之外的时空预测模型构建中也同样适用。

近年来，通过考虑不同类型的驱动因子，基于深度学习方法的交通流量预测工作成为研究的热点（Ren et al.，2020；Zhang et al.，2020）。按照对空间的表示方法，主要有栅格结构和图结构两条途径。在栅格结构途径中，通过将研究区数据栅格化，并考虑上述三个方面的因素，进而利用 CNN 构造机器学习模型进行预测，这是一种简单的流预测方法。在图结构途径中，考虑到学习路网的空间拓扑特征和复杂的时间特征是实现准确交通预测的关键，因而采用图卷积网络（graph convolutional network，GCN）以同时表示路网的非结构化空间特征和时间特征，从而帮助更好地完成交通预测任务。表 6-1 列举了近年来提出的基于 CNN 以及 GCN 的主要交通流量预测模型。

表 6-1　基于深度学习的交通流量预测模型汇总

名称	模型主体类型		应用技术	空间表示
	时间组件	空间组件		
ST-ResNet（Zhang et al.，2017）	基于 CNN	基于 CNN	CNN、残差连接、时间周期性组件	栅格结构

续表

名称	模型主体类型		应用技术	空间表示
	时间组件	空间组件		
DCRNN (Li et al., 2018)	基于 CNN	基于 GCN	GRU、Seq2seq、DCNN	图结构
STGCN (Yu et al., 2018)	基于 CNN	基于 GCN	CNN、门控机制、ChebNet、残差连接	图结构
ST-3DNet (Guo et al., 2019b)	基于 CNN	基于 GCN	CNN、注意力机制、残差连接、时间周期性组件	栅格结构
ASTGCN (Guo et al., 2019a)	基于注意力机制	基于 GCN	GRU、ChebNet、注意力机制、残差连接、时间周期性组件	图结构
T-GCN (Zhao et al., 2020)	基于 CNN	基于 GCN	GRU、GCN	图结构
Graph WaveNet (Wu Z et al., 2019)	基于 CNN	基于 GCN	CNN、门控机制、空洞卷积、DCNN、残差连接、图结构生成	图结构
OGCRNN (Guo et al., 2020)	基于 CNN	基于 GCN	ChebNet、注意力机制、GRU	图结构
GMAN (Zheng et al., 2020)	基于注意力机制	基于注意力机制	Node2vec、注意力机制、时间周期性组件	图结构
AGCRN (Bai et al., 2020)	基于 CNN	基于 GCN	自适应 GRU、Seq2seq、自适应 GCN、图结构生成	图结构

*组件全称：CNN，卷积神经网络；GRU，门控循环神经网络；ChebNet，切比雪夫网络；GCN，图卷积网络；DCNN，扩散卷积网络；Seq2seq，序列到序列模型；Node2vec，节点嵌入向量。模型全称：ST-ResNet，deep spatio-temporal residual networks；DCRNN，diffusion convolutional recurrent neural network；STGCN，spatio-temporal graph convolutional networks；ST-3DNet，deep spatial-temporal 3D convolutional neural networks；ASTGCN，attention based spatial-temporal graph convolutional networks；T-GCN，temporal graph convolutional network；Graph Wave Net，Graph Wave Net；OGCRNN，optimized graph convolution recurrent neural network；GMAN，graph multi-attention network；AGCRN，adaptive graph convolutional recurrent network。

下面简单以 Zhao 等（2020）提出的时间图卷积网络（T-GCN）方法，介绍相关的技术实现。交通流的时空序列预测问题被转化为学习拓扑图 G 与特征矩阵 $\boldsymbol{X}$ 的映射函数 f，计算得到在下个 T 时刻的交通信息。其基本流程如图 6-9 所示，首先以长度为 n 的历史时间序列数据作为输入，使用 GCN 接收拓扑结构的空间信息，其次将接收到的空间、时间信息输入 GRU 当中，获取各个单元间的动态信息变化，以提取时间特征，最后通过一层全连接层，获得预测结果。

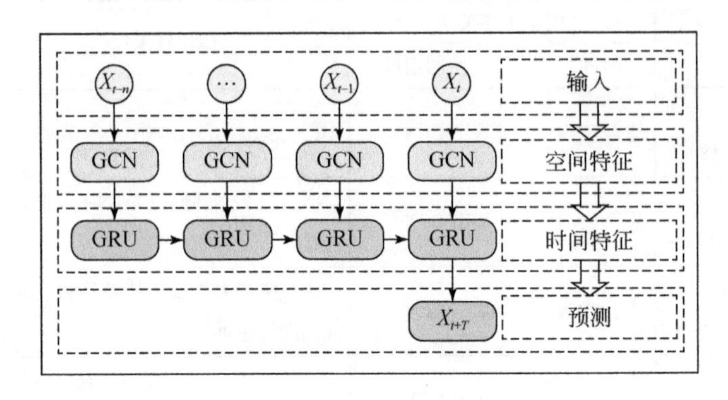

图 6-9　T-GCN 模型框架

对于给定的邻接矩阵 $\boldsymbol{A}$ 和特征矩阵 $\boldsymbol{X}$，GCN 模型在频率域中构造一个过滤器。该滤波器作用于图的节点上，通过它的一阶邻域捕获节点之间的空间特征，然后通过叠加多个卷积层来构建 GCN 模型。如图 6-10（a）所示，假设节点 1 为中心道路，GCN 模型可以获取中心道路与其周围道路之间的拓扑关系，对路网拓扑结构和道路属性进行编码，得到空间依赖关系。

广泛应用的循环神经网络因梯度爆炸的原因，不适用于长周期的预测；长短期记忆网络与 GRU 作为循环神经网络的变种，克服了上述问题。其共同原理都是利用门级机制储存尽可能长的周期信息，但由于 LSTM 结构复杂，训练时间较长，而 GRU 结构更加简单，计算时间更短，因此选择 GRU 模型从交通数据中获取时间相关性，结构如图 6-10（b）所示。T-GCN 时间图卷积结构如图 6-10（c）

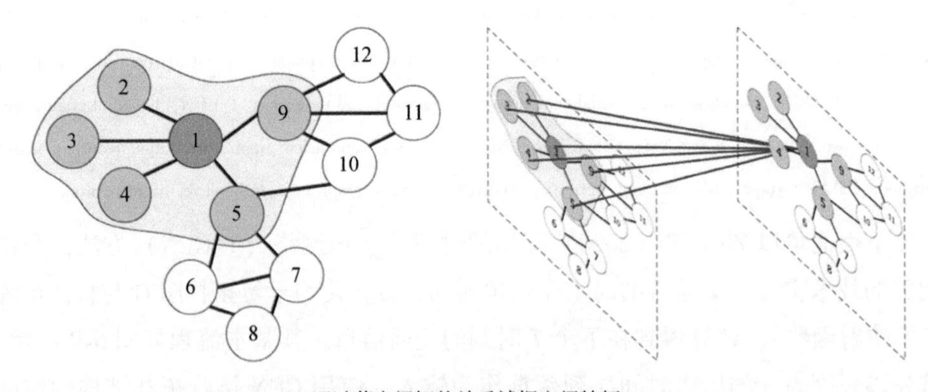

(a)通过节点间拓扑关系捕捉空间特征

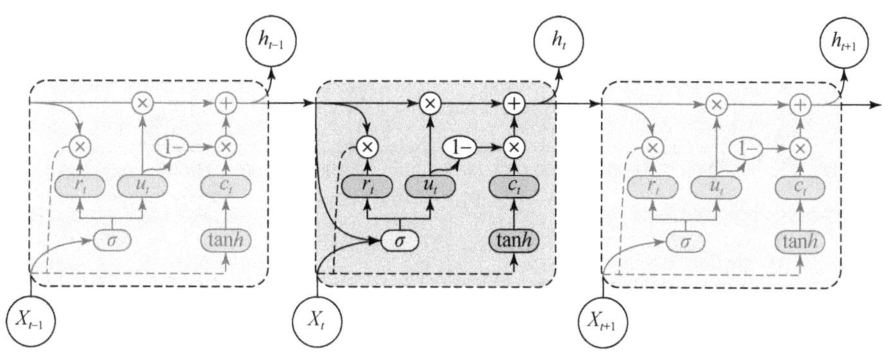

(b)基于GRU模型的时间依赖性学习方法

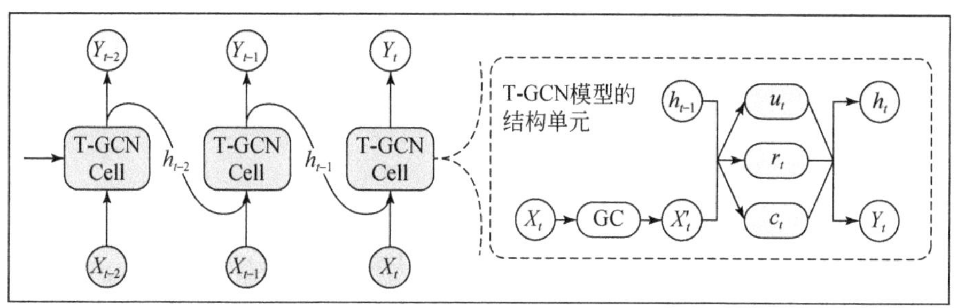

(c) T-GCN时间图卷积结构

X_t、Y_t、h_t分别为t时刻的交通流真实值、预测值和隐层状态

图 6-10　T-GCN 的网络结构（Zhao et al.，2020）

所示，右侧部分代表一个 T-GCN 单元的特殊结构，GC 代表图卷积过程，u_t、r_t 分别代表上传门和重置门在 t 时刻的输出。

图 6-11 展示了 T-GCN 对于交通速度的预测效果，可以看出，模型总体达到了较好效果，但对于峰谷值的预测效果不佳，原因在于 T-GCN 在频率域中定义了平滑过滤器，通过不断移动过滤器提取空间特征，造成了全局预测中的细微变化缺失，使得曲线中的峰变得平滑。值得指出的是，本方法不限于交通预测，也可以用于一般性时空序列预测任务。

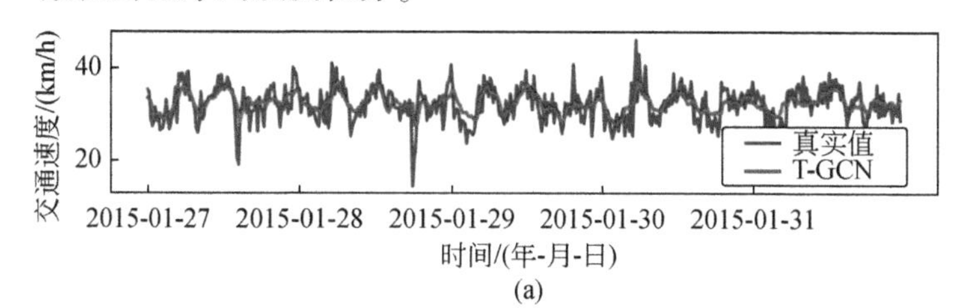

(a)

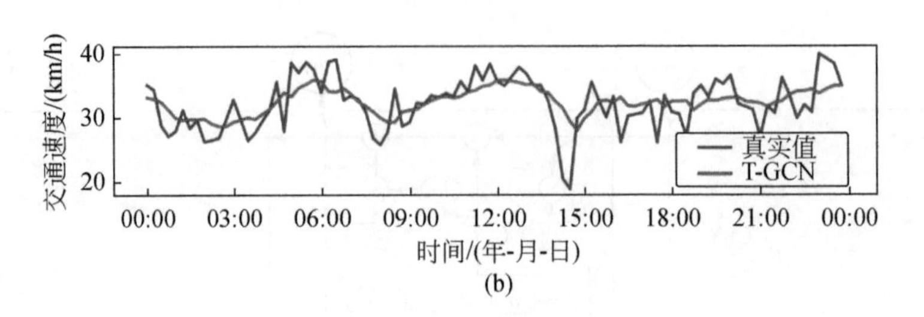

图 6-11　T-GCN 模型预测结果，验证数据为深圳市出租车轨迹提取的车速信息

6.3　空间结构演化

6.3.1　城市空间结构演化

大数据除了对高频城市过程的感知能力外，在数据足够长时（如多年），也可以有效量化城市的低频、慢变特征，如城市范围的扩展、城市内部用地功能的变化、新建设的交通设施（如地铁）对于城市居民出行行为的影响等。而对于城市居民而言，除了日常出行会呈现出的高频模式外，也会由于在城市内居住地、工作地的变化而呈现出相对低频的特征。在长时序社会感知数据支持下，研究城市空间结构演化（如组团结构的变化、新的城市中心的形成及部分区域的衰退）以及其与城市居民行为特征之间的关联关系，具有重要的意义。

Zhong 等（2014）使用 2010 ~ 2012 年新加坡自动智能卡票价收集系统的数据集，采用了网络科学中的社区探测方法，分析了日常交通在城市整体空间结构不断变化过程中的角色和影响。通过比较分析结果，发现即使基于三年的时间序列数据观察，新加坡正在向多中心的城市形态快速发展，新的副中心和社区在很大程度上符合城市的总体规划（图 6-12）。

在个体出行长时序规律的发现方面，一个有代表性的工作由 Huang 等（2018）完成。他们采用 2011 ~ 2017 年北京市地铁刷卡数据，构建了基于个人职住动态关系的通勤行为研究体系，发现交通出行行为与职住动态关系的一系列规律。其中，最主要的是通勤时间的 45min 阈值，即若地铁内通勤时间小于 45min，居民倾向于延长通勤时间进而获取更好的就业机会或者居住环境；若

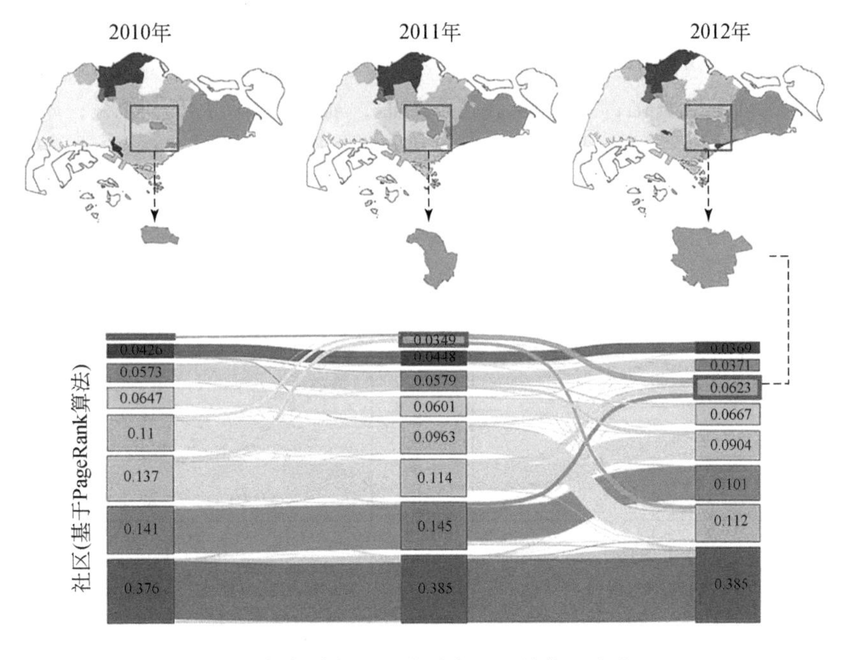

图 6-12 基于新加坡刷卡数据感知三年内城市空间结构的变化（Zhong et al.，2014）

不同颜色区分不同社区，数字为每个社区的面积占比

通勤时间大于45min，即超过了可忍受通勤的阈值，居民搬迁职住地时会以缩短通勤时间为目标之一。45min阈值的形成，应与人对于枯燥、乏味情境的耐受程度有关。Wu等（2021）将研究拓展到全球16个国家、117个城市，基于多源大数据从精细尺度、多种交通方式揭示了城市人口规模与就业可达性的关联法则，从而证明了该结论的普适性。而Wu H等（2019）在美国48个大都市区的实证研究发现，45min通勤时间对公交出行比例的影响最显著，进一步验证45min阈值的价值。

除了45min通勤时间阈值外，Huang等（2018）还对城市居民的搬迁行为进行了研究，发现城市居民职住搬迁概率在短期内会逐渐降低；长期观测则出现周期性波动，对于地铁通勤者的波动周期为四年，而居住地搬迁和工作地变化的相互影响作用只集中在一年内，即换工作后一般会在一年内搬家。进而，根据职住地变化动态特征，发现了四类人群：安居乐业者（stayer）、迁居者（home mover）、跳槽者（job hopper）和升职定居者（switcher）。这四类人群通勤时间与住房成本的均衡博弈过程存在差异，可以构建线性单中心城市模型，刻画人群的社会经济概况：安居乐业者属于有固定居住地和稳定工作的中高收入人群；迁居者拥有稳定的工作，从内城租户转变为城区内买房者；升职定居者的职住格局逐步演化，与安居乐业者类似，属于城市的上升阶层；跳槽者忍受日常长时间通勤，聚集在近郊住房成本低廉的区域，工作不稳定，属于中低收入人群（图 6-13）。

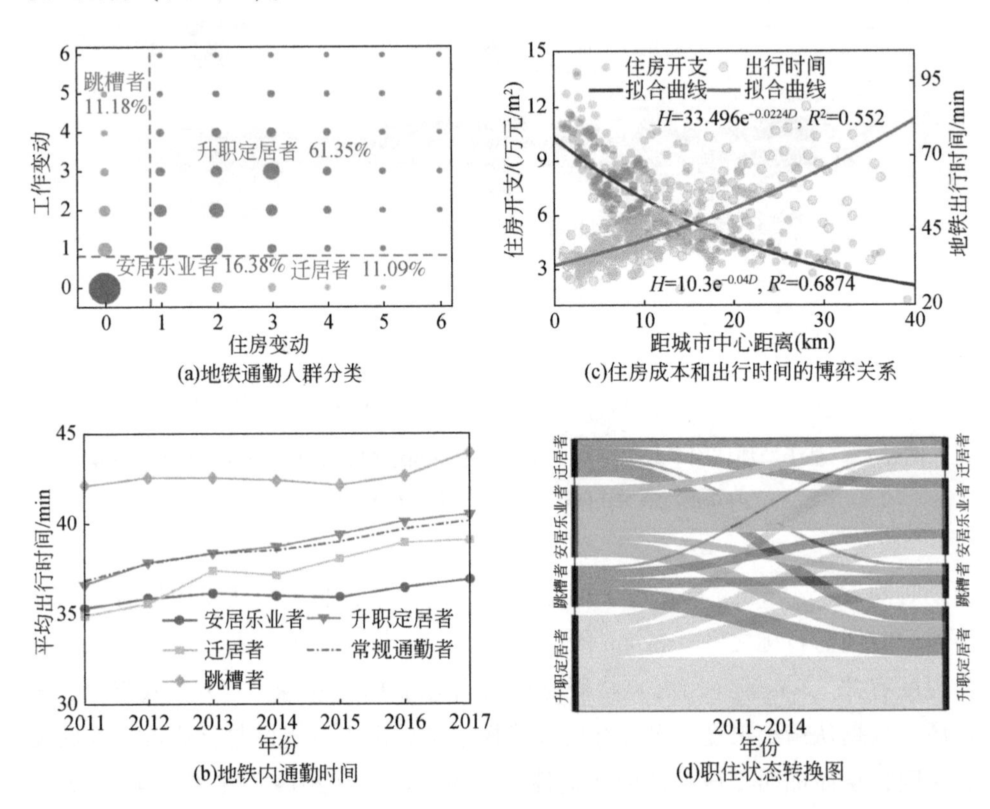

图 6-13 基于北京地铁刷卡数据识别的四类人群特征（Huang et al.，2018）

6.3.2 国家及区域尺度的空间结构演化

改革开放以来，中国经历了快速的经济发展和城市化进程，与此同时，区域间城市发展不平衡的问题也逐渐凸显。随着互联网的发展，网络搜索数据在各类城市研究中被广泛应用。城市间相互的搜索量反映了一个城市的用户出于商业、就业、旅游目的或单纯的好奇心而搜索另一个城市的频次，可以作为两个城市之间交互强度的代理量。百度搜索指数统计了某一地区的百度用户每天搜索某一关键词的次数，从 2011 年开始每天更新。通过设置关键词和用户区域，可以获得从一个城市对另一个城市的搜索指数。例如北京对上海的搜索指数代表了在北京的用户包含“上海”这一关键词的搜索次数，因此称北京为搜索的来源城市，上海为目标城市。百度搜索指数在分析城市吸引力上有着时间跨度长（10 年）、时空分辨率高（时间分辨率为日、空间分辨率为地级行政单元）的优势，可以基于该数据分析城市的兴衰，帮助洞察未来的发展趋势。

Guo 等（2022）研究收集了 2011 ~ 2019 年中国各城市间的搜索指数数据，数据覆盖除港澳台之外的 333 个地级行政区、4 个直辖市和 20 个省直辖县级行政区。进而，使用百度搜索指数作为估算城市吸引力的数据源，构建了有向重力模型，并通过粒子群优化算法进行反向拟合，得到了 2011 ~ 2019 年中国 300 余个地级城市的吸引力，其变化展示了中国城市格局的变迁。图 6-14 表示了中国地级市从 2011 ~ 2019 的吸引力变化情况。可以看出，胡焕庸线和秦岭淮河线将中国城市划分为了具有不同变化模式的三个区域，即西部、北部和南部。西部城市吸引力涨跌不一，总体保持平稳。秦岭淮河以北的北方城市，特别是东北三省，由于资源枯竭、重工业衰落等原因，整体呈现明显的下降趋势。与北方城市相反，秦淮线以南的城市借助于轻工业和高科技产业的快速发展，其吸引力整体呈上升趋势，并进一步拉大了与北方城市的差距。值得一提的是在南部城市中，位于长江经济带的城市（武汉、重庆等）吸引力增长明显，有望成为中国新的增长中心。

每个中心城市都有受其影响的腹地，全国型城市影响力辐射全国，而区域型城市则会在近邻地区占据主导地位。根据一个城市被其他城市搜索次数的排序位置，可以确定该城市的影响范围。假定对于中心城市 A，在另外一个一般性城市 Z 的搜索列表中排名第 7，则可以根据一个给定阈值，确定城市 A 的影响范围。例如，当阈值为 10 时，则 Z 在 A 的影响范围内，而当阈值为 5 时，则 Z 就不在 A 的影响范围内。基于该方法，可以提取中国城市的影响范围。图 6-15（a）展示了哈尔滨和西安在 2019 年的影响范围，两者分别作为区域型城市和全国型城市的代表，在城市影响范围上显示出显著差异。哈尔滨在整个东北地区都有着极强的影响力，但是其影响力进入华北平原后则迅速衰减。反观西安，虽然其强影响力区域还是集中于陕西及其周边省份，但是在全国范围内都有着不弱的影响力。

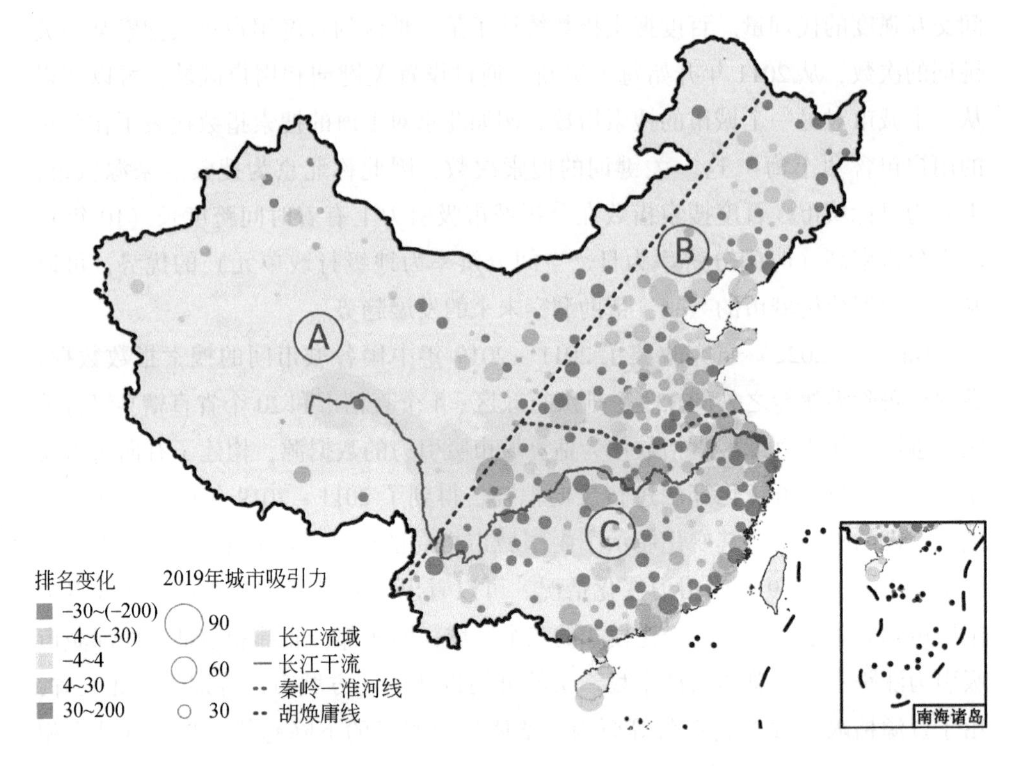

图 6-14 基于搜索指数的 2011 ~ 2019 年中国城市吸引力估计（Guo et al., 2022）

设定一个省份受一个中心城市 A 影响的标准是省内 60% 以上的城市在该城市 A 阈值为 25 的影响范围内；一个城市影响全国 80% 的省份则将该城市划为全国型城市。根据这一标准，我们筛选出 11 个全国型城市：上海、北京、南京、张家界、成都、杭州、武汉、深圳、苏州、西安、重庆。此外，城市影响范围随时间的变化也反映了城市的兴衰。我们选取北京和武汉两个具有相反发展趋势的典型城市进行呈现［图 6-15（b）］。武汉在 2011 年为典型的区域型城市，主要影响范围集中在湖北省；而到 2019 年，武汉的辐射范围已经逐步扩展到全国，强影响力区域也向江西省蔓延。而北京虽然十年间都是毋庸置疑的全国性城市，但是其拥有强影响力的区域在逐步收缩。

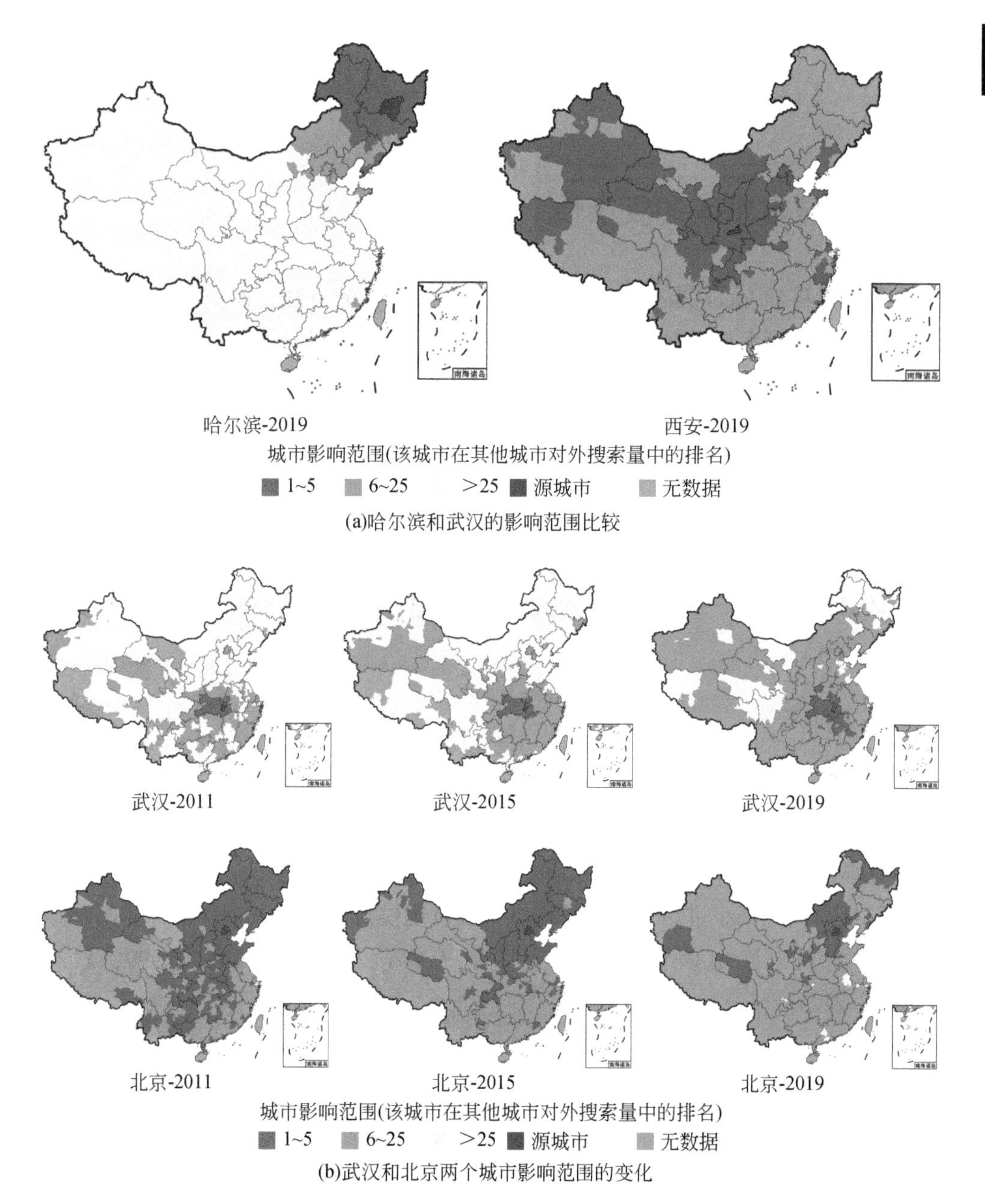

图 6-15　利用百度搜索指数刻画城市的影响范围（Guo et al., 2022）

6.4 复杂过程模拟

6.4.1 城市系统的复杂性

复杂性科学（complexity science）是运用跨学科的方法，研究不同的复杂系统之中存在的涌现行为和统一性规律的一个学科。城市被认为是自下而上、远离非平衡状态、不断演化和发展的开放性复杂组织（Batty，2013）。城市系统结构和特征是大量微观个体交互涌现的产物，其具有系统性、开放性、自组织性、自相似性、临界性等特征（Batty and Xie，1999；Batty 2008）。具体而言，城市体系的 Zipf 定律，城市形态的多中心、分形等特征，以及城市不同统计量之间的标度律等议题，在复杂性科学和城市科学的交叉研究中得到了广泛重视。在社会感知大数据支持下，许多学者对不同城市的规律进行了实证研究和模型构建（龚健雅等，2021）。

1. Zipf 定律

城市由于历史原因、自然条件、经济发展水平等因素的影响，会形成不同的城市人口规模，城市规模分布是刻画城市系统结构的重要特征。Zipf 定律最早用来量化城市系统中城市人口规模分布规律，它可表述为：将一个国家所有城市按照人口规模从大到小进行排序，那么城市人口规模与该城市人口规模位序的乘积是一个定值，该定值恒等于最大城市人口规模数（Gabaix，1999；Zipf，1949）。即

$$P_i = P_1 / R_i$$

其中，P_i 是第 i 位城市人口规模；R_i 是第 i 位城市位序；P_1 为最大城市人口规模数。Zipf 定律反映了城市系统自组织、自相似的复杂性特征（Newman，2005）。自提出以来，Zipf 定律在不同时期、不同国家，采用不同的城市区域定义，都得到了广泛的验证（Oliveira et al.，2018；Soo，2005；Wu W et al.，2018；董磊等，2017）。研究者也提出了许多城市模型来对 Zipf 定律进行解释，主要包括 Yule-Simon 模型（Simon，1955）、Gabaix 模型（Gabaix，1999）、中心地模型（Hsu，2012）等。最近研究发现，Zipf 定律不仅适用于城市规模分布，城市内部活动中

心的大小同样满足 Zipf 定律（Piovani et al., 2017；Dong et al., 2020；Schläpfer et al., 2021）。Zipf 定律反映了城市地理空间中的偏好依附特性（Barabási et al., 1999）和马太效应（Adamic, 2011）。

2. 城市多中心结构

城市的空间结构是城市地理学的重要议题，较早的工作是 Thunen（1966）从成本最小化的假设出发，推导的土地利用的同心圆结构。之后，出现了多中心城市经济理论，Henderson（1996）指出在厂商集聚经济、就业与居住中心集聚不经济、居住–交通成本约束的驱动下，城市空间结构将会趋向多中心。Fujita 和 Ogawa（1982）通过对传统经济学中的单中心城市模型的改进，建立了一个“内生式中心”的城市土地利用模型，当集聚成本（如由于通勤导致的直接或间接成本）超出集聚收益的阈值时，单中心将被多中心的空间格局替代。Krugman（1996）基于规模报酬递增和循环积累因果机制，综合考虑就业收入、区位价值、演化规律和选择过程等与空间结构的关系后，建立起了多中心城市自下而上的自组织非线性演化模型，并最终形成宏观上有序的多中心城市空间结构，而生成副中心城市或卫星城市。

社会感知数据为定量刻画城市的多中心结构提供了支持，具体而言，有两种途径以识别城市的中心以及其层次性：第一种是直接基于手机、社交媒体等数据，生成精细分辨率的城市人口分布密度图，并基于此识别不同等级的中心，这些中心通常具有较高的活动量（Louail et al., 2014；Cai et al., 2017）。第二种则是基于社会感知提取的二阶空间交互信息，分析城市特定地点的对外联系特征，从而刻画多中心结构，典型的如 Roth 等（2011）采用地铁刷卡数据对伦敦地铁站的中心性进行了刻画。采用网络科学的社区分割方法，对手机、出租车数据构造的空间交互网络进行社区识别，也可以用于识别城市多中心结构。如 Zhong 等（2014）采用手机数据分析了新加坡多中心结构在三年内的演化，而 Liu 等（2015）则利用上海市出租车数据揭示了类似中心地理论模型所刻画的空间结构。

3. 城市分形

分形原本是指具有自相似结构的形状。城市分形则指的是城市边界、空间层级结构、规模分布等方面具有结构的自相似性，即在不同空间尺度上具有相同的结构（Mandelbrot, 1977；Batty, 1985）。分形体现了城市复杂系统的无标度性和自相似性。城市边界的分形是指在不同的空间尺度下观测，不同尺度下城市边界具有相似的空间结构，Batty（1985）在英国 Cardiff 市验证了城市边界的分形结构。空间层级结构的分形则是指不同层级系统具有相似的空间结构，以城市道路网络为例，城市道路网络由主干道组成，主干道上则有低等级的道路分支出去，而这些低等级的道路又会有更低等级的道路分支出去，并且随着比例尺的缩放，尽管观察区域更加局部，但这些分支道路呈现与主干道相似的空间结构，城市中土地利用也呈现出这种分形结构的特点（Batty and Longley，1994）。Molinero 和 Thurner（2021）提出了针对城市道路、建筑、人口分布的分形框架，并且给出了其维数的定义，即道路网络的分形维数介于 1～2 之间，而建筑物的分形维数则小于 3，进而他们基于此导出了城市的标度律，并用欧洲 4750 个城市的数据表明该框架的有效性。

4. 城市标度律

城市标度律描述的是城市宏观指标与城市人口规模之间满足具有不同幂指数幂律关系。对于城市，异速增长和标度律可表示为

$$Y \sim P^{\beta}$$

其中，Y 表示城市的一种宏观指标（例如建成区面积、GDP、污染量等）。P 为城市人口规模。幂指数 β 则反映了城市宏观指标随人口规模不同的增长关系：$\beta<1$ 代表亚线性关系，即该指标的人均值随人口规模变大而减小；$\beta\approx1$ 代表线性关系，即该指标的人均值随人口规模变大保持不变；$\beta>1$ 代表超线性关系，即该指标的人均值随人口规模变大而变大。

城市地理学者很早就发现城市面积与城市人口之间具有异速增长关系，城市面积随人口亚线性增长（Nordbeck，1971）。Bettencourt 等（2007）则系统分析了城市许多宏观指标与城市人口的标度关系。城市以 GDP、专利数量（代表创造力）、工资、犯罪等社会经济属性相关的指标随着人口规模增长超线性增长，体现了城市中的集聚效应，即产业随着集聚规模增加，收益递增的现象（Krugman，1991），这主要源于个体之间交互总量随着人口规模超线性增长的事实；以用电量、用水量、住房等个体需求相关的指标随人口规模增长线性增长；以道路长度、医院数量等基础设施相关的指标随人口规模增长亚线性增长，这种亚线性关系主要由于基础设施的可共享性带来（Um et al.，2009），例如，假定一辆汽车需要一个停车位，但是由于可以共享的原因，以及部分车辆在路面行驶的事实，

100 辆车就不需要 100 个停车位。上述超线性以及亚线性的规律，揭示了人类社会城市形成以及城市化率上升的内在动因。

如表 6-2 所示（Bettencourt et al.，2007），标度律反映了城市系统的自相似和交互涌现特性，并在不同国家、不同时期城市数据集上得到了验证（Bettencourt et al.，2015；Schläpfer et al.，2014；Bettencourt，2013）。概括而言，对于基础设施相关指标，β 位于 0.6 ~ 0.85 之间；对于个体需求相关指标，β 接近于 1；而对于社会经济相关指标，β 位于 1.1 ~ 1.3 之间。然而需要注意的是，研究者们也发现对于一些城市指标，标度律指数取决于城市区域的界定。城市范围不同，得到的结论可能不同。例如在美国，当分别采用人口普查所定义的城市区域和大都市统计区时，探究污染量随人口规模的增长关系会产生完全不一样的结论（Fragkias et al.，2013；Oliveira et al.，2014）。

表 6-2　基于不同地区不同指标城市数据揭示的标度律

Y		β	95%置信区间	校正决定系数	观测量	国家或地区	年份
社会经济指标	新专利	1.27	[1.25，1.29]	0.72	331	美国	2001
	发明	1.25	[1.22，1.27]	0.76	331	美国	2001
	私营研发人员	1.34	[1.29，1.39]	0.92	266	美国	2002
	创新人员	1.15	[1.11，1.18]	0.89	287	美国	2003
	研发机构	1.19	[1.11，1.18]	0.89	287	美国	1997
	研发人员	1.26	[1.18，1.43]	0.93	295	中国	2002
	总工资	1.12	[1.09，1.13]	0.96	361	美国	2002
	银行存款总额	1.08	[1.03，1.11]	0.91	267	美国	1996
	GDP	1.15	[1.06，1.23]	0.96	295	中国	2002
	GDP	1.26	[1.09，1.46]	0.64	196	欧盟	1999，2003
	GDP	1.13	[1.03，1.23]	0.94	37	德国	2003
	总用电量	1.07	[1.03，1.11]	0.88	392	德国	2002
	新发艾滋病病例	1.23	[1.18，1.29]	0.76	93	美国	2002，2003
	严重犯罪数	1.16	[1.11，1.18]	0.89	287	美国	2003

续表

Y		β	95%置信区间	校正决定系数	观测量	国家或地区	年份
个体需求指标	住房总量	1.00	[0.99, 1.01]	0.99	316	美国	1990
	就业总量	1.01	[0.99, 1.02]	0.98	331	美国	2001
	家庭用电量	1.00	[0.94, 1.06]	0.88	377	德国	2002
	家庭用电量	1.05	[0.89, 1.22]	0.91	295	中国	2002
	家庭用水量	1.01	[0.89, 1.11]	0.96	295	中国	2002
基础设施指标	加油站数	0.77	[0.74, 0.81]	0.93	318	美国	2001
	汽油销售量	0.79	[0.73, 0.80]	0.94	318	美国	2001
	电缆长度	0.87	[0.82, 0.92]	0.75	380	德国	2002
	道路面积	0.83	[0.74, 0.92]	0.87	29	德国	2002

6.4.2 基于地理大数据的城市复杂过程模拟

针对宏观城市形态的一些规律性，许多学者采用复杂性科学思路，构造机理模型，通过在微观层面一些简单规则的定量刻画，模拟并解析城市及城市系统的宏观规律。这些规则通常包括个体在空间的位置选择及移动、个体之间的交互、城市空间（以建筑物、道路作为代表）在水平以及垂直方向的扩展等。无疑，社会感知大数据为率定模型的参数，并对模型验证提供了支持。下面以三个模型为例，介绍这个方向的研究。

Li 等（2017）提出了一个基于空间吸引以及匹配增长的模型，该模型只有四条微观尺度的简单假设：①城市中地点的吸引力正比于其自然禀赋（以 C 来表示，这也是模型唯一的参数）与社会吸引（在模型中用当地的活跃人口密度来表示）之和；②如果新加入系统的节点离现有城市过远那么它就无法存活［图 6-16（a）］，其中节点是抽象层面的城市单元，由于节点的空间分布正相关于人口分布密度，也可以简单理解为一个城市居民个体；③道路网络依最简单的泰森多边形划分进行构建；④假设城市中某区域的社会经济活动正比于当地的活跃人口密度乘以道路密度［图 6-16（b）］。该模型在大伦敦地区得到了较好的验证，并且解释了城市人口密度分布从中心到外围的衰减。

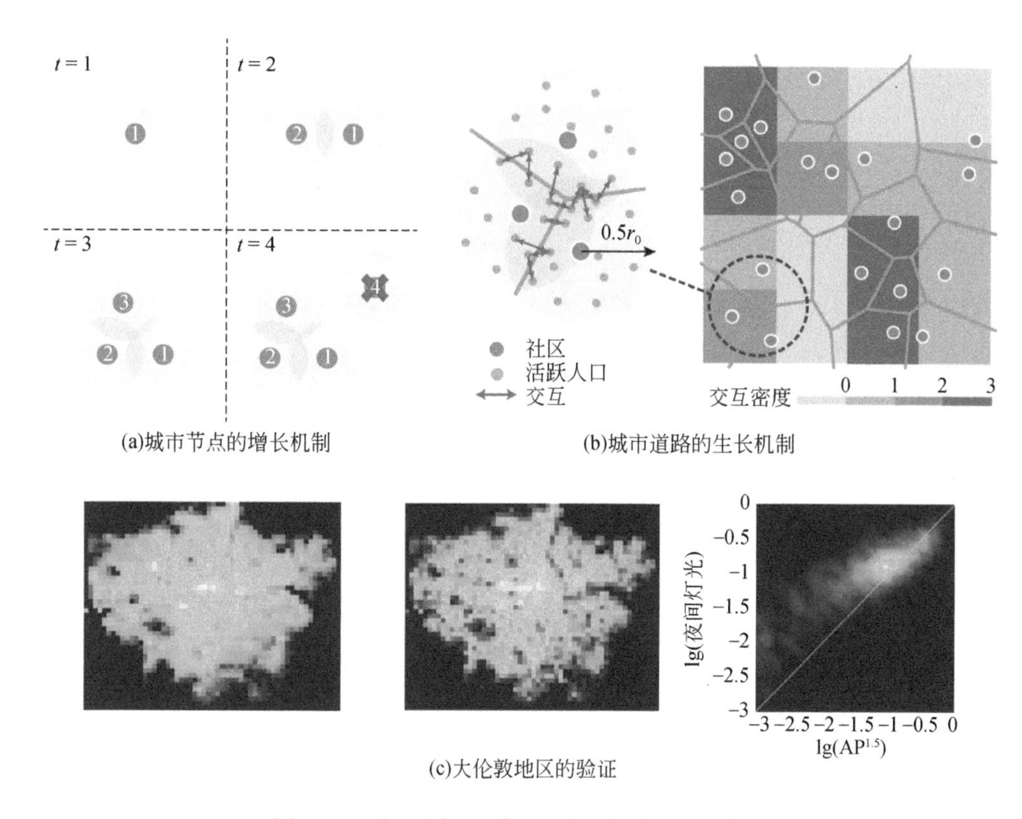

(a)城市节点的增长机制

(b)城市道路的生长机制

(c)大伦敦地区的验证

图 6-16 基于空间吸引匹配增长的城市增长模型

t 为时间步长；r_0 为给定的距离阈值；AP 为模型得到的活跃人口数

Louf 和 Barthelemy（2013）则在 Fujita 和 Ogawa（1982）模型的基础上进行完善，构造了一个考虑城市吸引力、通勤距离等因素的物理模型，用来模拟并解析多中心城市的形成。在 Fujita-Ogawa 模型中，一个在 i 地点居住、j 地点工作的个体，其收益是在 j 地的薪资水平减去 i 地的居住租金水平，再减去两地之间的通勤成本。基于此假设，通过最大化每个个体的收益可以构建多中心城市结构。在 Louf 和 Barthelemy 的工作中，将就业中心的薪资水平定义为城市最高薪水乘以一个 0 ~ 1 的随机数，而通勤成本则一方面与距离有关，另一方面也与两点之间的流量有关，即流量越大，由于带来交通拥堵，会进一步提高成本。采用该模型，他们模拟了城市多中心的形成（图 6-17）。随着城市增长，目的地收益和通勤成本都在以不同的速度增长，当收益远大于通勤成本时，人们都倾向于去中心（中心具有集聚效应）工作，那么城市会形成单中心结构；当通勤成本远大于收益时，人口都倾向于就近工作，从而没有中心（处处是中心）。在这两者之间城市会形成多中心结构，并且这种多中心结构具有层次性，能较好地符合 Zipf 定律。

图 6-17　城市多中心结构的生成模型（Louf and Barthelemy，2013）

自上而下分别是单中心结构、基于距离的多中心结构和基于吸引力的多中心结构

Xu 等（2021）从人类移动性出发，试图解释城市在空间的蔓延。他们认为人的移动性模型通常考虑两个方面的因素，即个体有关属性以及地理环境的影响，前者可以通过历史轨迹体现，典型的如探索与偏好返回（exploration and preferential return，EPR），后者则可以采用地点的吸引力建模，如重力模型和辐射模型（参见本书第 3 章）。基于此，他们构建集体移动模型（collective mobility model，CMM），旨在整合记忆效用和动态互动两个微观机制，用以预测城市的空间演变。该模型关键是认为个体移动在空间上的探索，从微观上解释了城市的扩张。该模型也采用伦敦地区的数据进行了实证分析，发现可以较好地重现城市的密度衰减、多中心、分形等形态特征（图6-18）。

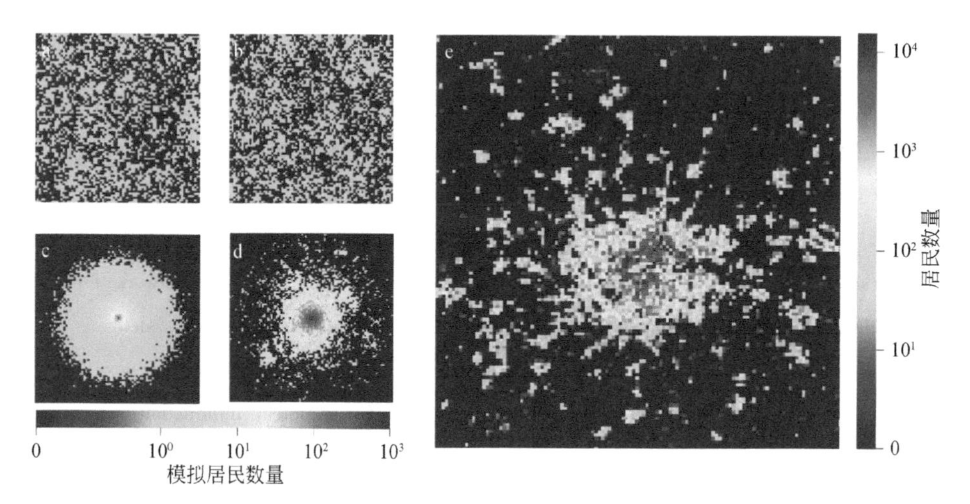

图6-18　采用CMM模型对伦敦市空间形态的复现

6.5 小　　结

地理大数据所具有的时态信息，使得我们可以精细观察地理过程中人的行为模式变化和地理空间演化。这种变化可以分为高频变化和低频变化，前者如日常的出行行为以及由此导致的城市不同单元活动量的周期性变化，这可以用于刻画城市用地功能和活力；后者则包括长时间周期的居民行为（如在城市内或城市间的迁居）以及与此有关的城市及区域结构变化。除去城市用地方面（见第4章）的研究外，本章主要介绍高频应用中的地理事件识别和时空预测，这两类应用在实时系统中往往更能发挥价值。其中，异常事件发现和时空预测可以结合起来，即通过预测感兴趣空间变量，如交通流量，并与实时观测结果进行比对，即可识别异常事件。如果拥有长时间序列的地理大数据，可以定量描述低频的城市或区域演化。大数据所拥有的细粒度观察机制，有助于联系微观行为和宏观空间模式，即通过构建微观层面简单的规则，复现城市或区域的宏观规律，如Zipf定律以及多中心层级结构等。

参考文献

董磊，王浩，赵红蕊．2017. 城市范围界定与标度律．地理学报，72（2）：213-223.

杜云艳，易嘉伟，薛存金，等．2021. 多源地理大数据支撑下的地理事件建模与分析．地理学报，76（11）：2853-2866.

龚健雅，许刚，焦利民，等．2021. 城市标度律及应用．地理学报，76（2）：251-260.

易嘉伟，王楠，千家乐，等．2020. 基于大数据的极端暴雨事件下城市道路交通及人群活动时空响应．地理学报，75（3）：497-508.

Adamic L. 2011. Unzipping Zipf's law. Nature，474（7350）：164-165.

Bai L，Yao L，Li C，et al. 2020. Adaptive graph convolutional recurrent network for traffic forecasting. Vancouver，Canada：The Advances in neural information processing systems.

Bao Y，Huang Z，Li L，et al. 2021. A BiLSTM-CNN model for predicting users' next locations based on geotagged social media. International Journal of Geographical Information Science，35（4）：639-660.

Barabási A L，Albert R. 1999. Emergence of scaling in random networks. Science，286（5439）：509-512.

Batty M. 1985. Fractals-geometry between dimensions. New Scientist，106：31-35.

Batty M. 2008. The size，scale，and shape of cities. Science，319（5864）：769-771.

Batty M. 2013. The New Science of Cities. Cambridge，MA：MIT Press.

Batty M，Longley P. 1994. Fractal Cities：A Geometry of Form and Function. London：Academic Press.

Batty M，Xie Y. 1999. Self-organized criticality and urban development. Discrete Dynamics in Nature and Society，3（2）：109-124.

Bettencourt L M A. 2013. The origins of scaling in cities. Science，340（6139）：1438-1441.

Bettencourt L M A，Lobo J，Helbing D，et al. 2007. Growth，innovation，scaling，and the pace of life in cities. Proceedings of the National Academy of Sciences of the United States of America，104（17）：7301-7306.

Bettencourt L M A，Samaniego H，Youn H. 2015. Professional diversity and the productivity of cities. Scientific Reports，4（1）：5393.

Cai J，Huang B，Song Y. 2017. Using multi-source geospatial big data to identify the structure of polycentric cities. Remote Sensing of Environment，202：210-221.

Cheng C，Yang H，Lyu M R，et al. 2013. Where you like to go next：Successive point-of-interest recommendation. Beijing, China: IJCAI International Joint Conference on Artificial Intelligence.

Cheng T, Wicks T. 2014. Event detection using twitter: A spatio-temporal approach. PLoS ONE, 9 (6): e97807.

Cheng X, Wang Z, Yang X, et al. 2021. Multi-scale detection and interpretation of spatio-temporal anomalies of human activities represented by time-series. Computers, Environment and Urban Systems, 88: 101627.

Cho E, Myers S A, Leskovec J. 2011. Friendship and mobility: User movement in location-based social networks. San Diego, USA: The 17th ACM International Conference on Knowledge Discovery and Data Mining (KDD).

Crooks A, Croitoru A, Stefanidis A, et al. 2013. Earthquake: Twitter as a Distributed Sensor System. Transactions in GIS, 17 (1): 124-147.

De Albuquerque J P, Herfort B, Brenning A, et al. 2015. A geographic approach for combining social media and authoritative data towards identifying useful information for disaster management. International Journal of Geographical Information Science, 29 (4): 667-689.

Dong L, Huang Z, Zhang J, et al. 2020. Understanding the mesoscopic scaling patterns within cities. Scientific Reports, 10 (1): 21201.

Fragkias M, Lobo J, Strumsky D, et al. 2013. Does size matter? Scaling of CO_2 emissions and U. S. urban areas. PLoS ONE, 8 (6): e64727.

Fujita M, Ogawa H. 1982. Multiple equilibria and structural transition of non-monocentric urban configurations. Regional Science and Urban Economics, 12 (2), 161-196.

Gabaix X. 1999. Zipf's law for cities: An explanation. The Quarterly Journal of Economics, 114 (3): 739-767.

Gao H, Tang J, Liu H. 2012. gSCorr: modeling geo-social correlations for new check-ins on location-based social networks. Maui, USA: The 21st ACM International Conference on Information and Knowledge Management (CIKM).

Giannotti F, Nanni M, Pinelli F, et al. 2007. Trajectory pattern mining. San Jose, USA: The 13th ACM International Conference on Knowledge Discovery and Data Mining (KDD).

Goodchild M F, Glennon J A. 2010. Crowdsourcing geographic information for disaster response: A research frontier. International Journal of Digital Earth, 3 (3): 231-241.

Guo H, Zhang W, Du H, et al. 2022. Understanding China's urban system evolution from web search index data. EPJ Data Science, 11 (1): 20.

Guo K, Hu Y, Qian Z, et al. 2020. Optimized graph convolution recurrent neural network for traffic prediction. IEEE Transactions on Intelligent Transportation Systems, 22: 1138-1149.

Guo S, Lin Y, Feng N, et al. 2019a. Attention based spatial-temporal graph convolutional networks for traffic flow forecasting. Proceedings of The AAAI Conference on Artificial Intelligence, 33 (1): 922-929.

Guo S, Lin Y, Li S, et al. 2019b. Deep spatial-temporal 3D convolutional neural networks for traffic data forecasting. IEEE Transactions on Intelligent Transportation Systems, 20: 3913-3926.

Henderson V, Mitra A. 1996. The new urban landscape: Developers and edge cities. Regional Science and Urban Economics, 26 (6): 613-643.

Hsu W T. 2012. Central place theory and city size distribution. The Economic Journal, 122 (563): 903-932.

Huang J, Levinson D, Wang J, et al. 2018. Tracking job and housing dynamics with smartcard data. Proceedings of the National Academy of Sciences of the United States of America, 115 (50): 12710-12715.

Krugman P. 1991. Increasing returns and economic geography. Journal of Political Economy, 99 (3): 483-499.

Krugman P. 1996. The Self-organizing Economy. Cambridge, MA: Blackwell Publishers Ltd.

Li J, He Z, Plaza J, et al. 2017. Social media: New perspectives to improve remote sensing for emergency response. Proceedings of the IEEE, 105 (10): 1900-1912.

Li R, Dong L, Zhang J, et al. 2017. Simple spatial scaling rules behind complex cities. Nature Communications, 8 (1): 1841.

Li Y, Yu R, Shahabi C, et al. 2018. Diffusion Convolutional Recurrent Neural Network: Data-Driven Traffic Forecasting. Vancouver, Canada: The International Conference on Learning Representations.

Liu Q, Wu S, Wang L, et al. 2016. Predicting the next location: A recurrent model with spatial and temporal contexts. Phoenix, USA: The 30th AAAI Conference on Artificial Intelligence (AAAI).

Liu X, Gong L, Gong Y, et al. 2015. Revealing travel patterns and city structure with taxi trip data. Journal of Transport Geography, 43: 78-90.

Louail T, Lenormand M, Cantu Ros O G, et al. 2014. From mobile phone data to the spatial structure of cities. Scientific Reports, 4: 5276.

Louf R, Barthelemy M. 2013. Modeling the polycentric transition of cities. Physical Review Letters, 111 (19): 198702.

Mandelbrot B B. 1977. The Fractal Geometry of Nature. New York: Freeman.

Molinero C, Thurner S. 2021. How the geometry of cities determines urban scaling laws. Journal of the Royal Society Interface, 18: 200705.

Monreale A, Pinelli F, Trasarti R, et al. 2009. WhereNext: A location predictor on trajectory pattern mining. Paris, France: The 15th ACM International Conference on Knowledge Discovery and

Data Mining (KDD).

Newman M E J. 2005. Power laws, Pareto distributions and Zipf's law. Contemporary Physics, 46 (5): 323-351.

Nordbeck S. 1971. Urban allometric growth. Geografiska Annaler: Series B, Human Geography, 53 (1): 54-67.

Oliveira E A, Andrade Jr. J S, Makse H A. 2014. Large cities are less green. Scientific Reports, 4: 4235.

Oliveira E A, Furtado V, Andrade J S, et al. 2018. A worldwide model for boundaries of urban settlements. Royal Society Open Science, 5 (5): 180468.

Piovani D, Molinero C, Wilson A. 2017. Urban retail location: Insights from percolation theory and spatial interaction modeling. PLoS ONE, 12 (10): e0185787.

Ren Y, Chen H, Han Y, et al. 2020. A hybrid integrated deep learning model for the prediction of citywide spatio-temporal flow volumes. International Journal of Geographical Information Science, 34 (4): 802-823.

Roth C, Kang S M, Batty M, et al. 2011. Structure of urban movements: Polycentric activity and entangled hierarchical flows. PLoS ONE, 6 (1): e15923.

Sakaki T, Okazaki M, Matsuo Y. 2010. Earthquake Shakes Twitter Users: Real-time Event Detection by Social Sensors. New York: The 19th International Conference on World Wide Web.

Schläpfer M, Bettencourt L M A, Grauwin S, et al. 2014. The scaling of human interactions with city size. Journal of The Royal Society Interface, 11 (98): 20130789.

Schläpfer M, Dong L, O'Keeffe K, et al. 2021. The universal visitation law of human mobility. Nature, 593 (7860): 522-527.

Simon H A. 1955. On a class of skew distribution functions. Biometrika, 42: 425-440.

Soo K T. 2005. Zipf's Law for cities: A cross-country investigation. Regional Science and Urban Economics, 35 (3): 239-263.

Thunen V. 1966. Isolated State. Oxford: Pergamum Press.

Um J, Son S-W, Lee S-I, et al. 2009. Scaling laws between population and facility densities. Proceedings of the National Academy of Sciences of the United States of America, 106 (34): 14236-14240.

Wu H, Levinson D, Sarkar S. 2019. How transit scaling shapes cities. Nature Sustainability, 2 (12): 1142-1148.

Wu H, Avner P, Boisjoly G, et al. 2021. Urban access across the globe: an international comparison of different transport modes. npj Urban Sustainability, 1: 16.

Wu R, Luo G, Shao J, et al. 2018. Location prediction on trajectory data: A review. Big Data

Mining and Analytics, 1 (2): 108-127.

Wu W, Zhao H, Jiang S. 2018. A Zipf's law-based method for mapping urban areas using NPP-VIIRS nighttime light data. Remote Sensing, 10 (1): 130.

Wu Z, Pan S, Long G, et al. 2019. Graph wavenet for deep spatial-temporal graph modeling. In: Proceedings of the 28th International Joint Conference on Artificial Intelligence, 1907-1913.

Xiao Y, Huang Q, Wu K. 2015. Understanding social media data for disaster management. Natural Hazards, 79 (3): 1663-1667.

Xu F, Li Y, Jin D, et al. 2021. Emergence of urban growth patterns from human mobility behavior. Nature Computational Science, 1 (12): 791-800.

Yu B, Yin H, Zhu Z. 2018. Spatio-temporal graph convolutional networks: a deep learning framework for traffic forecasting. Stockholm, Sweden: The 27th International Joint Conference on Artificial Intelligence.

Zhang J, Zheng Y, Qi D. 2017. Deep spatio-temporal residual networks for citywide crowd flows prediction. In: Proceedings of the AAAI Conference on Artificial Intelligence, 31 (1): 1655-1661.

Zhang Y, Cheng T, Ren Y, et al. 2020. A novel residual graph convolution deep learning model for short-term network-based traffic forecasting. International Journal of Geographical Information Science, 34 (5): 969-995.

Zhao L, Song Y, Zhang C, et al. 2020. T-GCN: A temporal graph convolutional network for traffic prediction. IEEE Transactions on Intelligent Transportation Systems, 21: 3848-3858.

Zhong C, Arisona S M, Huang X, et al. 2014. Detecting the dynamics of urban structure through spatial network analysis. International Journal of Geographical Information Science, 28 (11): 2178-2199.

Zheng C, Fan X, Wang C, et al. 2020. GMAN: A graph multi-attention network for traffic prediction. New York, USA: The AAAI conference on artificial intelligence.

第 7 章　集成遥感和社会感知

遥感数据被长期用于提取与人类活动息息相关的地表物理信息，而对人类活动本身的信息捕获能力有限。例如，城市中不同的功能单元，如商业公司办公地和娱乐休闲区域可能都具有相似的亮度、形状、面积等夜间灯光特征，但是这种问题在现有的利用夜光遥感识别城市功能区的工作中很少被充分考虑；类似地，目前对贫困度和城市经济指标的估计大多单纯依赖于夜间灯光影像，这不足以能够在精细空间粒度上精准区分工业或商业组分；即使是同一物理对象，如城市绿地，也可能由于所在场所不同而具有不同功能角色，例如主题公园、道路绿带缓冲区、住宅绿化区等；从地表能量角度，相同的物理环境可能对应不同的地表温度，因为地表局部热环境不仅与地物材料、排布、反射特性等属性有关，还会受到人类活动的影响。因此，遥感能捕捉的地表人类活动物理痕迹对社会经济环境的估计和解释能力是有局限性的。社会感知数据则会直接获取到人类活动类型和地点功能标签，相对于遥感有以下几大优点：①提供了关于人类活动、出行轨迹，甚至人类情感等方面的丰富的信息；②捕捉的人类行为数据是高频的，且时空粒度精细；③可以从主观视角挖掘人们利用城市空间环境的偏好。因此，集成社会感知数据，可以一定程度上弥补刻画社会经济特征的目标要素和体现物理环境形态的遥感观测之间的语义差异，从而更加全面地刻画地理空间。夜光遥感数据能够较好地反映社会经济活动强度，而高空间分辨率影像以及近年来得到广泛研究的街景影像反映了细节的物质环境的信息，并且与个体对于物质空间的观察尺度基本一致，其区别在于前者是“俯视”视角，后者则是“平视”视角，但存在共通的处理技术，如基于对象的图像分割等。因此，在遥感与社会感知数据的集成方法和应用研究中，主要以夜光遥感、高空间分辨率影像和街景影像数据为主。

7.1 夜光遥感

夜光遥感就是利用遥感技术从太空观测夜间地球的光芒，相比于大多数白天成像的可见光卫星和雷达卫星，夜光遥感卫星通过获取地表发射的可见光-近红外电磁波信息，反映地表人类活动状况，最主要的是人类夜间灯光照明，同时也包括石油天然气燃烧、海上渔船灯光、森林火灾以及火山爆发等来源（图 7-1）。

世界上第一颗夜光卫星 DMSP（Defense Meteorological Satellite Program）由美国国防部主导发射，其搭载的线性扫描业务系统（operational linescan system，OLS）提供了迄今最长时间序列（1992～2013 年）的年度夜光遥感数据（DMSP-OLS），空间分辨率为 30 角秒，约为 1km。2011 年，美国发射了新一代对地观测卫星 Suomi NPP，该卫星搭载的可见光/红外辐射成像仪（Visible Infrared Imaging Radiometer Suit，VIIRS）能够获取新的夜光遥感影像（Day/Night Band，DNB 波段），空间分辨率也提高到 750m。DMSP-OLS 和 NPP-DNB 数据均由美国国家海洋与大气管理局（National Oceanic and Atmospheric Administration，NOAA）处理分发并可以免费获取。近年来我国也突破了夜光遥感数据源依赖国外的局面，其中 2018 年 6 月发射成功的“珞珈一号”是我国首颗专业夜光遥感卫星，分辨率

图 7-1　国际空间站获取的上海地区夜光影像

达130m，幅宽250km×250km，理想条件下可在15天内获取全球夜光影像。

相比于普通的遥感卫星影像，夜光遥感能够提供独特视角，观测人类活动强度，从而揭示地表人类活动的潜在规律。目前夜光遥感数据在社会经济参数估算、城市化监测、重大事件影响评估等方面取得了广泛的应用（李德仁和李熙，2015）。在社会经济参数估算方面，主要的应用包括国内生产总值（GDP）估算、人口估算等。在GDP与夜光数据的相关分析方面，Elvidge等（1997）利用DMSP-OLS夜光影像对美洲21个国家的夜间发光面积和GDP进行回归分析，发现回归的决定系数达到0.97。此后，类似研究在欧盟（Doll et al.，2006）、中国（Li et al.，2013）、美国（Henderson et al.，2012）等地分别展开，发现夜光总量与GDP/GRP的回归决定系数在这些区域达到0.8～0.9之间。在人口估算方面，研究发现美国陆地的夜光亮度和人口密度分布图具有较好的相关性，线性回归的决定系数达到0.63，这为利用夜光影像研究人口密度提供了经验基础（Sutton，1997）。Lo（2001）利用中国1997年的DMSP-OLS夜光影像的点亮面积、夜光总量、平均发光强度、夜光比例等多个指标与人口、非农业人口在县级和城市单元上进行回归分析，发现夜光数据能够较好地在县级尺度上模拟非农业人口。上述研究有助于生产人口空间化产品，目前，全球尺度的高分辨率人口空间分布数据，如WorldPop(https://www.worldpop.org/)、LandScan（https://www.satpalda.com/）等在生产过程中均采用了夜光遥感数据。

常用的夜间灯光数据存在辐射分辨率较粗糙、缺乏机载校准、光晕效应以及过亮区域的饱和效应等问题（Levin et al.，2020）。先前的研究已经证明仅使用夜间光数据会造成人口估计的偏差（Yu et al.，2019）。社会感知数据可通过聚合体现细粒度社会环境性质（图7-2），弥补精细尺度上夜间灯光的不足（Zhao et al.，2018）。现有研究已经证实，将代表功能指标的兴趣点数据、描绘人类运动的出租车轨迹数据，以及可聚合为人口密度的带有地理标记的社交媒体数据、建筑物三维形态等加入单一的夜间灯光数据中，可以缓解饱和效应和光晕现象带来的偏差，提高城市建成区提取（He et al.，2020）、GDP估计（Chen Q et al.，2021）、人口估计（Yu et al.，2019；Chen H et al.，2021）、个人收入和电力消耗估计（Zhao et al.，2018，2019）等任务的准确性。

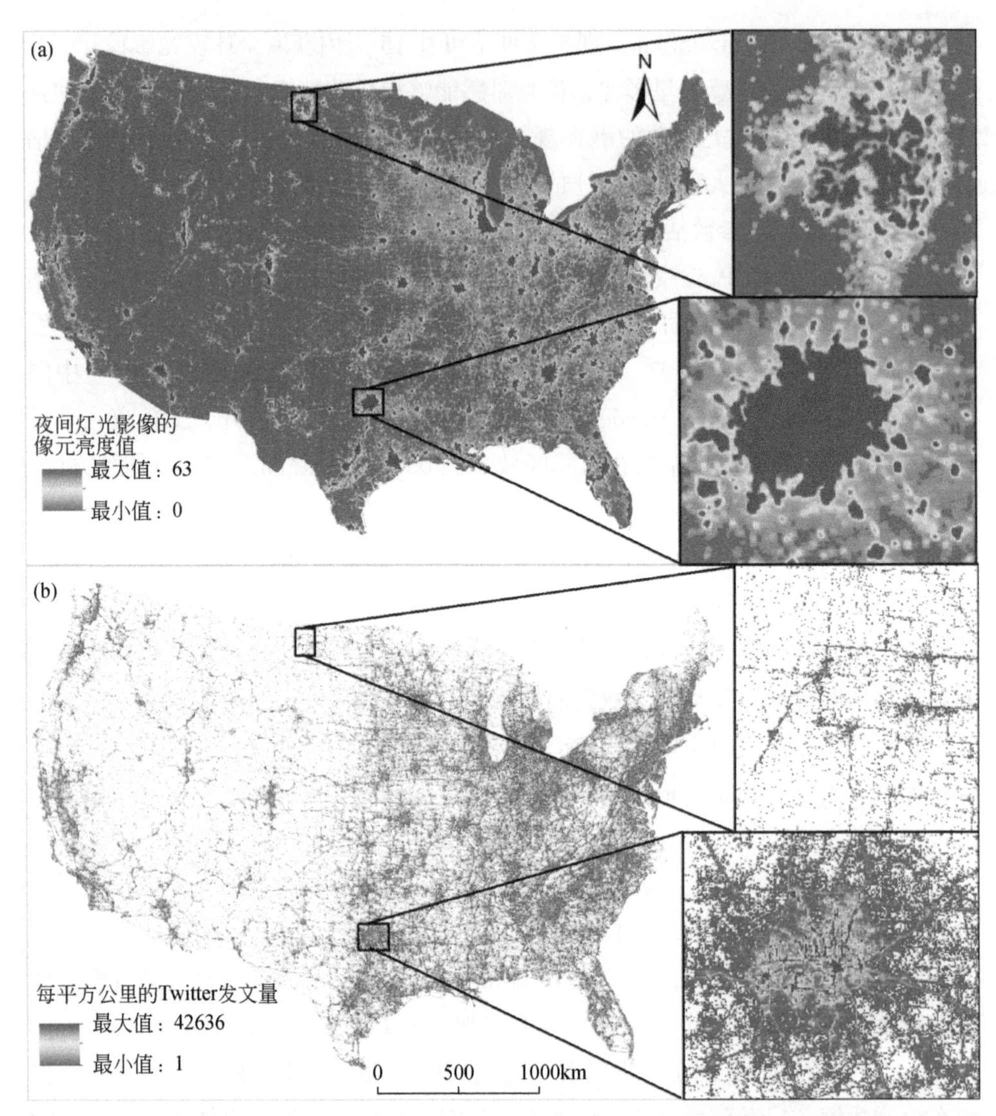

图 7-2 2013 年美国夜间灯光影像产品（a）和 Twitter 发文量空间分布（b）
（Zhao et al.，2018）

基于以上思路，集成夜光遥感和社会感知数据的应用方向主要有三个：首先是社会经济指标估计，如城市活力、三次产业经济产出、个人收入、耗电量等。社会感知数据提取的活动量（如手机通话量、社交媒体数量等）空间分布特征可以与夜间灯光像元亮度（digital number，DN）值和空间纹理特征等相结合，构建回归模型，得到综合夜间灯光和人类活动特征的多维自变量和传统社会经济统计指标（如GDP等）之间的定量关系，并得到相较于单一数据源估计更准确的空间化栅格产品。其次是人口估计。在较大的国家或区域范围内，基于夜间灯光遥感和社会感知数据，再辅以建筑物、路网等数据可以将普查常住人口降尺度生成高分辨率（如100m）的栅格产品（Stevens et al.，2015；Patel et al.，2017），或动态追踪短期的人口变化现象（Ma，2019）。众源的人类活动和社交媒体数据可作为校正数据，优化或校准基于夜间灯光数据的居住人口估计精度（Yu et al.，2019）。最后，还可提取具有特定自然和人文特征的地理单元，如城市中心区（图7-3）、城乡过渡带、城中村等。进而，通过阈值选取并结合数学形态学方法，提取特定区域，分析城市空间格局（Cai et al.，2017；Cao et al.，2020）。

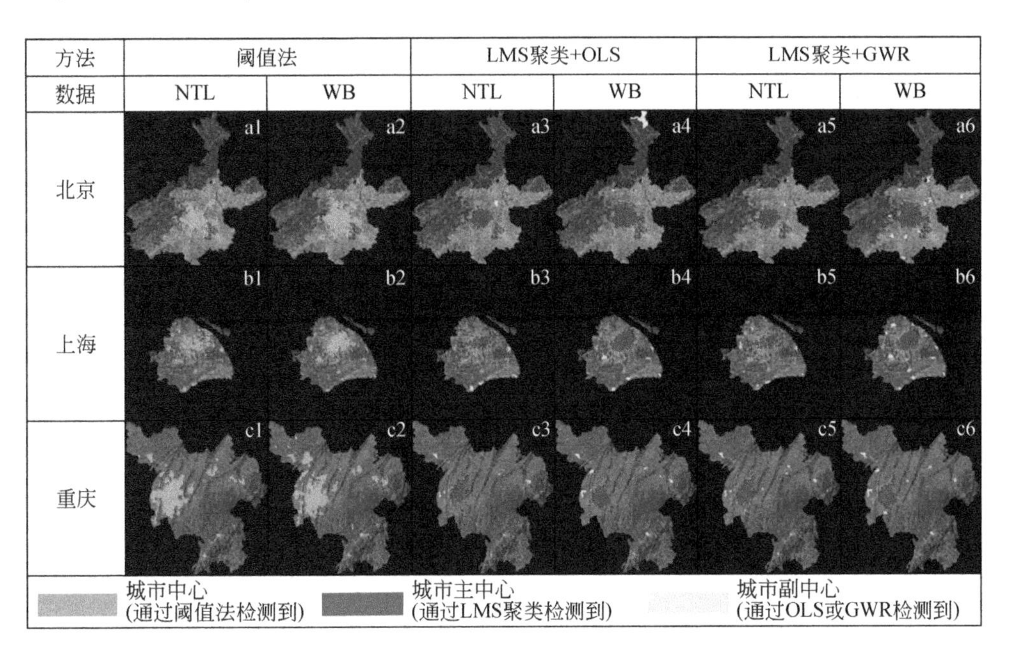

图7-3　基于夜间灯光数据和微博签到数据检测到的城市中心和副中心（Cai et al.，2017）

NTL为夜间灯光数据；WB为微博签到数据

7.2　高空间分辨率遥感

高分辨率遥感影像①具有空间分辨率高、地物几何结构明显、纹理信息清

① 本节指高空间分辨率遥感影像。

晰、数据量大等特征。高分辨率影像地物形态信息丰富，可识别较小空间尺度的目标。目前已经商业化运行的光学遥感卫星的空间分辨率已经达到亚米级，如2016年发射的美国WorldView-4卫星能够提供0.3m分辨率的高清晰地面图像。近年来，随着我国空间技术的快速发展，特别是高分辨率对地观测系统重大专项的实施，我国的卫星遥感技术也迈入了亚米级时代，高分2号卫星（GF-2）全色谱段星下点空间分辨率达到0.8m。

高分辨率遥感影像细节信息丰富，对于人类来说，因为和认识世界的尺度基本一致，非常容易识别提取其中的地理要素，如建筑物、树木、车辆等。但是对于计算机而言，准确识别却相对困难。早期的高分辨率影像信息提取的主流方法是基于对象的分析（object-based image analysis），近年来卷积神经网络等深度学习方法的快速发展，使得图像内容智能识别成为可能，这些方法在高分辨率遥感影像处理中同样适用。

在城市研究中，结合高分辨率影像数据和社会感知数据，可以从地理环境的精细刻画以及人的行为特征两个维度，实现城市用地分类、城市自然及人文要素提取、社会经济指标估计和动态监测等，从而帮助理解城市空间结构以及人和地之间的耦合关系。例如，Cao等（2020）提出了一种端到端的基于深度学习的多模型数据融合方法，进行城市用地分类［图7-4（a）］。该模型主要由三部分组成，包括：作为图像编码器的修改过的ResNet网络，从而提取高分辨率影像的

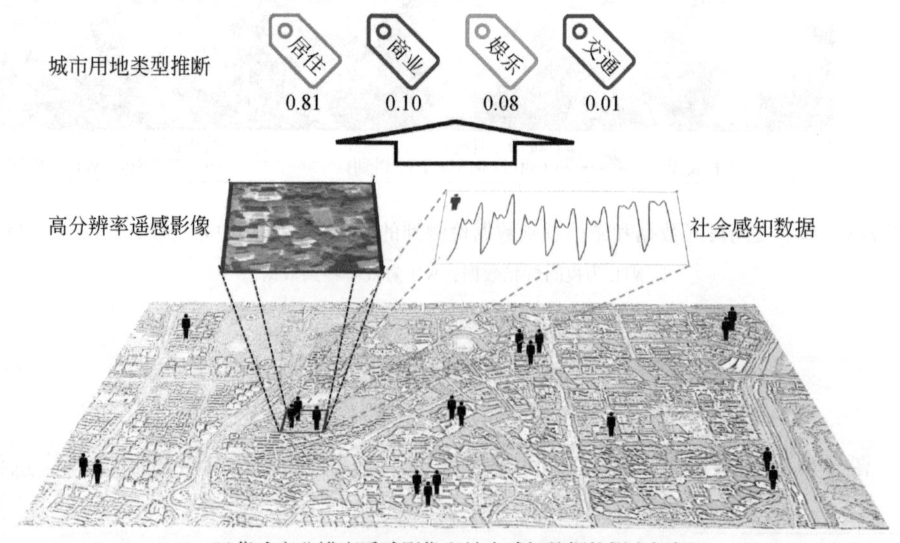

(a)集成高分辨率遥感影像和社会感知数据的概念框架

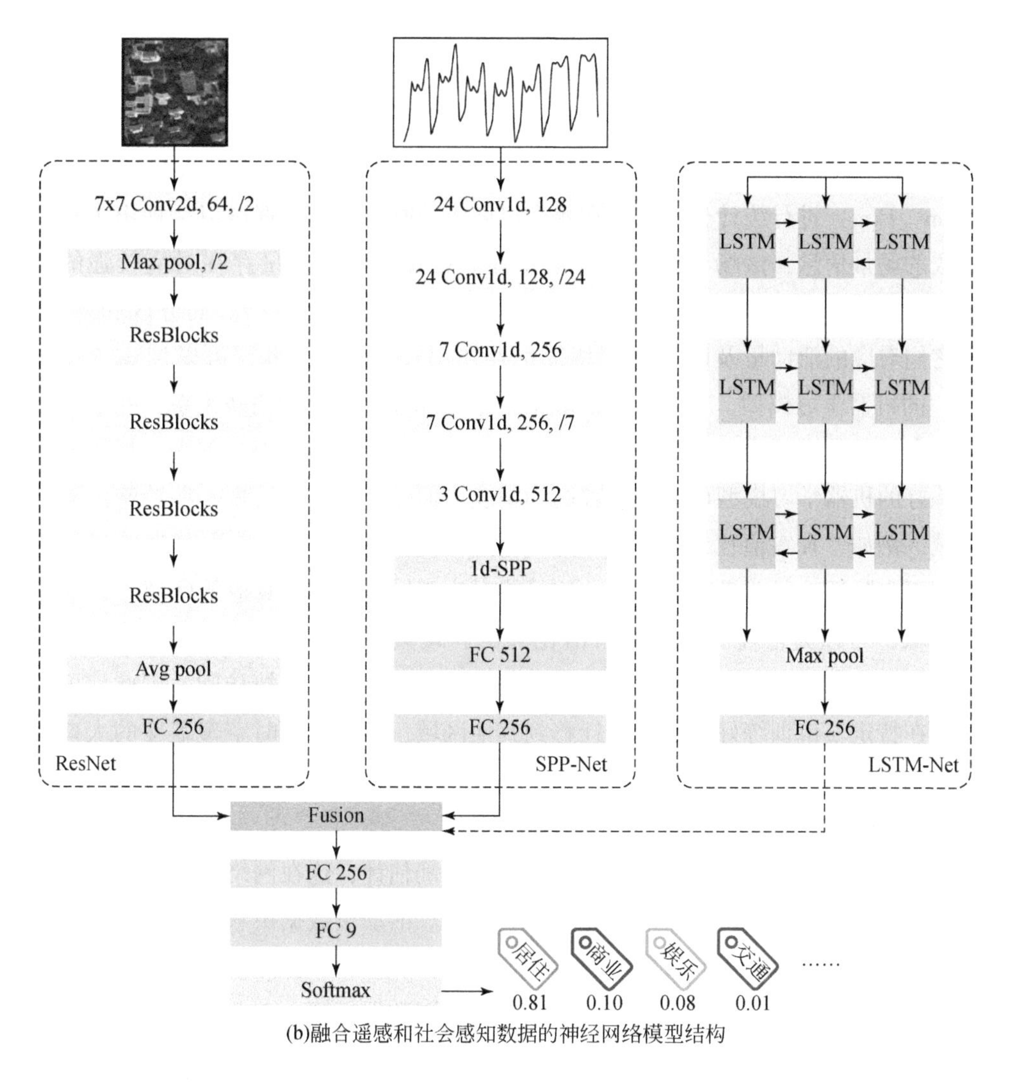

(b)融合遥感和社会感知数据的神经网络模型结构

图 7-4 融合社会感知和遥感数据（Cao et al.，2020）

细节信息；作为时域特征编码器的一维 SPP（spatial pyramid pooling）-Net 和 LSTM 网络，以处理社会感知数据提取的活动量随时间变化的特征；以及数据融合模块。实证研究表明，融合两种数据能够有效提高用地类型分类精度［图 7-4（b）］。除了常见的用地类型外，城市中的特定区域，如城中村，在高分辨率遥感影像上呈现出特殊的纹理特征，并且该区域的居民行为模式也不同于普通城市区域，因此，结合高分影像和社会感知数据，可以有效提取这些区域（Chen et al.，2022）。

基于社会感知数据，可以统计空间单元的活动量，并且作为刻画城市活力、经济发展水准的代理变量（proxy variable）。通常，进行空间聚合操作时，为了避免个体粒度的活动量过少而使得模式不清楚，通常选择一个较大的单元（如500m、1km）进行统计分析。而在这个尺度上，高分辨率数据可以呈现出丰富而细致的场景信息，该场景信息与社会感知数据提取的活动量存在对应较强的关系。例如，从高分辨率遥感影像上，可以很容易区分城市的中心商务区和郊区，而它们对应的活动量及时间变化特征也存在很大差异。因此，可以训练“端到端”的机器学习模型，在城市景观和活动量之间建立定量的关联关系，并基于高分辨率场景数据预测对应区域的活动量。其意义包括两个方面：首先，尽管通常训练好的机器学习模型可以达到较高的精度，但是依然可以发现一些特殊的异常区域。例如，真实值比预测值低，意味着从物质场景上看，应为较为繁华的区域，而实际活动量并没有那么高，这可能对应于城市中正在衰退的区域。识别这些区域，可以为管理者制定城市活化和更新政策提供依据。其次，由于隐私和数据共享问题，大范围的移动定位类数据在多数城市无法便捷访问。因此，可以基于在特定城市训练好的模型，迁移到其他区域，建立更大时空覆盖度的人口活动数据集。

Xing 等（2020）构建了一个端到端的深度学习框架（图 7-5），可以在大范围区域内利用遥感影像实现对人类活动量的准确估计，这在网络基础设施稀疏或移动定位数据有限的低收入地区尤其具有意义。活动量数据由移动互联网用户定位服务请求数量聚合得到，空间分辨率为 0.01°×0.01°（经度×纬度），作为模型的训练标签。高分辨率遥感影像由开源谷歌地图数据得到，并裁切为与定位数据一致的 0.01°×0.01°格网范围，作为模型输入。区别于普通图像数据集（如ImageNet），遥感影像不以某个确切的物理对象为图像主体，而是包含了丰富的地表细节和空间联系。考虑到复杂物理环境对人类活动的影响是非线性的，该工作采用深度卷积网络提取多层特征关系；考虑到活动量分布表现出显著空间自相关，该工作提出 Neighbour-ResNet 框架，将邻域影响纳入网络，提取目标区域及其周边的物理环境空间特征。通过在中国 8 个城市上的模型训练和对 10 个城市的测试，结果显示 Neighbour-ResNet 的总体精度高于普通 ResNet，个体地物尺度和区域景观尺度的遥感影像多层特征对人类活动量具有一定的解释能力，该模型可以较好地提取高分辨率影像反映的物质环境和社会经济活动之间的关联，并有望支持更广泛的社会经济指标预测，如GDP、犯罪率、房价等。

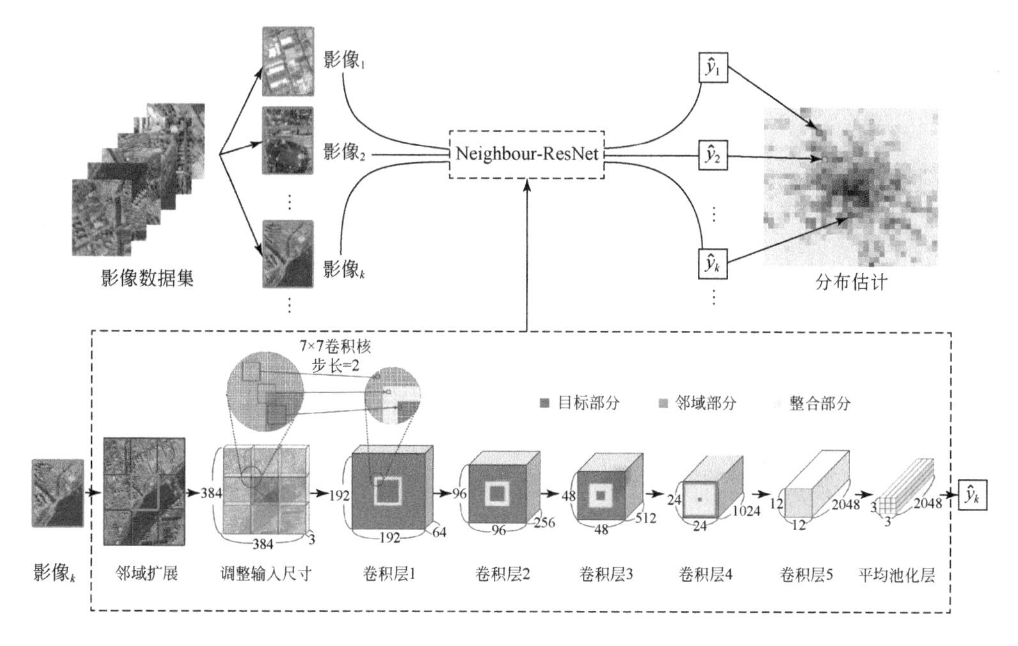

图7-5 端到端的Neighbour-ResNet模型框架（Xing et al.，2020）

红色代表中心目标区域（0.01°×0.01°）信息，蓝色代表邻域，紫色为两类区域的混合信息。各层名称与ResNet-50一致。虚线框顶部放大的圆形显示了通过卷积实现的信息融合过程

7.3 街景影像

街道是认知城市的一个重要门户，正如简·雅各布斯（Jacobs，1961）在城市研究和城市规划领域的经典名作《美国大城市的死与生》中所述："当我们想到一个城市时，首先出现在脑海里的就是街道。街道有生气，城市也就有生气；街道沉闷，城市也就沉闷。"刻画街道的"生气"或"沉闷"，一方面可以直接利用出租车等活动数据刻画，另一方面，得益于深度学习等技术的发展，街景影像数据为度量和理解城市街道的物理环境提供了有力支撑。

广义的街景影像包含了街景图片、社交媒体照片两大类。其中街景图片是指谷歌地图（Google Maps）、百度地图、腾讯地图等地图服务商利用街景车沿城市路网遍历拍摄采集获取的图片，同时也包含Mapillary等众包平台提供的用户按照

一定的标准规范拍摄上传的图片。此类图片一般以全景图（panorama）的形式存储，包含了拍摄位置的360°全景视觉信息。在实际获取和使用中，每个位置的视觉环境可以由多张面向不同方位的自然视角的街景图片表达。图7-6（a）和（b）分别展示了全景视角的街景图片和对应的多张自然视角的街景图片。街景图片一般只覆盖街道内部的物质空间，作为补充，社交媒体照片可以对街区内部街景车不可达的空间进行描述，例如公园和校园等。社交媒体照片涵盖了社交媒体平台上用户分享的、拍摄城市室内外景观的照片，此类平台包括新浪微博、Twitter、微信等主流社交媒体，也包含Flickr、Panoramio等摄影爱好者、旅游爱好者的分享平台。图7-7（c）和（d）分别展示了腾讯街景图片和Panoramio社交媒体照片在北京五环内的空间分布。可以看到街景图片严格按照路网分布，而社交媒体照片［图7-7（a）和（b）］分布在城市的工作、休闲娱乐、旅游等的主要场所中。因此，前者反映了客观的城市街道景观，而后者在某种程度上表达了特定群体对城市的主观体验和认知，从而可以认为是一类社会感知数据。由于这两类数据都反映了个体尺度对地理环境的自然视角的感知，其分析方法存在共性，并且可以和其他类型社会感知集成，刻画城市空间特征，因此将其合并介绍。

图7-6　街景图片的两种形式

街景影像具有覆盖范围广、覆盖密度高、表达内容详尽、获取效率高等特点。首先，在覆盖范围方面，街景图片已经覆盖了全球大部分的城市。截至2019年7月，腾讯和百度街景覆盖了中国293个地级市，谷歌街景已经覆盖了全球195个国家的大部分城市，众包街景平台Mapillary已经存储了超过5亿张来自全球用户上传的街景图片。其次，在覆盖精细程度方面，街景图片已经高密度地覆盖了城市的各级别路网，相邻采样点之间构成的视觉图片可以无缝衔接，构成了城市街道物质空间的完整表达。从图7-7展示的街景图片分布可以看出，街景图片非常密集地覆盖了北京五环内大部分的机动车道路。再次，在表达内容方面，街景图片详尽、精细地表达了在普通行人视角下，城市物质空间的实际状态。例如，谷歌街景的最高尺寸可达6656×13312像素，较高清的图片保证了街景图片对城市物质空间表达的精细程度，并且在相关人工智能技术的进一步支持下，实现对场景语义目标的精确提取和对场景内容的高效理解；最后，在数据获取方

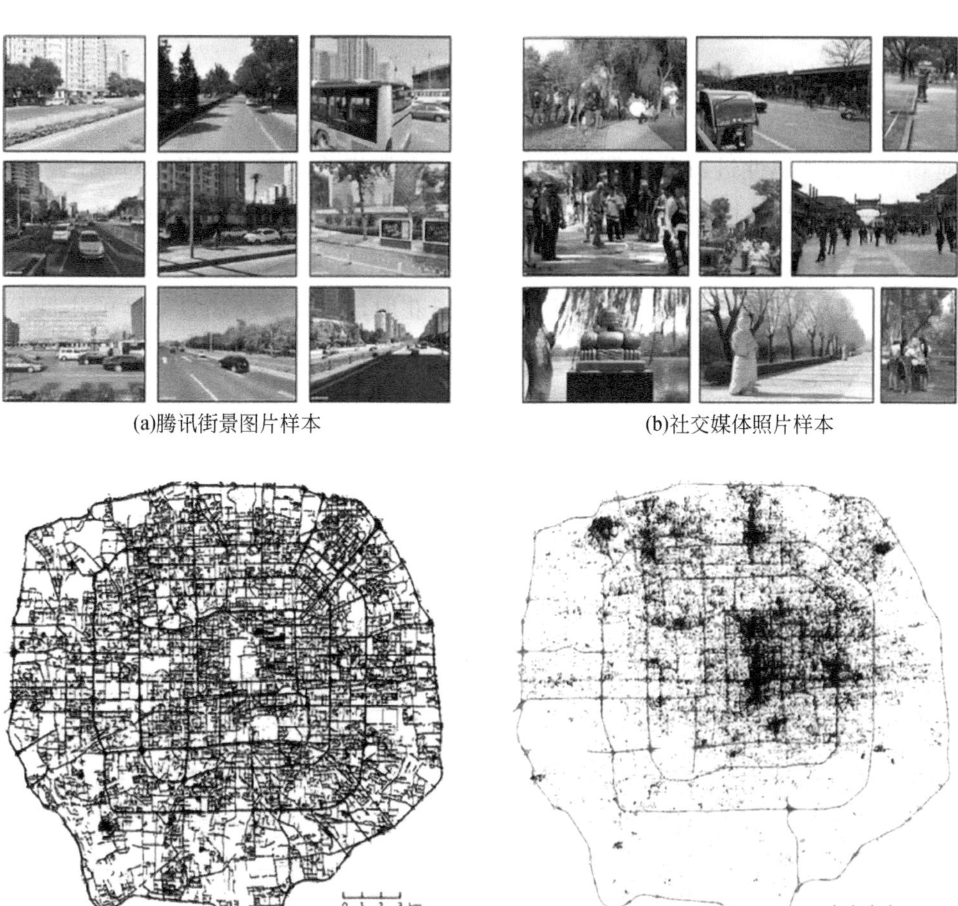

(a)腾讯街景图片样本　(b)社交媒体照片样本

(c)北京五环内街景图片的分布　(d)北京五环内社交媒体照片(Panoramio)的分布

图7-7　街景影像的类型及空间分布

面，谷歌、腾讯、百度等地图服务商分别提供了商用的和一定条件下免费使用的街景数据，通过相关 API 即可调用下载，流程简单方便。同时可对数据进行一定程度的定制，例如在获取图片的过程中可以设定图片的拍摄位置、时间、俯仰角、类型（全景/自然视角）等，满足不同的研究需求。

街景影像在近几年来被广泛应用，主要得益于深度学习、计算机视觉等人工智能领域的支撑。当前在深度学习支持下的计算机视觉技术可以更高效地识别图片中的语义对象、场景内容，为挖掘街景语义信息、理解和定量表达场所物质空间的内容提供了强有力的工具。具体而言，基于街景影像的研究包括两个方面，即单纯基于街景影像量化城市物质空间的特征，以及结合其他社会感知数据，利用端到端的深度学习方法，推断场所的情感和体验特征。

1）物质空间量化。物质空间量化指的是从街景图片对视觉对象进行识别、对场景类型和属性进行分类等，进而辅助城市的相关研究。在视觉对象识别方面，主要分为物体检测识别和物体语义分割两大类，前者可以识别出图片中规则形状的物体位置、类型等信息，而后者可以对图片的每一个像素点进行分类。通过对大范围区域的街景图片进行识别，可以获取场景要素、场景属性的空间分布。在要素层面，例如，麻省理工学院感知城市实验室（MIT Senseable City Lab）对全球数十个城市的街景图片进行分析，提取图片中树木的占比，并观察和对比整个城市范围内绿化的情况（Li et al.，2015；Seiferling et al.，2017），Long 和 Liu（2017）对中国 200 多个城市的绿化水平进行了分析。结合街景图像的拍摄姿态、几何特征等信息，可以估计在一定观测视角下的天空开放度、太阳辐射覆盖面积（Gong et al.，2018；Li et al.，2018）等，从而进一步估计城市建成区的光伏潜能（Li and Ratti，2018；Liu et al.，2019）、车辆行驶可能造成太阳目眩的区域（Li et al.，2019）等。不仅如此，通过聚合相似类别的视觉要素，我们可以观测某种层级概念的空间分布。例如，Zhang 等（2018a）从动、静、人造、自然等角度梳理了 64 类语义物体的树状结构，从各个层级观察物质空间的分布情况。在场景层面，街景中描述的场所物质空间本身可以反映城市的土地利用类型情况。相关研究通过结合遥感、兴趣点数据，可以更精确地识别城市土地利用类型（Li et al.，2017；Cao et al.，2018；Srivastava et al.，2020）。通过识别水体、广场、公园、道路等场景类型，Liu 等（2016）对 Kevin Lynch 提出的“城市意象”（the image of city）进行形式化和量化。

2）场所感知。场所由于其视觉环境、体验、居民活动的不同而对人产生不同的场所感。MIT Media Lab 的 Place Pulse 项目采集了来自数十万名志愿者对全球上百万个街景图片的情感评价，包含安全感、生机感、压抑感等维度（Salesses et al.，2013；Naik et al.，2014）。基于此数据集训练的计算机学习模型可以对场所以及一般性城市场景进行情感评估（Dubey et al.，2016）。基于此，Zhang 等（2018b）对北京和上海的街景进行了实证研究，分析了居民情感（安全感、压抑感等）与物质空间要素（植被、建筑、围墙等）之间的关系；与居民疾病、心理健康、活动强度之间的关系（Helbich et al.，2019；Wang et al.，2019a，2019b，2019c）等。通过识别社交媒体照片中人们的面部表情，可以理解不同类型、地域的场所对人们情感感知的影响（Kang et al.，2019）。相关学者利用街景和人工智能技术对街道空间品质（Tang and Long，2019）、城市美感（Seresinhe et al.，2017）、街道可步行性（Yin and Wang，2016）、城市建筑景观特色（Doersch et al.，2012；Yoshimura et al.，2019）、城市更新乡绅化（gentrification）（Ilic et al.，2019）、贫民窟区域（Ibrahim et al.，2021）等进行了研究。

街景中表达的城市场景不但描绘了场景中的可视信息，同时隐性地表达了可视场景背后的有关城市功能、历史、文化、社会经济和人类活动的信息。例如，如图 7-8 所示，仅仅给定单张街景图片，深度学习模型可以学习其反映的城市功能、土地利用类型信息，并估计图片所反映的场景附近平均每小时的人类活动量（Zhang et al.，2019）。通过识别美国社区停放的车辆情况，可以推断社区的收入、教育水平甚至是政治倾向（Gebru et al.，2017）。通过量化街区的场所变化情况，可以研究城市物质空间变化与社会经济水平变化的关系（Naik et al.，2017）。基于建成环境的“破窗理论”（broken window theory），街景图片可以一

(a)北京地区的街景图片

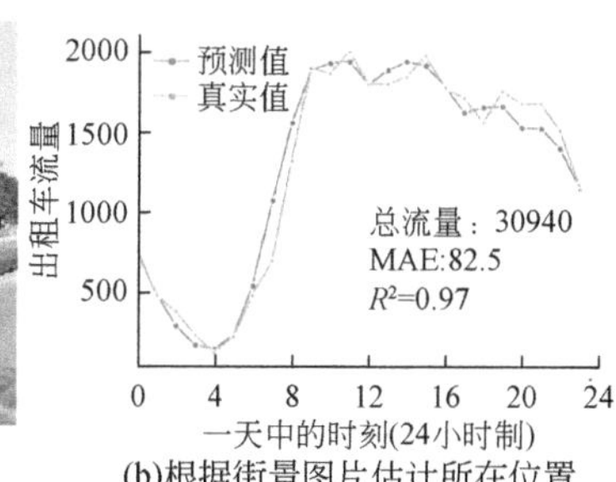

(b)根据街景图片估计所在位置上居民日出行时谱曲线

(c)模型在识别中关注的热点区域

图 7-8 深度学习模型学习街景中的城市场景信息并估计居民日出行曲线（Zhang et al.，2019）

定程度地预测周边地区的犯罪情况（Arietta et al.，2014；Suel et al.，2019）；而基于房屋照片与房子周边环境状况，还可以预测房价信息（Fu et al.，2019；Law et al.，2020）。上述信息都可以进一步和社会感知数据相结合，探讨它们之间的内在关联关系，从而深化对于城市空间的理解。

7.4 小　结

在地理空间中，人的时空行为模式与地理环境存在的密切的耦合关系，社会感知的基本理念是“感人知地”，即基于行为模式推断地理空间的社会经济要素的特征。同时，社会经济要素可以通过物质环境反映，如夜间灯光的亮度，以及建筑物的密度、高度等，这些指标可以从夜光遥感影像、高分辨率遥感影像等不同遥感数据源提取。但是，遥感数据时间分辨率不高，并且没有直接刻画人的行为；而社会感知数据则存在数据有偏、时空覆盖度不高的缺陷。因此，集成这两类数据，有助于更为全面地理解地理空间中社会经济要素和物质环境之间的耦合关系，并弥补各自数据的不足。本章主要针对夜光遥感影像、高分辨率遥感影像、街景影像等三类数据，探讨了集成遥感和社会感知的方法和应用。其中值得指出的是，街景影像，尤其是来自于社交媒体的遥感影像，也是一类重要的社会感知数据。仅基于街景影像即可识别精细尺度的物质空间特征，并可以和其他社会感知数据结合，全面刻画地理单元（如场所）的属性。

参考文献

李德仁，李熙．2015. 论夜光遥感数据挖掘．测绘学报，44（6）：591-601.

Arietta S M，Efros A A，Ramamoorthi R，et al. 2014. City forensics：Using visual elements to predict non-visual city attributes. IEEE Transactions on Visualization and Computer Graphics，20（12）：2624-2633.

Cai J，Huang B，Song Y. 2017. Using multi-source geospatial big data to identify the structure of polycentric cities. Remote Sensing of Environment，202：210-221.

Cao R，Tu W，Yang C，et al. 2020. Deep learning-based remote and social sensing data fusion for urban region function recognition. ISPRS Journal of Photogrammetry and Remote Sensing，163：82-97.

Cao R，Zhu J S，Tu W，et al. 2018. Integrating aerial and street view images for urban land use classification. Remote Sensing，10（10）：1553.

Cao W, Dong L, Wu L, et al. 2020. Quantifying urban areas with multi-source data based on percolation theory. Remote Sensing of Environment, 241: 111730.

Chen D, Tu W, Cao R, et al. 2022. A hierarchical approach for fine-grained urban villages recognition fusing remote and social sensing data. International Journal of Applied Earth Observation and Geoinformation, 106: 102661.

Chen H, Wu B, Yu B, et al. 2021. A new method for building-level population estimation by integrating LiDAR, nighttime light, and POI data. Journal of Remote Sensing, 9803796.

Chen Q, Ye T, Zhao N, et al. 2021. Mapping China's regional economic activity by integrating points-of-interest and remote sensing data with random forest. Environment and Planning B: Urban Analytics and City Science, 48 (7): 1876-1894.

Doersch C, Singh S, Gupta A, et al. 2012. What makes Paris look like Paris? ACM Transactions on Graphics, 31 (4): 101.

Doll C N H, Muller J-P, Morley J G. 2006. Mapping regional economic activity from night-time light satellite imagery. Ecological Economics, 57 (1): 75-92.

Dubey A, Naik N, Parikh D, et al. 2016. Deep learning the city: Quantifying urban perception at a global scale//Leibe B, Matas J, Sebe N, et al. Computer Vision - ECCV 2016. Cham: Springer.

Elvidge C D, Baugh K E, KihnE A, et al. 1997. Relation between satellite observed visible-near infrared emissions, population, economic activity and electric power consumption. International Journal of Remote Sensing, 18 (6): 1373-1379.

Forbes D J. Multi-scale analysis of the relationship between economic statistics and DMSP-OLS night light images. 2013. GIScience and Remote Sensing, 50 (5): 483-499.

Fu X, Jia T, Zhang X, et al. 2019. Do street-level scene perceptions affect housing prices in Chinese megacities? An analysis using open access datasets and deep learning. PLoS ONE, 14 (5): e0217505.

Gebru T, Krause J, Wang Y L, et al. 2017. Using deep learning and Google Street View to estimate the demographic makeup of neighborhoods across the United States. Proceedings of the National Academy of Sciences of the United States of America, 114 (50): 13108-13113.

Gong F Y, Zeng Z C, Zhang F, et al. 2018. Mapping sky, tree, and building view factors of street canyons in a high-density urban environment. Building and Environment, 134: 155-167.

He X, Zhou C, Zhang J, et al. 2020. Using wavelet transforms to fuse nighttime light data and POI big data to extract urban built-up areas. Remote Sensing, 12 (23): 3887.

Helbich M, Yao Y, Liu Y, et al. 2019. Using deep learning to examine street view green and blue spaces and their associations with geriatric depression in Beijing, China. Environment International, 126: 107-117.

Henderson J V, Storeygard A, Weil D N. 2012. Measuring economic growth from outer space. American Economic Review, 102 (2): 994-1028.

Ibrahim M R, Haworth J, Cheng T. 2021. URBAN-i: From urban scenes to mapping slums, transport modes, and pedestrians in cities using deep learning and computer vision. Environment and Planning B: Urban Analytics and City Science, 48 (1): 76-93.

Ilic L, Sawada M, Zarzelli A. 2019. Deep mapping gentrification in a large Canadian city using deep learning and Google Street View. PLoS ONE, 14 (3): e0212814.

Jacobs J. 1961. The Death and Life of Great American Cities. New York: Vintage Books.

Kang Y H, Jia Q Y, Gao S, et al. 2019. Extracting human emotions at different places based on facial expressions and spatial clustering analysis. Transactions in GIS, 23 (3): 450-480.

Law S, Seresinhe C I, Shen Y, et al. 2020. Street-Frontage-Net: Urban image classification using deep convolutional neural networks. International Journal of Geographical Information Science, 34 (4): 681-707.

Levin N, Kyba C, Zhang Q, et al. 2020. Remote sensing of night lights: A review and an outlook for the future. Remote Sensing of Environment, 237: 111443.

Li X J, Ratti C. 2019. Mapping the spatio-temporal distribution of solar radiation within street canyons of Boston using Google Street View panoramas and building height model. Landscape and Urban Planning, 191: 103387.

Li X, Xu H, Chen X, et al. 2013. Potential of NPP-VIIRS nighttime light imagery for modeling the regional economy of China. Remote Sensing, 5 (6): 3057-3081.

Li X J, Zhang, C R, Li W D, et al. 2015. Assessing street-level urban greenery using Google Street View and a modified green view index. Urban Forestry and Urban Greening, 14 (3): 675-685.

Li X J, Zhang C R, Li W D. 2017. Building block level urban landuse information retrieval based on Google Street View images. GIScience and Remote Sensing, 54 (6): 819-835.

Li X J, Ratti C, Seiferling I. 2018. Quantifying the shade provision of street trees in urban landscape: a case study in Boston, USA, using Google Street View. Landscape and Urban Planning, 169: 81-91.

Li X J, Cai B Y, Qiu W S, et al. 2019. A novel method for predicting and mapping the occurrence of sun glare using Google Street View. Transportation Research Part C: Emerging Technologies, 106: 132-144.

Liu L, Zhou B L, Zhao J H, et al. 2016. C-IMAGE: City cognitive mapping through geo-tagged photos. GeoJournal, 81 (6): 817-861.

Liu Z Y, Yang A Q, Gao M Y, et al. 2019. Towards feasibility of photovoltaic road for urban traffic-solar energy estimation using street view image. Journal of Cleaner Production, 228: 303-318.

Lo C P. 2001. Modeling the population of China using DMSP operational linescan system nighttime data. Photogrammetric Engineering and Remote Sensing, 67 (9): 1037-1047.

Long Y, Liu L. 2017. How green are the streets? An analysis for central areas of Chinese cities using Tencent Street View. PLoS ONE, 12 (2): e0171110.

Ma T. 2019. Quantitative responses of satellite-derived night-time light signals to urban depopulation during Chinese New Year. Remote Sensing Letters, 10 (2): 139-148.

Naik N, Philipoom J, Raskar R, et al. 2014. Streetscore-predicting the perceived safety of one million streetscapes. Columbus, USA: The IEEE Conference on Computer Vision and Pattern Recognition Workshops.

Naik N, Kominers S D, Raskar R, et al. 2017. Computer vision uncovers predictors of physical urban change. Proceedings of the National Academy of Sciences of the United States of America, 114 (29): 7571-7576.

Patel N N, Stevens F R, Huang Z, et al. 2017. Improving large area population mapping using geotweet densities. Transactions in GIS, 21 (2): 317-331.

Salesses P, Schechtner K, Hidalgo C A. 2013. The collaborative image of the city: Mapping the inequality of urban perception. PLoS ONE, 8 (7): e68400.

Seiferling I, Naik N, Ratti C, et al. 2017. Green streets - Quantifying and mapping urban trees with street-level imagery and computer vision. Landscape and Urban Planning, 165: 93-101.

Seresinhe C I, Preis T, Moat H S. 2017. Using deep learning to quantify the beauty of outdoor places. Royal Society Open Science, 4 (7): 170170.

Srivastava S, Muñoz J E V, Lobry S, et al. 2020. Fine-grained landuse characterization using ground-based pictures: A deep learning solution based on globally available data. International Journal of Geographical Information Science, 34 (6): 1117-1136.

Stevens F R, Gaughan A E, Linard C, et al. 2015. Disaggregating census data for population mapping using random forests with remotely-sensed and ancillary data. PLoS ONE, 10 (2): e0107042.

Suel E, Polak J W, Bennett J E, et al. 2019. Measuring social, environmental and health inequalities using deep learning and street imagery. Scientific Reports, 9 (1): 6229.

Sutton P, Roberts D, Elvidge C, et al. 1997. A comparison of nighttime satellite imagery and population density for the continental United States. Photogrammetric Engineering and Remote Sensing, 63 (11): 1303-1313.

Tang J, Long Y. 2019. Measuring visual quality of street space and its temporal variation: Methodology and its application in the Hutong area in Beijing. Landscape and Urban Planning, 191: 103436.

Wang R, Chen H, Liu Y, et al. 2019a. Neighborhood social reciprocity and mental health among older adults in China: The mediating effects of physical activity, social interaction, and volunteering. BMC Public Health, 19 (1): 1036.

Wang R, Helbich M, Yao Y, et al. 2019b. Urban greenery and mental wellbeing in adults: Cross-sectional mediation analyses on multiple pathways across different greenery measures. Environmental Research, 176: 108535.

Wang R, Liu Y, Lu Y, et al. 2019c. Perceptions of built environment and health outcomes for older Chinese in Beijing: A big data approach with street view images and deep learning technique. Computers, Environment and Urban Systems, 78: 101386.

Xing X, Huang Z, Cheng X, et al. 2020. Mapping Human Activity Volumes through Remote Sensing Imagery. IEEE Journal of Selected Topics in Applied Earth Observations and Remote Sensing, 13: 5652-5668.

Yin L, Wang Z. 2016. Measuring visual enclosure for street walkability: Using machine learning algorithms and Google Street View imagery. Applied Geography, 76: 147-153.

Yoshimura Y, Cai B, Wang Z T, et al. 2019. Deep learning architect: classification for architectural design through the eye of artificial intelligence//Geertman S, Zhan Q M, Allan A, et al. Computational Urban Planning and Management for Smart Cities. Cham: Springer.

Yu B, Lian T, Huang Y, et al. 2019. Integration of nighttime light remote sensing images and taxi GPS tracking data for population surface enhancement. International Journal of Geographical Information Science, 33 (4): 687-706.

Zhang F, Zhang D, Liu Y, et al. 2018a. Representing place locales using scene elements. Computers, Environment and Urban Systems, 71: 153-164.

Zhang F, Zhou B L, Liu L, et al. 2018b. Measuring human perceptions of a large-scale urban region using machine learning. Landscape and Urban Planning, 180: 148-160.

Zhang F, Wu L, Zhu D, et al. 2019. Social sensing from streetlevel imagery: A case study in learning spatio- temporal urban mobility patterns. ISPRS Journal of Photogrammetry and Remote Sensing, 153: 48-58.

Zhao N, Cao G, Zhang W, et al. 2018. Tweets or nighttime lights: Comparison for preeminence in estimating socioeconomic factors. ISPRS Journal of Photogrammetry and Remote Sensing, 146: 1-10.

Zhao N, Zhang W, Liu Y, et al. 2019. Improving nighttime light imagery with location-based social media data. IEEE Transactions on Geoscience and Remote Sensing, 57 (4): 2161-2172.

第8章　社会感知应用

8.1　城市管理应用

城市是社会感知大数据产生最为集中的区域。分析社会感知数据，有助于全面认识城市，理解城市的空间结构和运行规律，这些应用可以分别从场所语义感知、空间交互感知、地理过程感知等几个层面加以实现。此外，由于社会感知直接反映了城市居民对于城市环境的感受以及行为，在城市管理中也扮演了重要角色。具体而言主要包括以下几个方面的应用①。

1）感知居民诉求：通过对特定范围的位置微博等社交媒体数据的获取，我们可以通过分析在不同城市区域用户发出的位置微博数量来认知各地点的城市活力；通过对微博文本的情感值的计算认知城市不同区域和空间节点的市民情绪；通过对文本的词频统计、典型意见提取，则可以认知不同区域和空间节点的市民意见（图8-1）。

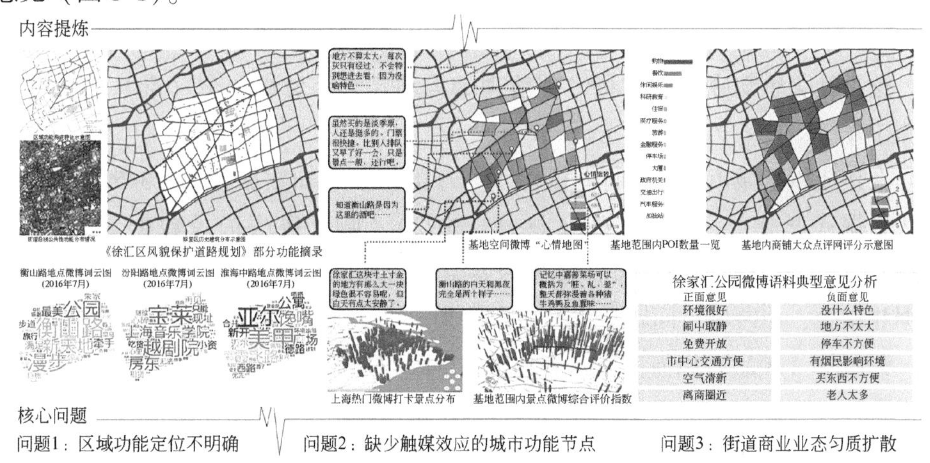

图8-1　基于社会感知的某城市设计项目现状分析

① http://cgj.beijing.gov.cn/art/2020/5/20/art_3228_518794.html

2）诊断城市问题：相较于更多描述政务流程和行为的政务大数据，基于社会感知的社会大数据更多反映了城市的运行和市民的生活特征，某种意义上意味着一种“结果”状态，所以社会感知方法可以成为评估城市品质和诊断城市问题的基础方法。从 2017 年开始北京在全国率先开展城市体检工作，2019 年又进一步启动街道人居环境大数据监测工作，两项工作都充分利用了社会感知大数据。例如，利用手机信令数据计算市民的通勤距离和时长从而进行各城市单元的通勤便利性评价；利用各商铺评价数量作为城市商业活力的测度指标等。

3）监测社会风险：在监测社会风险方面，社会感知方法非常普遍地应用于舆情监控。除此之外，对人类时空行为的感知在疫情防控等工作中贡献突出，在监测拥挤、预防踩踏等微观场景中基于人流监测也是比较常见的应用。

4）发现违法现象：社会感知方法可以通过人类的时空行为感知和推断城市空间的使用特征，这为我们基于人类使用视角去判断城市空间是否被合法合规地使用奠定了感知基础。以“大棚房”的清理整治为例，人力排查或卫星遥感影像识别两种手段都有其各自的短板，传统的人力排查耗时过长、效率低；而部分大棚房地表改变并不明显，其违规使用行为掩盖在大棚外表之下，通过卫星遥感影像难以有效分辨大棚的实际用途。而对手机位置信息的感知则有助于我们监测各个大棚的实际使用情况，智能地发现违法现象。城市象限团队①通过腾讯宜出行的连续多天手机定位数据来识别朝阳区各类大棚的人流密度曲线，成功发现了正常的农业大棚与违法大棚的人类时空行为差异，并进而通过人流曲线实现了采摘休闲、会展商务、水产养殖农家乐、度假娱乐主要四类大棚房的自动识别和分类。这类社会感知应用可以将专项清理的运动式查处变成一个（准）自动化的监测工作。

在达成以上城市管理目标时，除了常规的社会感知数据外，12345 市民服务热线数据（彭晓等，2020；Peng et al.，2022）、城管执法记录数据（刘瑜等，2018），由于其具有时空定位，并且内容丰富，可以与传统地理数据、社会感知数据相结合，诊断城市问题，提升城市管理。

彭晓等（2020）以海南省三亚市的 12345 市民服务热线数据为研究对象，通过提取热线数据记录中的空间信息进行地理编码，结合热线记录的原始信息，刻画市民来电的时间、空间和类别特征。利用高频词分布及其相关性网络来归纳城

① http://www.urbanxyz.com/

市公共管理中的主要问题（表8-1），分析各类问题的时间变化特征和空间分布模式。

表8-1　三亚市12345市民服务热线投诉问题主题与频次

问题	关键词举例	记录条数
噪声	噪声、噪音、大声、吵闹	14199
建设施工	施工、工地、工人、工程、工钱	14086
通信与网络	电话、电信、有线电视、网络、信号	9617
城市用水	停水、供水、污水、水源、水质、水管、水压、下水道、水井、自来水、水库	9325
停车	停车、停车位、停车场、停车费、车位、停放、停靠	8323
城市用电	供电、停电、电费、电线杆、电缆、电网、电线	3779
机动车	汽车、摩托车、拖车、货车、小车	3558
非机动车	电动车、三轮车	3443
垃圾	垃圾、垃圾桶	3136
交通场所	车站、火车站、机场	2439
拥堵	拥堵、堵塞、堵住	1991
消防	消防、消防栓	1587
环境污染	污染、环境、排放	782
城市用气	天然气、燃气	721
空气	空气、臭味	575
黑车	黑车	348
积水	积水	214

结果表明：①热线记录以周为单位波动，周中数量大于周末；②城市问题发生数量前五类依次为噪声、建设施工、通信与网络、城市用水和停车，且噪声与建设施工问题联系紧密；③不同城市问题在时间上有不同的发生模式，空间上集中分布在城市活动密集的区域（图8-2）；④城市问题的发生与道路网密度关系不大，与城市功能中的公共设施、交通设施和科教文化兴趣点密度显著正相关，与风景名胜、体育休闲和政府职能兴趣点密度显著负相关。研究结果验证了12345市民服务热线在挖掘和刻画城市问题方面的有效性，并提出利用大数据优化城市治理的途径（包括城市数据积累与分析、融合多源数据以及提高数据共享

程度等），对推动城市精细化治理和智慧城市建设具有现实意义。

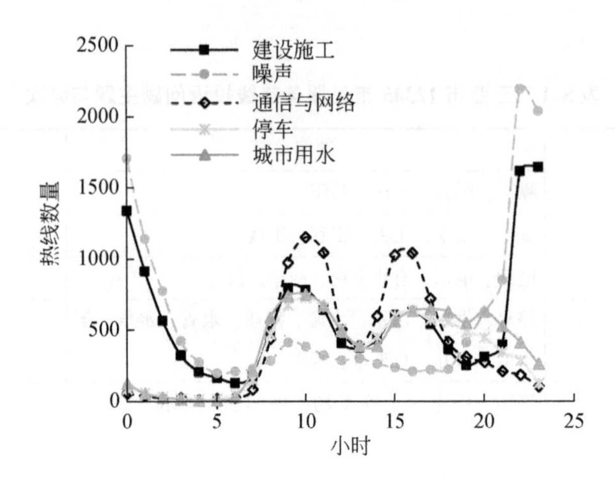

图 8-2　五类热点问题按小时统计的数量分布

8.2　交通应用

精细的轨迹数据是社会感知中一项重要的数据，其来源包括两类：第一类为安装在智能手机的导航软件，如高德地图、百度地图等，这些软件在提供导航服务的同时，也实时获取用户行进的轨迹；第二类是为了监控运行状态而配备了定位导航装置（如 GPS、北斗等）的出租车、货车（尤其是运送特殊物品的货车）。轨迹数据的特点是空间定位精度高（米级）、时间采样间隔短（分钟级），因此可以较好地提取道路交通状况甚至在微观个体尺度分析驾驶员行为，从而服务于相应的交通应用。

8.2.1　交通信息提取

轨迹数据由于信号不良、通信异常、定位误差等原因，不能很好地落在道路上，所以需要对 GPS 数据进行地图匹配，与道路进行关联。数据预处理阶段，必须要做的工作之一就是地图匹配（map matching），从而将车辆的行驶轨迹和电子地图数据库中的道路网进行比较，在地图上找出与行驶轨迹最相近的路线，并将实际定位数据映射到直观的数字地图上。图 8-3 展示了原始的车辆轨迹点位置

(a)原始轨迹点

(b)匹配后结果

图 8-3　地图匹配

以及匹配到道路之后的结果。地图匹配通常包括两类，即实时地图匹配和离线地图匹配。前者是车载导航软件的基本功能，即通过地图匹配将车辆实时行进轨迹与道路相匹配，并进而支持导航。后者则应用于历史轨迹的匹配，目的是分析道路在特定时段内的交通状况，如流量、车速等。

在进行地图匹配时，首先需要对轨迹进行预处理。这是由于车载卫星定位导航设备定位精度、采样间隔存在异常噪声等情形，因此需要对其进行滤选，得到符合精度的轨迹并进行地图匹配（唐炉亮等，2022）。目前，对于轨迹数据滤选的方法主要分为基于滤波方法和基于空间聚类方法两类。滤波方法一般根据前一个轨迹点的速度、位置、航向等特征来获取下一个轨迹点的运动状态预测值，并与实测值进行对比，实现对噪声数据的判别与剔除。例如，Han 和 Wang（2012）采用卡尔曼滤波方法，利用线性系统状态方程进行最小方差估计估算点的最优位置，以此进行数据滤波；Lee 和 Krumm（2011）尝试了均值滤波、中值滤波、粒子滤波等多种时空轨迹滤波方法，表明前两者算法简单但适用性低，后者复杂但更适用于移动设备轨迹的滤选。空间聚类方法通过考虑轨迹点与其邻近点的空间分布关系，利用密度聚类方法剔除轨迹点中的异常值。Wang 等（2015）采用核密度方法，逐点计算各轨迹点附近的轨迹密度，通过抽样分析和去趋势法计算密度阈值，以此判别该轨迹点是否为噪声；Tang 等（2015）根据浮动车数据的空间分布特征，利用基于 Delaunay 三角网的密度聚类方法对数据进行优选。

在将车辆轨迹与路网进行匹配后，有两个主要的应用方向：首先，可以基于每条车辆的轨迹，计算车辆速度等信息，并对同一时段多辆车速度进行汇总，可以估计该时段的道路交通状况。在这类应用中，每辆车辆扮演了浮动车的角色。目前，很多导航软件，如谷歌、高德、百度等，都采用此方式得到实时路况信息，并支持最优路径规划（图 8-4）。但是这种路况获取途径也会因为其自下而上的众包（crowdsourcing）感知方式而受到“攻击”。例如，2020 年来自于德国的行为艺术家 S. Weckert，针对上述的路况感知和分析算法，成功“欺骗”了谷歌地图。他在没有太多车的马路上，牵着一台放有 99 台手机的小拖车，所有手机都开启谷歌地图进行导航。此时，通过谷歌地图查看他行走的那一条路，可以发现路况原先是显示代表顺畅的绿色，逐渐转为表示拥堵的红色。这说明只要有一定数量的手机，就能在导航系统中制造一场假堵车。

在地图匹配中，如果某条轨迹没有被正确匹配，一方面可能是由于轨迹精度不够等原因造成，另一方面更可能的原因是路网没有及时更新，使得车辆轨迹和道路不能匹配，因此，基于车辆轨迹进行道路网络的自动更新，也是一个重要的应用方向。杨伟和艾廷华（2016）总结了道路更新中的 13 种情形，其中包括正向的变化，如道路新增、拓宽等，也包括负向的变化，如道路废弃、缩短等（图 8-5）。

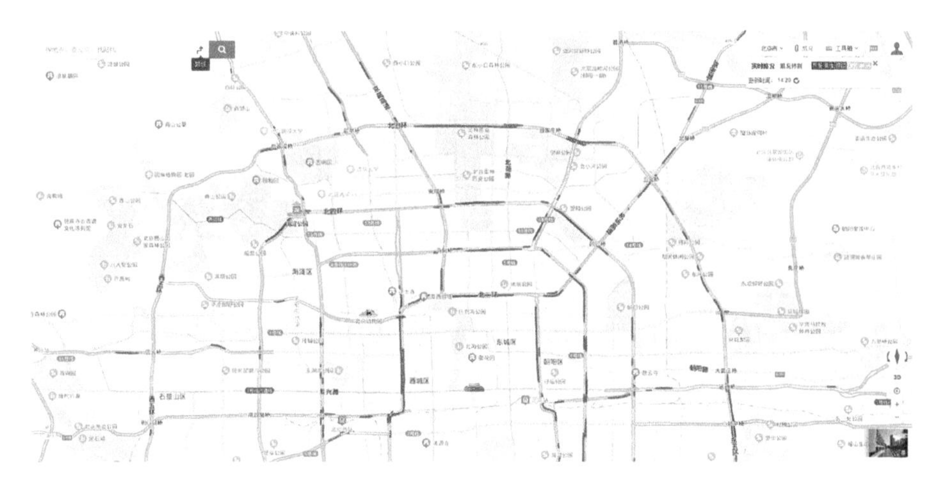

图 8-4　百度实时路况信息，基于浮动车数据提取

下面简单以新增道路为例，说明基于轨迹的更新方法，首先通过将过滤后去除噪声的轨迹点与道路匹配，区分出能够正确匹配到道路的轨迹点［图 8-6（a）灰色表示］以及不能正确匹配的点［图 8-6（a）中黑色表示］，进而将不能匹配的点，结合现有道路边界，构造约束 Delaunay 三角网，并将形状狭长、面积较大的三角形去除，保留的三角形即对应到新增道路，最后针对保留下来的三角网，采用数学形态学方法提取中心线，其结果即为新增道路［图 8-6（b）］。

8.2.2　交通安全应用

精细的车辆轨迹数据可以提取车辆行驶过程中的特征，如速度、加速度等，在此基础上可以分析驾驶员的驾车行为，从而识别“三急一速”等危险驾车动作，即急加速、急刹车、急并道以及超速行为（Yao et al., 2020），以及这些行为发生的时间、地点。在此基础上，可以针对驾驶员给出驾驶习惯的建议甚至警告，或者与保险公司合作，对于经常出现危险驾驶行为的驾驶员提高保费额度。而在汇总层面，也可以分析驾驶行为出现的地理环境。例如，百度地图在 2022 年首次披露道路交通安全大数据。数据显示，2022 年第一季度，全国高速公路的“三急一速”危险驾驶行为发生率高于国道和省道，而在七大行政地理分区中，西南地区急转弯行为发生率更高，东北地区超速行为发生率更高。在更为微

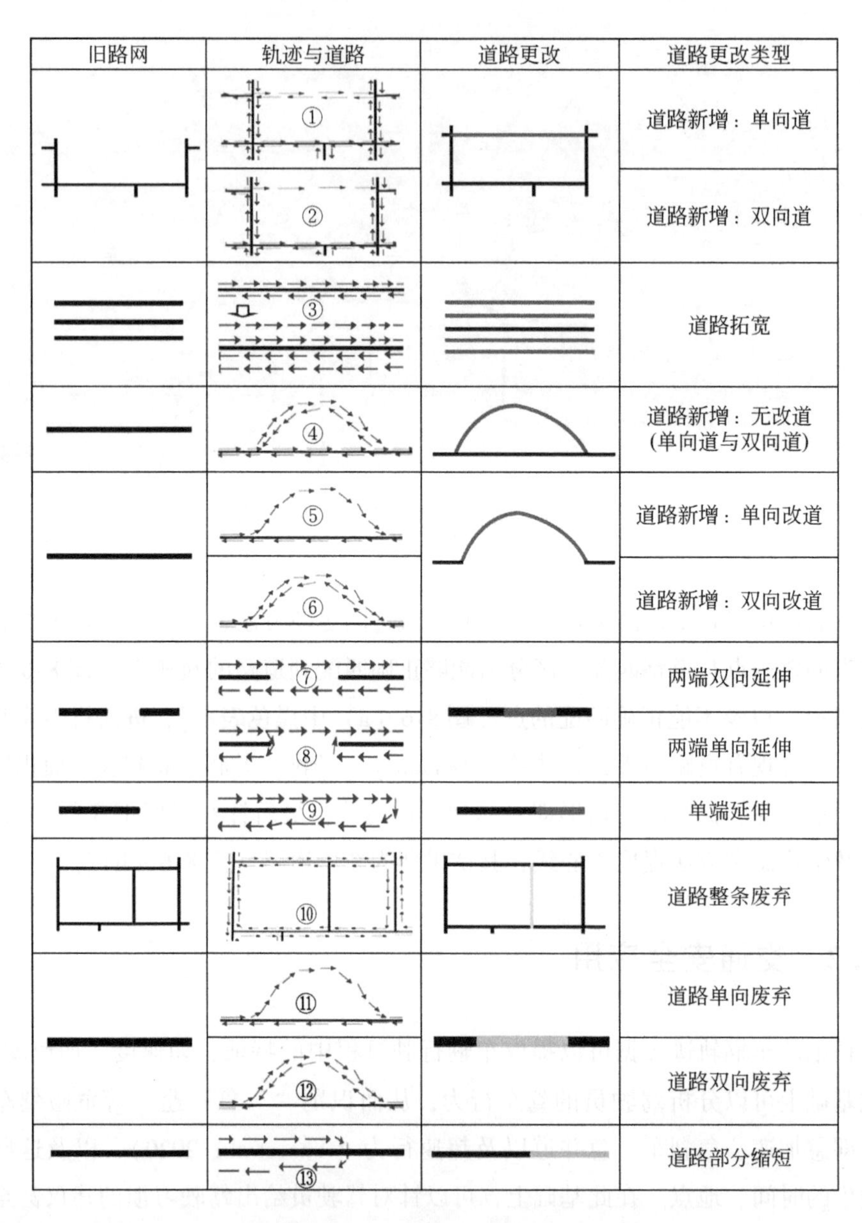

图 8-5　道路更新的 13 种情形（杨伟和艾廷华，2016）

观的空间尺度，也可以通过识别危险驾驶行为集中出现的路段，分析原因，从而完善交通标志、标线以及信号灯的设计，提升交通安全。

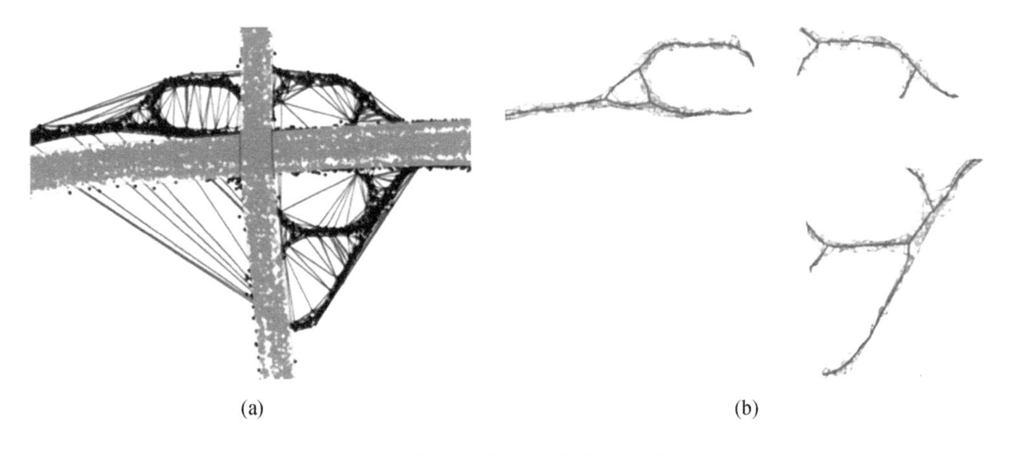
(a) (b)

图 8-6　基于车辆轨迹的新增道路的提取方法

8.3　公共卫生应用

8.3.1　医疗设施服务分析

就医出行是城市居民生活中占比不高但是非常重要的一类出行。从人的角度，便捷的就医可达性是居民生活质量的重要指标；从提供服务的角度，基于相关的就医出行模式，如总量、空间分布、时间分布等，可以量化医疗设施的服务特征。例如，所有的医疗设施服务在空间上都呈现出距离衰减效应，以一个医院为例，其服务的病人通常距离越近占比越高，这是因为较远的病人由于有其他医院可以选择，从而降低了到访该医院的概率（参见空间交互中的介入机会模型）。但是对于不同医疗设施，不同的病人所呈现出的距离衰减效应存在差异（Wang C et al., 2021）。

该类研究的基本思路和人类移动性以及空间交互的分析方法一致。但值得指出的是，普通的基于手机、出租车以及公交刷卡记录提取的出行数据，只有起讫点位置信息，而缺乏具体到访场所或出行目的的描述。因此在实际研究中，通常以医疗设施为中心，根据给定阈值，如 200m，生成一个圆形缓冲区，下车点位于该缓冲区内，则推断其为就医出行。基于该思路，Kong 等（2017）利用北京市出租车数据，识别了不同医院的就医出行，并绘制其起点的空间分布（图8-7），发现较好地遵循了负指数形式的距离衰减。进而通过比较不同医院的距离衰减函数，可以发现综合性医院距离衰减较缓，而专业性的妇幼保健医院则距离衰减较快，分别对应于更大和更小的空间服务范围，这也符合常识认知。类似地，Wang X 等（2021）采用空间交互的 I 指数评估了北京市主要医院的吸引力，发现较大的综合性医院具有更高的 I 指数，这也与其服务范围更广的事实一

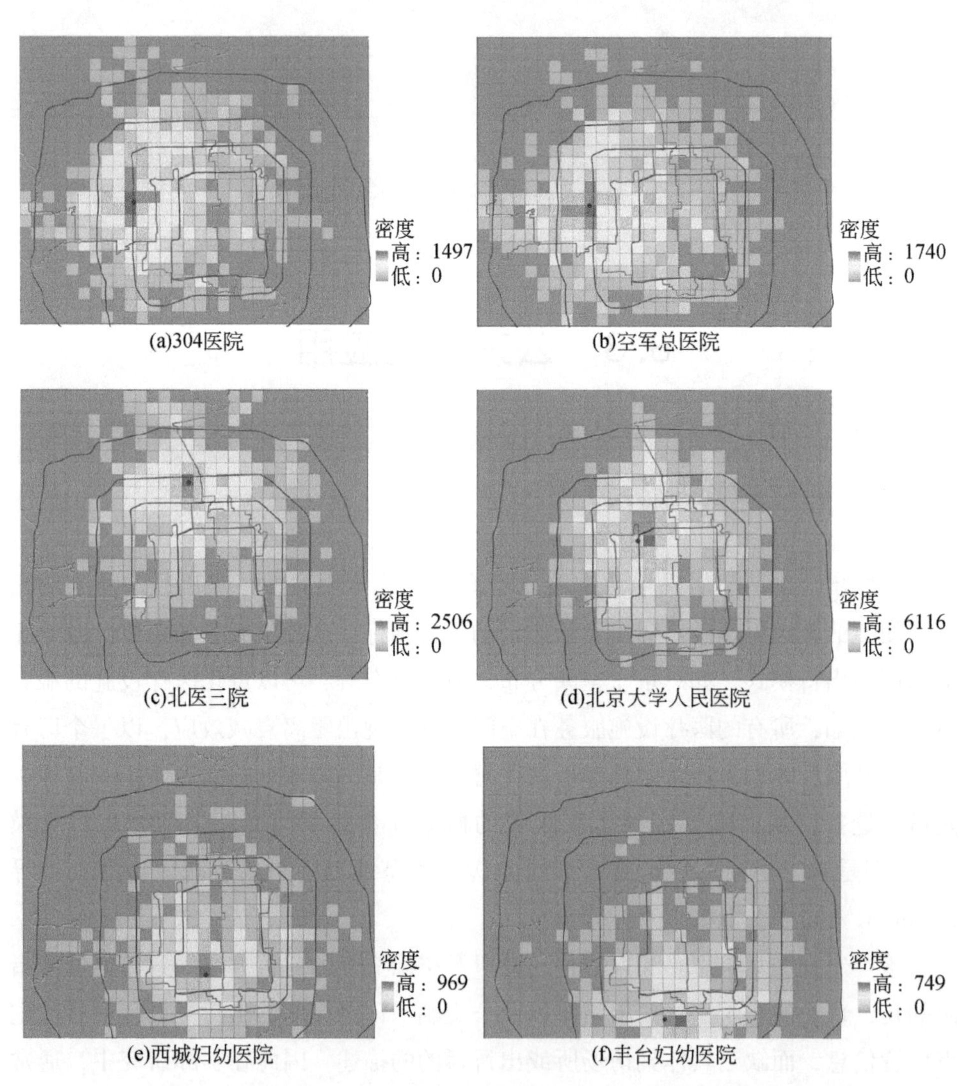

图 8-7　北京市6个医院的就医人员空间分布（Kong et al.，2017）

致。但是，优质医疗资源过于集中会带来看病难等问题，另外空间的集中也会直接导致医院附近交通拥堵问题，这都需要在城市规划和管理中加以考虑（Wang et al.，2019）。

总而言之，在社会感知大数据支持下，可以从供需两端评估居民就医的便利程度，从而对管理者提供决策支持，提升医疗服务水准。

8.3.2 传染病模拟和防控

基于社会感知大数据的传染病研究和应用主要有两个方向：第一个方向是将传染病作为一个公共卫生事件，利用搜索记录、社交媒体等数据提供的事件感知能力，刻画并预测传染病疫情的动态过程；第二个方向是考虑到传染病在空间上的扩散与人群的移动性特征密切相关这一基本事实，利用大数据提供的轨迹或移动性参数，构建空间化的传染病模型。

第一个方向的代表，是谷歌于2008年推出的一款预测流感的产品Flu Trend（流感趋势），它对人们输入的“flu”或流感症状（如“咳嗽”或“发冷”）一类的词汇进行追踪，并记下搜索的时间和地理位置。Flu Trend进而将查询次数与美国疾病控制与预防中心（Centers for Disease Control and Prevention，CDC）的历史流感数据进行匹配，利用这些查询来预测未来流感的发病情况。谷歌表示因为他们的系统基于稳定的搜索数据流，所以他们可以早于CDC两个星期获得结果（Ginsberg et al.，2009）。但是后来Flu Trend的运行也遇到了精度不高，预测结果偏离事实等问题。Butler（2013）指出，谷歌Flu Trend预测的流感样病例门诊数超过了CDC根据全美各实验室监测报告得出的预测结果的两倍（但谷歌Flu Trend的构建本来就是用来预测CDC的报告结果的）。Lazer等（2014）认为造成这种结果的两个重要原因分别是“大数据傲慢”（big data hubris）和算法变化。所谓“大数据傲慢”，指的是这样一种观点，即认为大数据可以完全取代传统的数据收集方法，而非作为后者的补充。该观点在几乎所有基于大数据的研究和应用中都应该避免。

除了基于搜索数据预测传染病外，利用社交媒体数据，也可以有效检测疫情的暴发。Allen等（2016）介绍了一个使用社交媒体平台Twitter监测流感暴发的平台。依靠数据挖掘技术，他们收集、过滤和分析了2013～2014年流感季节期间美国人口最多的30个城市的带有流感语义的Twitter消息，并将结果与国家、地区和地方流感暴发报告进行比较，揭示了两个数据源之间具有统计学意义的相关性（图 8-8）。该研究证明了社交媒体作为一种辅助数据源，用于监控传染病疫情蔓延及影响的潜力。

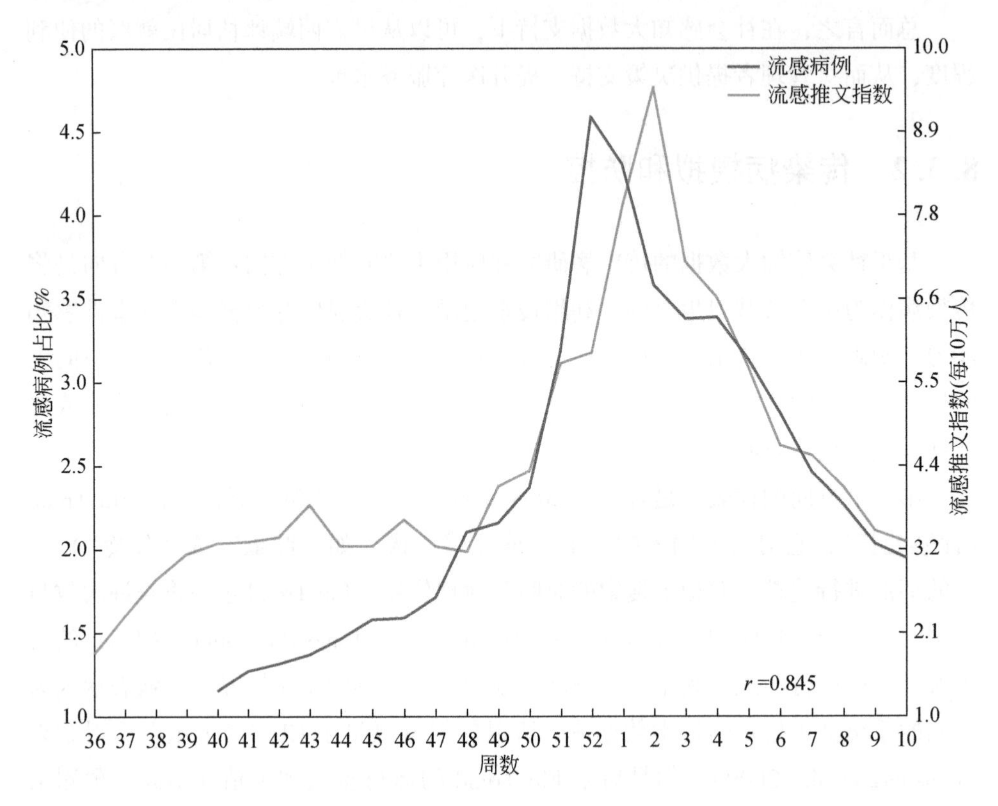

图 8-8　在全美范围内流感病例数和带有流感内容的推文数量的相关关系

第二个方向即传染病模型构建，是公共卫生领域一个重要研究议题，它对于预测传染病的发展趋势以及评估不同管控措施的效果具有重要的意义。经典的传染病模型，如 SEIR 模型，将人群分为四类：易感者（susceptible，S），指缺乏免疫能力的健康人，与感染者接触后容易受到感染；暴露者（exposed，E），指接触过感染者但不存在传染性的人，可用于存在潜伏期的传染病；患病者（infectious，I），指有传染性的病人，可以传播给 S，将其变为 E 或 I；康复者（recovered，R），指病愈后具有免疫力的人，如是终身免疫性传染病，则不可被重新变为 S、E 或 I，如果免疫期有限，就可以重新变为 S，进而被感染。进而构造一组微分方程，并在此基础上根据特定传染病的参数，模拟预测疾病发展趋势。

传染病的蔓延，是一个时空过程。宿主行为是传染病动态的决定性因素之一，而疾病发展过程（尤其是呼吸道传播的疾病）会受到个体与群体的移动、活动与接触交互等复杂人群时空行为的影响。而 SEIR 等模型在刻画传染病过程时，并未纳入人的移动信息，因此是非空间化的，即不能刻画传染病在空间的演化过程。因此，Bian（2004）提出基于个体的空间显式模型的概念，它主要考虑四个方面的因素及其异质性，即个体、个体之间的相互作用、空间变化和时间动态。为了模拟疾病传播，模型将单个个体的时空轨迹扩展为活动存在交互（如家庭成员居家、工作同时在工作地）的时空轨迹的网络。即将个体的每日（或其他时间段）旅行轨迹表示为时空生命线（space-time lifeline），这些生命线在不同时刻在不同的位置相交，如个体彼此交互的家庭、工作场所和服务场所。相交的生命线形成一个社交网络，疾病通过两种机制（位于同一位置的个体之间的交互以及两个位置之间的个体旅行）在该网络传播（图 8-9）。

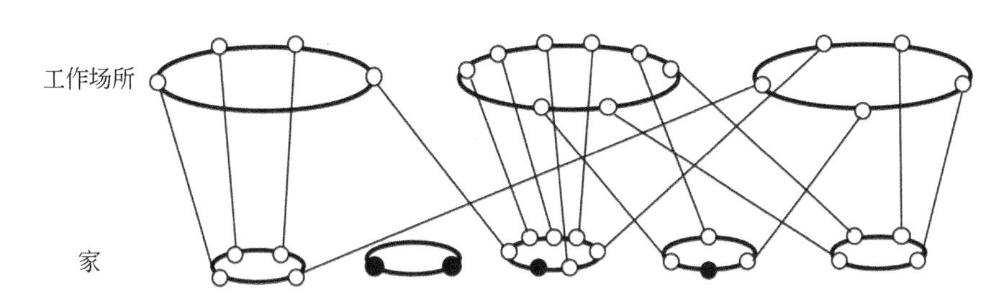

图 8-9　两层交互结点（家庭和工作场所）的示意图（Bian，2004）

近十多年来，由于各种类型的人群移动大数据呈现出爆发式增长，其支持的传染病模拟和预测研究得到快速发展。其中，手机通话数据或者信令数据由于其对于人类移动轨迹的观测能力，成为监测人类移动对疾病传播影响的良好数据源。Wesolowski 等（2012）对 2008 年 6 月至 2009 年 6 月约 1500 万名肯尼亚手机用户的电话和短信进行追踪，并对数据进行分析研究。该研究基于手机数据提取的轨迹构造移动性网络，并集合疟疾流行病信息，从而揭示人类作为疟疾载体在不同区域间输入的动态，以及在区域尺度上导致疟疾流行的输入路线。最后得出结论，肯尼亚境内的疟疾传播主要是从西部的维多利亚湖传到中部的首都内罗毕，疟原虫通过人传播的速度远远快于蚊子。在另外一项研究中，Wesolowski 等（2015）根据来自巴基斯坦的约 4000 万手机用户的移动数据和气候数据，将登革热的流行动态与登革热病毒传播的流行病学模型（人及蚊子的SEIR模型）进行了比较，他们发现基于手机的移动性估计可以预测最近流行和新兴地区的传播和流行时间。在分析方法构建方面，Li等（2017）利用手机通话数据提取位置信息创建OD移动矩阵，考虑人群移动和人类交互强度因子构建疾病扩散模型对疾病暴发进行定量预测，并定义有效距离代替欧氏距离描述城市之间的疾病扩散效应，从而识别出了疾病传播的关键路径和暴发的高风险区域。

个体级别的模型提供一种微观尺度的、离散的传播动力学模拟系统。此类模型中，个体通常被设计成具有人口属性和接触模式的智能体（agent），传染病通过智能体之间的接触进行传播。与种群内部个体均匀混合的群体模型不同，个体模型针对个体和特定接触环境进行自下而上建模，可以细致刻画个体异质性（如年龄、性别、种族、家庭结构、社会关系、职住特征等）和接触环境异质性（如环境中的接触模式、活动类型、活动场所等）。Frias-Martinez等（2011）使用从社交互动和手机通话记录数据中提取的个人移动模式来准确地模拟2009年在墨西哥暴发的H1N1病毒传播。在该研究中，因为手机数据是实时收集的，故而能够每天准确地代表智能体的行为和其因外部事件而发生的变化，这是将现实生活中的信息第一次在基于智能体的传染病模拟中运用。

2019年底新型冠状病毒感染（COVID-19）暴发以来，全球开展了大量基于传染病模型的COVID-19疫情预测与防控措施的研究。大数据在疫情防控以及相关的模型构建中扮演了重要角色（裴韬等，2021；尹凌等，2021）。在疫情防控中，中国全面采用大数据行程卡这一手机端应用，其中即采用手机获取的轨迹判定用户到访的地区是否属于风险区域，从而采取相应的防控措施。但是值得指出的是，手机获取的轨迹数据，时空分辨率较粗（百米、小时尺度），因此难以直接判定密接。在中国，更多地采用进入公共场所扫码登记的途径，获取更高时空分辨率的轨迹，从而更有效地判定密接者。

尽管手机轨迹数据时空分辨率低，但是它依然具有覆盖人群大、记录时间长度长、宏观模式刻画客观等优势，结合一定的先验假设，可以有效构建耦合真实人群轨迹、出行与活动模式的COVID-19个体模型，从而帮助评估疫情初期的非药物干预措施（non-pharmaceutical interventions，NPI）的效果。例如，Yin等（2021）基于大规模匿名手机定位、居民出行调查、居民社交调查、建筑物普查与人口普查等多源异构城市大数据，建立了面向超大城市人口1200万个体在建筑物粒度上的智能体模型（图8-10），对深圳市第一波疫情期间实施的非药物干预措施的单项措施效果进行了量化评估，并系统化分析了深圳市 COVID-19 散发疫情在不同程度的密接追踪、口罩佩戴与及时检测三种非药物干预措施下再次暴发的概率，并推荐采用“密接 II+80+40”策略（即追踪固定接触圈密接者+80%市民戴口罩+40%患者发病后及时检测）作为深圳市与中国其他大城市常态化防疫的最低防控水平，并为其他国家大型城市提供了不同防控需求下的防控策略参考。

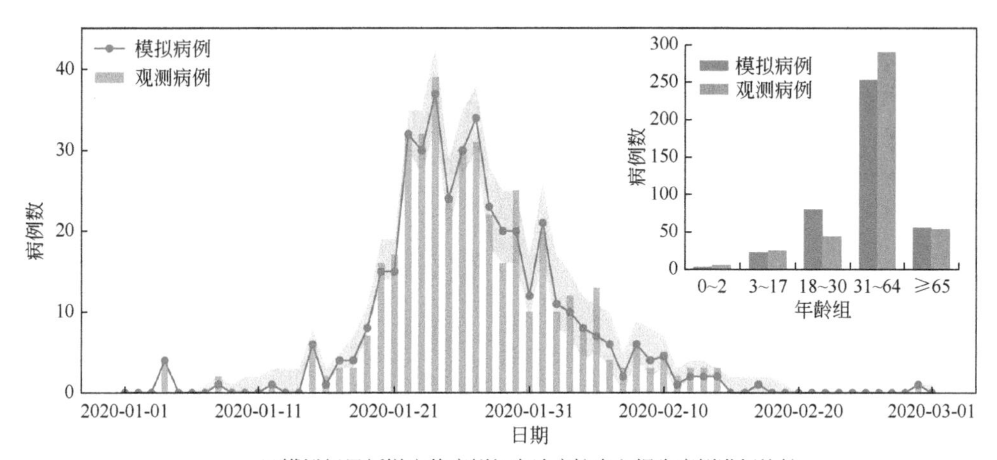

(a)模拟每日新增症状病例与当地疾控中心报告病例进行比较

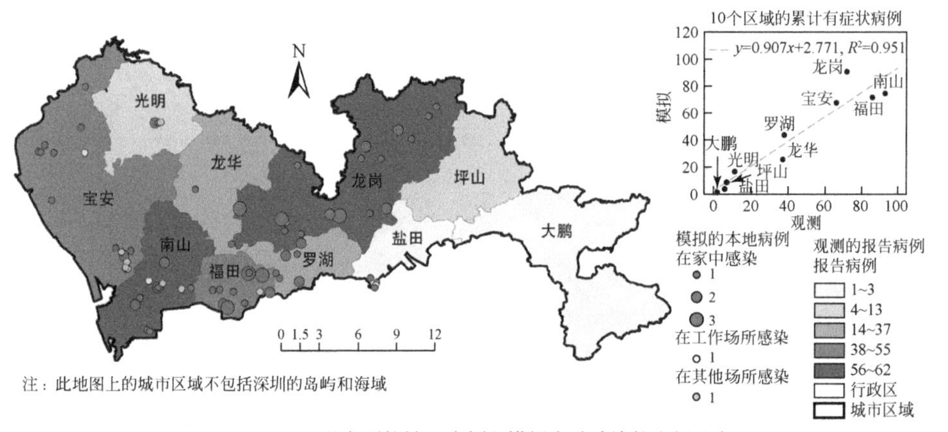

(b)观察到的输入病例和模拟当地感染的空间分布

图 8-10 作为基线情景以深圳第一波 COVID-19 感染基于 Agent 的模拟结果（Yin et al., 2021）

绿色阴影区域表示 95% 置信区间，插图展示了模拟病例的年龄分布与观测值的比较。散点图比较了各个区域的一次模型模拟结果和观测到病例的数量

8.4 旅游应用

旅游是大数据应用的一个重要方向，游客在旅游目的地或者景点的活动、感受及其时空分布特征，可以用于优化旅游行为组织，改善旅游服务。特别的，由于人们通常喜欢在旅游时通过微博、Flickr 等社交媒体分享带有时空标记的景色、美食、心情等信息，并且有相应的网站提供了分享旅游体验的服务，如马蜂窝（https://www.mafengwo.cn/）、途牛（https://www.tuniu.com/）等，这些数据源为旅游研究与应用提供了有力支持。如图 8-11 所示，基于 Flickr 数据，伦敦本地居民和外地游客分享照片的空间分布存在很大差异，说明他们关注了不同的城市景点。一个合理的规律是外地游客通常会选择更为知名的景点游览，而本地居民的分享则更为多样和分散。

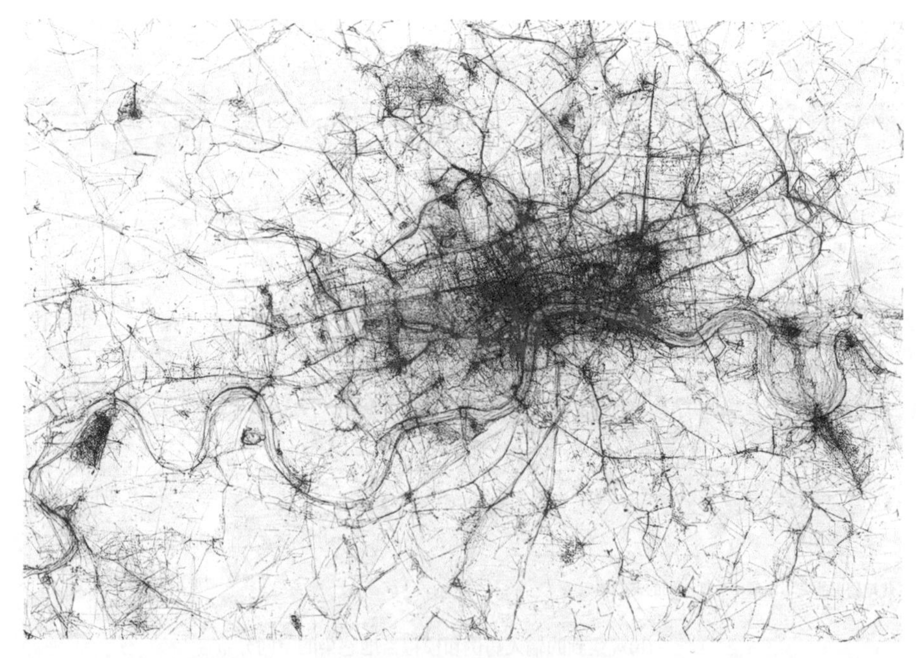

图 8-11　伦敦 Flickr 点的分布（E. Fische@ Flickr）

游客所拍（红色），本地居民所拍（蓝色），不确定（黄色）

利用社会感知手段开展旅游领域的应用同样可以从人和地两个维度展开。从人的角度，可以分析游客在旅游目的地的行为特征，如移动/活动、情感认知等，并进而分析其与游客自身特征（年龄、性别、客源地等）以及旅游目的地之间的关系；而从地的角度，可以分析旅游目的地的空间组织结构，景点的特征，景点间的相互关系等。通常，前者有助于旅游产品个性化推荐，后者则可以支持旅游管理部门提升服务。

8.4.1 游客移动模式分析

在游客行为分析中，移动模式是一个重要的研究议题。它是指游客离开常居地后，在各目的地城市旅游的时空轨迹呈现的特定移动规律。从旅游行程中提取的移动模式能够帮助旅游管理者更好地了解游客的决策行为、消费习惯及旅游偏好，甚至可以基于用户偏好的移动模式来调整营销策略，推出旅行产品，推荐热门线路（孙奇等，2021）。

有关旅游移动模式的理论研究已经比较成熟。Mercer（1970）首次定义旅游流的概念；Lue 等（1993）对旅游路线的空间模式进行了系统分析，并划分为单目的地模式、往返模式、基营模式、区域环游模式和完全环游模式五种；根据提出者的姓氏（Lue，Crompton，Fesenmaier），Stewart 等（2002）将这一模式体系称为 LCF 模型；Oppermann（1995）将旅游移动模式划分为七种，包括两种单目的地模式和五种多目的地模式；Flognfeldt Jr（1999）通过研究七年的游客出行数据，将旅游移动模式划分为一日游、度假游、基营游和观光游四种类型；Lew 和 McKercher（2006）定义了三种目的地城市内部的移动模式：点点模式、环状模式和复杂模式；Tussyadiah 等（2006）开发了兰卡斯特（Lancaster）模型来解释多目的地旅行套餐的最佳组合。

社交媒体数据具有时空标记，尽管时间分辨率较低，但是考虑到游客具有分享旅游行为的偏好，因此可以相对完整地刻画游客轨迹，提取移动模式。Sun 等（2021）利用新浪微博中带有位置的数据，分析苏州市相关的游客移动模式。选择苏州是因为它是著名的旅游城市，以其独特的园林景观被誉为“中国园林之城”。根据旅游的定义以及社交媒体的稀疏性特征，研究选择符合以下三个条件的用户作为研究对象：①非苏州市居民；②在常居城市至少发布 50 条微博；③在出行过程中至少到达过一个景区。

基于微博数据，孙奇等（2021）选择出现频次超过 25 次的出行作为频繁模式，识别出 36 种旅游移动模式。根据 LCF 模型，按照拓扑结构特征，可以将 36

种旅游移动模式分为五类（图 8-12）。其中不同类别、模式的含义如下。

第 1 类（模式 1）：单一目的地模式。该模式是最简单的一种旅游移动模式，仅由常居城市和单个目的地城市组成，是苏州旅游行为的主导模式，占总数的 76.62%。

第 2 类（模式 2 和 3）：往返模式。该模式在路径上具有往返特性，第一个目的地城市通常具有交通枢纽的功能，从常居城市到第一个目的地的距离一般较远，而目的地城市之间的距离较短。

第 3 类（模式 4）：基营模式。该模式的特点是以一个目的地城市为基地，将游客的常居城市与其他几个目的地城市连接起来，整体上呈放射状。基营模式通常出现在经济不发达地区，游客需要选择区域中接待要素聚集的相对发达的城市作为基地，因此在苏州市所处的长三角地区，该模式数量很少。

第 4 类（模式 5 ~ 10）：区域旅游模式。该模式的特点是门户目的地（游客离开常居城市后到达的第一个目的地）和离开目的地（游客返回常居城市之前到达的最后一个目的地）是同一个城市，称为枢纽目的地。其他目的地和枢纽目的地形成一个单向环路。通常，枢纽目的地是本地区交通最便利、经济最发达的城市（如长三角地区的上海市）。

第 5 类（模式 11 ~ 36）：完全环游模式。该模式的特点是门户目的地和离开目的地是不同的城市，且所有目的地大致形成一个单向环路。实验结果中多目的地城市的旅游行为大多属于该模式，表现出更多的形态，大致分为单环型、单环+支路型和双环型三个亚型。单环型（模式 11 ~ 15、18、24、31 和 33 ~ 36）对应 LCF 模型中的简单单环类型，目的地城市之间可能出现往返现象（模式 12、14 和 15）。单环+支路型（模式 16、17、19、20、23、25、26、28、30 和 32）是简单单环型与往返模式和基营模式相结合，在完全环游的过程中，游客以其中一个目的地为城市基地，到达另一个独立目的地城市后返回，继续完成环游。双环型（模式 21、22、27 和 29）是区域环游模式与完全环游模式相结合，游客在一条大型环路上进行局部环游。

8.4.2 旅游目的地空间特征分析

旅游目的地是旅游要素（吸引物和旅游服务设施）聚集的空间载体，具有明确的旅游主题，在功能上能够满足游客的综合需求。社会感知由人及地的研究

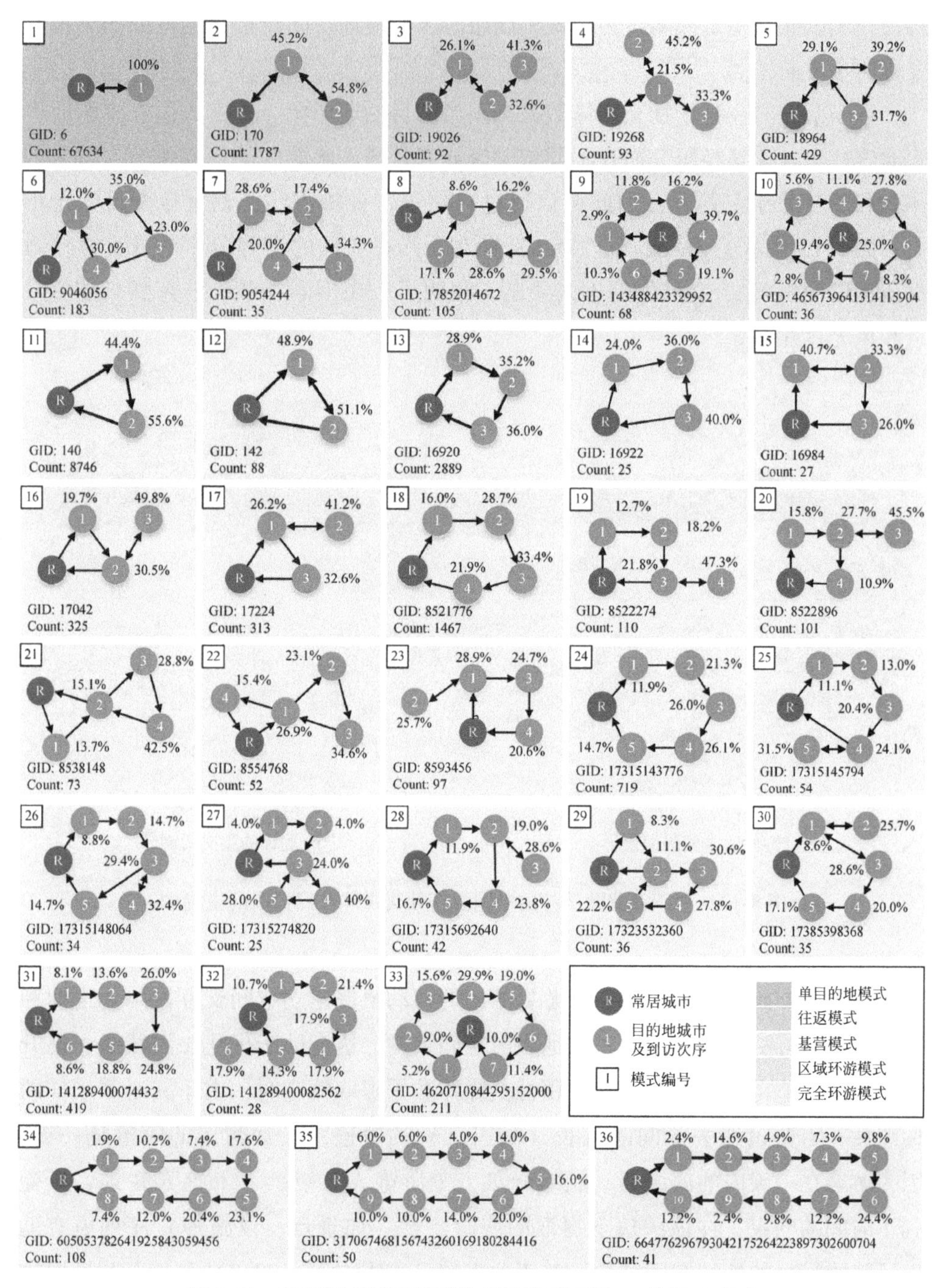

图 8-12　基于苏州游客微博数据提取的五类 36 种移动模式

GID 为模式编号；Count 为每个模式中游客的数量

路径，可以支持基于人的行为模式刻画旅游区的地理空间特征。这方面的工作主要有两个方向。

第一个方向，基于社交媒体数据刻画旅游目的地形象。由于人们在旅游时喜欢通过社交分享其经历，而在不同旅游区或者是同一旅游区的不同季节，游客的体验和感受都存在差异，因此可以通过自然语言分析方法，刻画旅游目的地形象。图 8-13 展示了 Zheng 等（2021）针对中国在北欧的游客分享的社交媒体数据所提取的一年 12 个月份的不同主题，很明显，在不同季节，游客感兴趣的景点和风光存在差异。

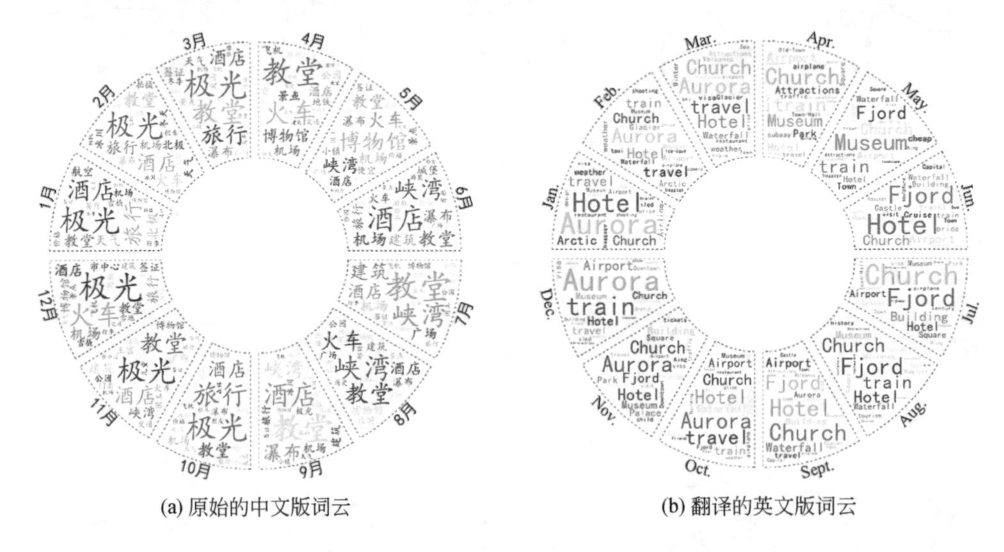

(a) 原始的中文版词云　　(b) 翻译的英文版词云

图 8-13　基于在北欧旅游的中国游客社交媒体数据提取的主题词

第二个方向，针对游客在旅游目的地的移动轨迹建立空间交互网络，进而利用社区发现方法，揭示旅游目的地内的空间结构。这有助于优化旅游线路，提升服务质量。值得指出的是，当采用社交媒体数据提取轨迹时，由于其时间采样的稀疏性，需要过滤去除间隔太长（如三天）的轨迹，通常筛选的阈值是一天，因为游客在一天内的旅游活动组织（如上午游览 A 景点，下午游览 B 景点）受到了时间的约束，在该阈值下提取的旅游要素（如景点、设施等）序列更有助于反映旅游目的地的空间结构。基于此思路，王雯夫等（2019）利用苏州微博数据，提取了旅游要素聚集的空间区域，即旅游区。在该研究中，为获取地理单元，基于规则网格方法，对目的地城市进行空间划分，每个网格（地理单元）

的尺寸是 500m×500m，并基于旅游时空行为中每一日的活动构建网格间的边。通过使用社区发现算法提取旅游区，即网格联系紧密的为同一旅游区，联系松散的为不同旅游区。

根据社区发现算法，发现了苏州市的七个主要旅游区，即古城旅游区、金鸡湖旅游区、高新区旅游区、太湖旅游区、古镇旅游区、阳澄湖旅游区、沿长江旅游区［图 8-14（a）］。根据《苏州市旅游发展总体规划（2009—2020）》，苏州市的旅游区结构是“一核一带三区”［图 8-14（b）］。“一核”是主城区旅游发展极核心区，包括古城、工业园区和高新区三部分。“一带”是沿江休闲旅游带，主要包括张家港—常熟—太仓一线的沿长江地区。“三区”是环太湖休闲度假旅游区、中部湖荡生态休闲旅游区和南部水乡古镇观光休闲旅游区。通过对比发现，计算得出的旅游区与苏州市的旅游规划的结构基本上一致，从而印证了社区发现算法的合理性以及苏州市旅游发展规划的科学性。

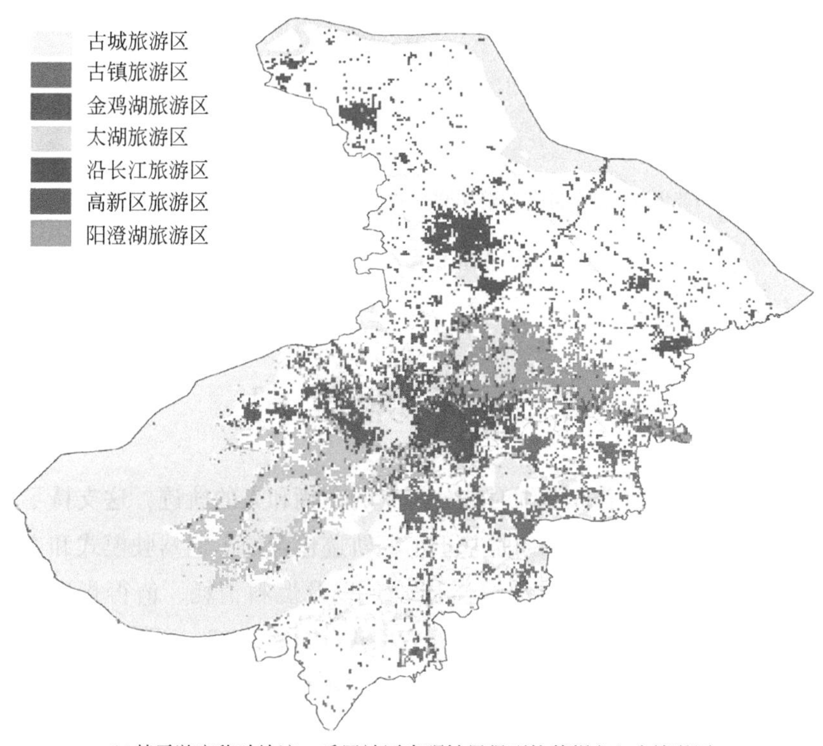

(a)基于游客移动轨迹，采用社区发现结果得到的苏州市七个旅游区

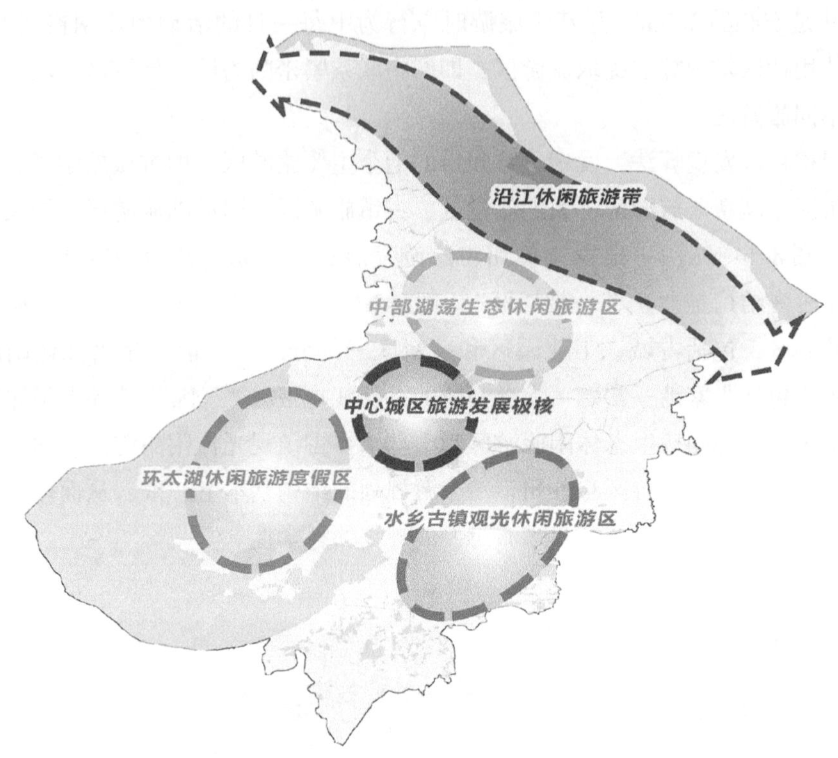

(b)《苏州市旅游发展总体规划(2009—2020)》确定苏州市的旅游区结构

图 8-14　苏州市旅游区的空间结构

8.5 环境应用

社会感知数据可以获取精细时空分辨率的车辆和人的轨迹，这支持了城市环境应用的两个方向：第一个方向是基于车辆轨迹包含的车辆驾驶模式和交通状态信息，估计机动车的污染物排放（碳排放）以及燃料消耗，值得指出的是，这个方向也涵盖了机动车导致的噪声污染（Cai et al.，2015）；第二方向则是根据人的时空轨迹，结合污染物（如 $PM_{2.5}$）浓度的时空分布数据，度量个体粒度的污染暴露情况。

8.5.1 交通排放估计

车辆排放的污染量主要取决于车辆的技术规格和移动参数（Bektaş and Laporte，2011），Gühnemann 等（2004）较早就使用轨迹数据来估计城市规模的宏观污染物排放。在各类车辆轨迹数据中，出租车在城市公共交通系统中发挥着重要作用，在城市交通流量中占较大份额，因此出租车轨迹数据已成为监测交通和估算油耗与排放的热门数据源。为了处理车辆轨迹数据通常分辨率较低的问题，一些研究根据轨迹的平均速度分析油耗和排放，包括油耗和排放模式（Shang et al.，2014；Kan et al.，2018）、与出行模式相关的燃料消耗和排放（Luo et al.，2017）以及与出行目的相关的排放（Zhao et al.，2017）。在这些研究中，可以获得车辆的平均速度，但无法获得车辆行驶模式的特定参数，例如速度变化和加速度，导致这些研究中只能进行粗粒度的估计。

一些研究已经揭示了车速变化对油耗和排放量的影响。例如，Frey 等（2003）发现，在加速期间，车辆烃和 CO_2 的平均排放量是怠速时的 5 倍，NO 和 CO 的平均排放量则高达 10 倍，因此，需要更详细的车辆轨迹参数，例如逐秒粒度的速度或加速度，以生成准确的污染物排放估计。Yang 等（2011）和 Sun 等（2015）试图从模拟的轨迹数据中恢复车辆的驾驶状态，以便使用微观模型来估算细粒度的燃料消耗和排放。Nyhan 等（2016）利用间隔不到 5s 的 GPS 数据，根据加速度估算新加坡出租车的排放。Kan 等（2018）则利用车辆轨迹，区分了其中的冷启动阶段和热阶段，从而对单个轨迹和道路网络的燃料消耗和排放进行了精细的估计。在碳排放方面，Liu 等（2019）应用出租汽车 GPS 跟踪和车牌识别数据重建车辆排放特性。Mateo Pla 等（2021）则发展了一种自下而上的方法，在城市规模上量化道路交通的温室气体排放。Zhou 等（2022）建立了一种基于机动车轨迹的道路交通碳排放核算模型，获得了高时空分辨率的道路交通碳排放清单，并分析了碳排放的时空特征。在模型计算中，首先利用机动车轨迹里程和机动车碳排放因子，计算了各条道路交通碳排放，以二氧化碳当量表示；然后将研究区划分为 50m×50m 网格，对道路交通碳排放进行网格分配，并分析碳排放时空特征（图 8-15）。

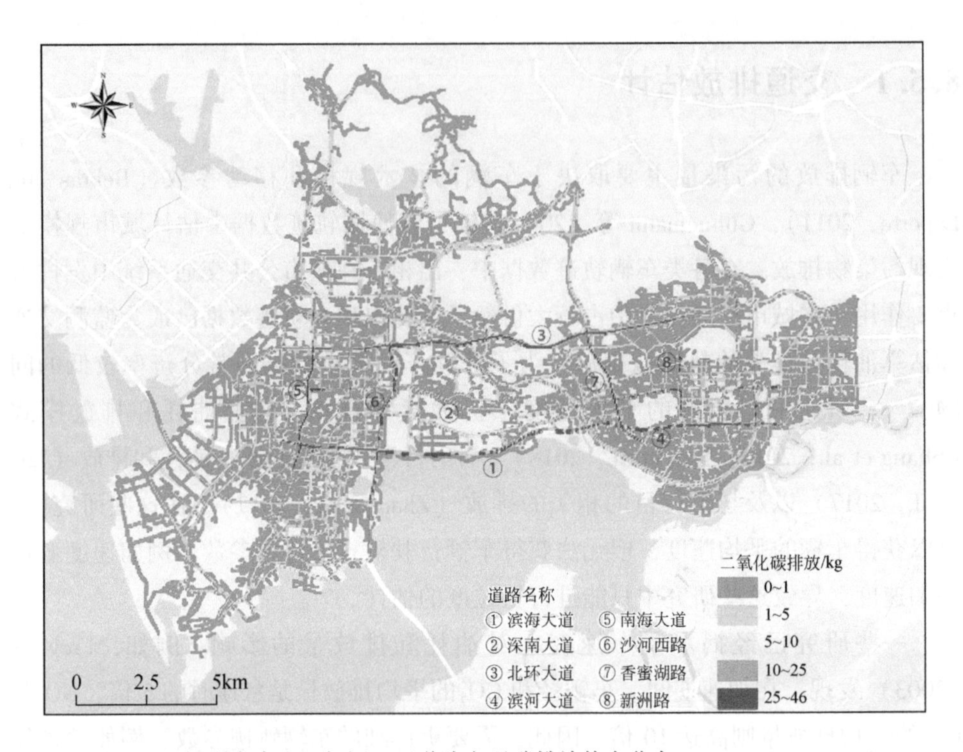

图 8-15　深圳市南山区与福田区道路交通碳排放热点分布（Zhou et al.，2022）

8.5.2　个体暴露分析

基于精细时空分辨率的污染物分布，进而结合轨迹数据，可以估计个体粒度的污染物暴露量，从而可以探讨暴露量和健康之间的关系。此外，许多研究发现边缘社会群体（如贫困人群、黑人和儿童）为恶劣的环境状况承受了更大的负担，因此污染暴露也是环境公正的重要研究议题（马静等，2017）。

近年来，已有学者借助于轨迹数据，从微观层面研究基于交通出行的居民空气污染暴露的群体差异（Gulliver and Briggs，2005；Kaur et al.，2007）。这些轨迹数据，既可以采用小样本调查方式，即向被试者发放便携 GPS 设备并请他们记录移动路径，也可以采用大数据社会感知方式获取。例如，Huang 等（2012）基于通勤者经常使用的两条固定线路，利用便携 $PM_{2.5}$ 实时监测仪，对不同交通方式在早晚高峰时段以及中午时段的空气污染指数进行 18 天的监测，从微观层面研究不同居民基于交通出行的空气污染暴露的社会差异。结果显示，使用出租车方式进行通勤的居民其空气污染暴露度要显著低于采用公共汽车和自行车通勤的居民。如果同时考虑空气污染物吸入率和出行时间，使用自行车方式出行的居民其空气污染暴露总量为最大。此外，Tsai 等（2008）通过数名志愿者携带专业微粒质谱仪对台北地区不同通勤方式进行多时段实时监测，显示不同交通方式的空气污染指数具有显著差异，小汽车最低。长时间通勤也是影响使用公共交通方式出行的居民空气污染暴露总量较大的重要因素之一。Tao 等（2021）利用包括配备 GPS 的活动旅行日记、空气污染物和噪声传感器及生态瞬时评估（ecological momentary assessment，EMA），从北京的居民样本中收集实时数据研究个体粒度的污染暴露情况。结果表明，在考虑了个体迁移率和这两种环境污染的时空动态之后，$PM_{2.5}$与噪声暴露之间存在较小的相关性。此外，考虑到不显著的独立作用和噪声暴露的弱化作用，瞬时心理压力与暴露于 $PM_{2.5}$更密切相关。研究划定了三种涉及共同暴露健康风险的时空背景，包括早高峰和公共交通出行时段，由于暴露于空气污染和噪声共同导致压力加剧；在工作场所，由于工作压力，能够缓解两种暴露的影响；晚上在家中，空气污染导致压力，而社会噪声则有助于缓解压力。在环境公正方面，郭文伯等（2015）利用 2010 年北京两个典型郊区社区居民出行的 GPS 数据和活动日志调查数据，测度了不同交通方式环境下居民日常出行所受到的空气污染暴露度，并分析了不同人群对于 $PM_{2.5}$空气污染暴露度的差异性。研究结果表明，不同社会群体的空气污染暴露度存在显著差异，而中低收入群体的出行空气污染暴露量要高于高收入群体。

在污染物个体暴露分析中，有一个议题是 Kwan（2018）提出的邻域效应平均现象（neighborhood effect averaging problem，NEAP）。简单来说，就是假定有两个城市居民 A 和 B，他们分别居住于城市空气质量较好和较差的区域，如果仅基于其住所估计其污染暴露量，则差别较大。但是，考虑到他们日常都会在城市中移动，这样 A 会访问空气质量较差的区域，而 B 的活动空间也会覆盖空气质量较好的区域，从而起到一种“平均效应”，使二者的暴露量差别没有那么大。Dewulf 等（2016）在比利时的一项研究发现，当考虑到日常移动性时，基于居住地计算得到的低 NO_2暴露度用户，其暴露量会高出 54.5%；反之，基于居住地计算得到的高 NO_2暴露度用户，暴露量则降低 33.1%。中国的另一项研究（Yu et al.，2018）发现，基于居住地的对 6 种空气污染物（CO、

NO_2、SO_2、O_3、$PM_{2.5}$和碳）的暴露量估计往往偏高或偏低。因此他们发现，基于移动轨迹的方法的最高和最低以及第 5 和第 95 百分位数之间的暴露量的范围小于基于居住地的方法，这表明，考虑到人的流动性时，个人暴露量的变化性相对较低。

8.6 小　　结

社会感知有助于研究者探讨人的行为模式与地理环境之间的关系，并从多个侧面支持不同类型的应用。本章选择城市规划、交通管理、公共卫生、旅游、环境等五个领域，阐述了社会感知在其中的应用。城市是社会感知数据产生最为集中的区域，也是相关应用最多的领域，本章着重介绍了基于公众感知反馈城市规划和运行中的问题这一类应用，它可以直接服务于城市管理部门。不同类型的社会感知数据都可以提取个体粒度的轨迹，当关注起讫点时，可以构建空间交互网络，从而帮助理解城市或区域结构，而精细的轨迹数据则在交通领域有着更广泛的应用，基于浮动车轨迹，可以提取路面交通状况、更新交通网络、识别不安全驾驶行为及环境等。在公共卫生领域，社会感知数据更是应用广泛，从医疗资源供给的角度，可以分析就医便捷程度，而在流行病研究中，可以基于社交媒体数据识别疾病的暴发，并结合移动轨迹数据，模拟预测传染病的蔓延，从而支持疫情防控。旅游是一类特殊的时空行为，由于人们喜欢通过社交分享旅游经历，社会感知手段在旅游中应用广泛。同样，相关研究可以分别从人的旅游行为模式和旅游目的地形象及空间结构两个层面开展，这可以支持面向游客的景点推荐、旅游线路规划，以及面向管理部门的旅游空间优化。最后，社会感知数据可以获取精细时空分辨率的车辆和人的轨迹，从而支持机动车相关的污染物排放精细估计，以及根据人的时空轨迹度量个体粒度的污染暴露情况，这是利用社会感知手段，刻画和理解城市空间复杂“人的行为—物质环境”耦合关系的重要研究方向。

参考文献

郭文伯，张艳，柴彦威．2015．城市居民出行的空气污染暴露测度及其影响机制：北京市郊区社区的案例分析．地理研究，34（7）：1310-1318.

刘瑜，詹朝晖，朱递，等．2018．集成多源地理大数据感知城市空间分异格局．武汉大学学报

（信息科学版），43（3）：327-335.
马静，柴彦威，符婷婷．2017. 居民时空行为与环境污染暴露对健康影响的研究进展．地理科学进展，36（10）：1260-1269.
裴韬，王席，宋辞，等．2021. COVID-19疫情时空分析与建模研究进展．地球信息科学学报，23（2）：188-210.
彭晓，梁艳，许立言，等．2020. 基于“12345”市民服务热线的城市公共管理问题挖掘与治理优化途径．北京大学学报自然科学版，56（4）：721-731.
孙奇，张毅，赵鹏飞，等．2021. 基于社交媒体数据的旅游移动模式提取．北京大学学报自然科学版，57（5）：885-893.
唐炉亮，赵紫龙，杨雪，等．2022. 大数据环境下道路场景高时空分辨率众包感知方法．测绘学报，51（6）：1070-1090.
王雯夫，陈子豪，孙奇，等．2019. 基于社交媒体的城市旅游区特征分析——以苏州市为例．北京大学学报自然科学版，55（3）：473-481.
杨伟，艾廷华．2016. 基于车辆轨迹大数据的道路网更新方法研究．计算机研究与发展，53（12）：2681-2693.
尹凌，刘康，张浩，等．2021. 耦合人群移动的COVID-19传染病模型研究进展．地球信息科学学报，23（11）：1894-1909.
Allen C, Tsou M-H, Aslam A, et al. 2016. Applying GIS and machine learning methods to Twitter data for multiscale surveillance of influenza. PLoS ONE, 11 (7): e0157734.
Aslam A A, Tsou M-H, Spitzberg B H, et al. 2014. The reliability of Tweets as a supplementary method of seasonal influenza surveillance. Journal of Medical Internet Research, 16 (11): e250.
Bektaş T, Laporte G. 2011. The pollution-routing problem. Transportation Research Part B: Methodological, 45 (8): 1232-1250.
Bian L. 2004. A conceptual framework for an individual-based spatially explicit epidemiological model. Environment and Planning B: Planning and Design, 31: 381-395.
Butler D. 2013. When Google got flu wrong. Nature, 494 (7436): 155-156.
Cai M, Zou J, Xie J, et al. 2015. Monitoring traffic and emissions by floating car data. Applied Acoustics, 87: 94-102.
Dewulf B, Neutens T, Lefebvre W, et al. 2016. Dynamic assessment of exposure to air pollution using mobile phone data. International Journal of Health Geographics, 15: 14.
Flognfeldt Jr T. 1999. Traveler geographic origin and market segmentation: the multi trips destination case. Journal of Travel & Tourism Marketing, 8 (1): 111-124.

Frey H C, Unal A, Rouphail N M, et al. 2003. On-road measurement of vehicle tailpipe emissions using a portable instrument. Journal of the Air and Waste Management Association, 53: 992-1002.

Frias-Martinez E, Williamson G, Frias-Martinez V. 2011. An agent-based model of epidemic spread using human mobility and social network information.

Ginsberg J, Mohebbi M H, Patel R S, et al. 2009. Detecting influenza epidemics using search engine query data. Nature, 457 (7232): 1012-1014.

Gulliver J, Briggs D J. 2005. Time-space modeling of journey time exposure to traffic-related air pollution using GIS. Environmental Research, 97 (1): 10-25.

Gühnemann A, Schäfer R-P, Thiessenhusen K-U, et al. 2004. Monitoring Traffic and Emissions by Floating Car Data. Working paper: ITS-WP-04-07, Institute of Transport Studies, The Australian Key Centre in Transport Management.

Han S. Wang J. 2012. Integrated GPS/INS navigation system with dual-rate Kalman filter. GPS Solutions, 16 (3): 389-404.

Huang J, Deng F R, Wu S W, et al. 2012. Comparisons of personal exposure to PM2.5 and CO by different commuting modes in Beijing, China. Science of the Total Environment, 425: 52-59.

Kan Z, Tang L, Kwan M-P, et al. 2018. Fine-grained analysis on fuel-consumption and emission from vehicles trace. Journal of Cleaner Production. 203: 340-352.

Kaur S, Nieuwenhuijsen M J, Colvile R N. 2007. Fine particulate matter and carbon monoxide exposure concentrations in urban street transport microenvironments. Atmospheric Environment, 41 (23): 4781-4810.

Kong X, Liu Y, Wang Y, et al. 2017. Investigating public facility characteristics from a spatial interaction perspective: A case study of Beijing hospitals using taxi data. ISPRS International Journal of Geo-Information, 6 (2): 38.

Kwan M-P. 2018. The neighborhood effect averaging problem (NEAP): An elusive confounder of the neighborhood effect. International Journal of Environmental Research and Public Health, 15 (9): 1841.

Lazer D, Kennedy R, King G, et al. 2014. The parable of google flu: Traps in big data analysis. Science, 343 (6176): 1203-1205.

Lee W C, Krumm J. 2011. Trajectory preprocessing//Zheng Y, Zhou X. Computing with Spatial Trajectories. New York: Springer.

Lew A, McKercher B. 2006. Modeling tourist movements: A local destination analysis. Annals of Tourism Research, 33 (2): 403-423.

Li R, Wang W, Di Z. 2017. Effects of human dynamics on epidemic spreading in Côte d' Ivoire. Physica A: Statistical Mechanics and its Applications, 467: 30-40.

Liu J, Han K, Chen X M, et al. 2019. Spatial-temporal inference of urban traffic emissions based on taxi trajectories and multi- source urban data. Transportation Research Part C: Emerging Technologies, 106: 145-165.

Lue C C, Crompton J L, Fesenmaier D R. 1993. Conceptualization of multi- destination pleasure trips. Annals of Tourism Research, 20 (2): 289-301.

Luo X, Dong L, Dou Y, et al. 2017. Analysis on spatial-temporal features of taxis' emissions from big data informed travel patterns: A case of Shanghai, China. Journal of Cleaner Production, 142 (2): 926-935.

Mateo Pla M A, Lorenzo-Sáez E, Luzuriaga J E et al. 2021. From traffic data to GHG emissions: A novel bottom- up methodology and its application to Valencia city. Sustainable Cities and Society, 66: 102643.

Mercer D C. 1970. The geography of leisure – a contemporary growth- point. Geography, 55 (3): 261-273.

Nyhan M, Sobolevsky S, Kang C, et al. 2016. Predicting vehicular emissions in high spatial resolution using pervasively measured transportation data and microscopic emissions model. Atmospheric Environment, 140: 352-363.

Oppermann M. 1995. A model of travel itineraries. Journal of Travel Research, 33 (4): 57-61.

Peng X, Li Y, Si Y, et al. 2022. A social sensing approach for everyday urban problem- handling with the 12345-complaint hotline data. Computers, Environment and Urban Systems, 94: 101790.

Shang J, Zheng Y, Tong W, et al. 2014. Inferring gas consumption and pollution emission of vehicles throughout a city. New York: The 20th ACM SIGKDD International Conference on Knowledge Discovery and Data Mining.

Stewart S I, Vogt C A. 2002. Multi-destination trip patterns. Annals of Tourism Research, 24 (2): 458-461.

Sun Z, Hao P, Ban X J, et al. 2015. Trajectory- based vehicle energy/emissions estimation for signalized arterials using mobile sensing data. Transportation Research Part D: Transport and Environment, 34: 27-40.

Tang L, Yang X, Kan Z, et al. 2015. Lane- level road information mining from vehicle GPS trajectories based on naive Bayesian classification. ISPRS International Journal of Geo-Information, 4 (4): 2660-2680.

Tao Y, Kou L, Chai Y, et al. 2021. Associations of co-exposures to air pollution and noise with psychological stress in space and time: A case study in Beijing, China. Environmental Research, 196: 110399.

Tsai D H, Wu Y J, Chan C C. 2008. Comparisons of commuter's exposure to particulate matters while using different transportation modes. Science of the Total Environment, 405 (1-3): 71-77.

Tussyadiah I P, Kono T, Morisugi H. 2006. A model of multidestination travel: Implications for marketing strategies. Journal of Travel Research, 44 (4): 407-417.

Wang C, Wang F, Onega T. 2021. Spatial behavior of cancer care utilization in distance decay in the Northeast region of the U. S. Travel Behaviour and Society, 24: 291-302.

Wang J, Rui X, Song X, et al. 2015. A novel approach for generating routable road maps from vehicle GPS traces. International Journal of Geographical Information Science, 29 (1): 69-91.

Wang X, Chen J, Pei T, et al. 2021. I-index for quantifying an urban location's irreplaceability. Computers, Environment and Urban Systems, 90: 101711.

Wang Y, Tong D, Li W, et al. 2019. Optimizing the spatial relocation of hospitals to reduce urban traffic congestion: A case study of Beijing. Transactions in GIS, 23 (2): 365-386.

Wesolowski A, Eagle N, Tatem A J, et al. 2012. Quantifying the impact of human mobility on malaria. Science, 338 (6104): 267-270.

Wesolowski A, Qureshi T, Boni M F, et al. 2015. Impact of human mobility on the emergence of dengue epidemics in Pakistan. Proceedings of the National Academy of Sciences of the United States of America, 112 (38): 11887-11892.

Yang Q, Boriboonsomsin K, Barth M. 2011. Arterial roadway energy/emissions estimation using modal-based trajectory reconstruction. Washington DC, USA: IEEE International Conference on Intelligent Transportation Systems (ITSC 2011).

Yao Y, Zhao X, Zhang Y, et al. 2020. Modeling of individual vehicle safety and fuel consumption under comprehensive external conditions. Transportation Research Part D, 79: 102224.

Yin L, Zhang H, Li Y, et al. 2021. A data driven agent-based model that recommends non-pharmaceutical interventions to suppress Coronavirus disease 2019 resurgence in megacities. Journal of the Royal Society Interface, 18 (181): 20210112.

Yu H, Russell A, Mulholland J, et al. 2018. Using cell phone location to assess misclassification errors in air pollution exposure estimation. Environmental Pollution, 233: 261-266.

Yu W, Mao Q, Yang S, et al. 2017. Social sensing: The necessary component of planning support system for smart city in the era of big data//Geertman S, Allan A, Peltit C, et al. Proceedings of the 15th International Conference on Computers in Urban Planning and Urban Management, Lecture Notes in Geoinformation and Cartography. Berlin: Springer.

Zhao P, Kwan M, Qin K. 2017. Uncovering the spatiotemporal patterns of CO_2 emissions by taxis based on individuals' daily travel. Journal of Transport Geography, 62: 122-135.

Zheng Y, Mou N, Zhang L, et al. 2021. Chinese tourists in Nordic countries: An analysis of spatio-temporal behavior using geo-located travel blog data. Computers, Environment and Urban Systems, 85: 101561.

Zhou X, Wang H, Huang Z, et al. 2022. Identifying spatiotemporal characteristics and driving factors for road traffic CO_2 emissions. Science of the Total Environment, 834: 155270.

第9章　总结和展望

9.1　总　　结

信息通信技术的飞速发展，使得人类社会进入到大数据时代。其中许多类型的大数据，如手机信令、出租车轨迹等，由于具有个体粒度的时空标记信息，为地理学研究提供了有力的支撑。因此我们提出了社会感知这一概念，刻画了地理大数据所独有的“由人及地”的感知能力。

图9-1展示了社会感知相关的研究内容，这也是本书的组织结构。大数据可以从人的移动和活动、社交关系等方面刻画人的时空间行为特征（第3章）。进而，基于海量人群的行为模式挖掘，可以分别感知场所语义（第4章）、空间交互（第5章）及地理过程（第6章）。这三个方面递进式地刻画了地理空间环境的不同特征，其中，场所是表达地理分异格局的基础，可以表征为一个一阶场：$y=f(x)$；交互是刻画地理空间结构的关键，可以表征为一个二阶场：$y=f(x_1, x_2)$；场所之间的差异是交互的基础，交互会消弭或增强场所间的差异；场所的一阶属性和二阶交互共同帮助我们理解不同尺度地理空间，如城市、区域、国家、全球等；最后，不论是场所的一阶属性还是二阶交互都随时间演化，表达了不同的地理过程，如潮汐通勤、城市扩展、区域发展等。

社会感知基于人的行为模式，感知地理环境的社会经济方面的特征。正如本书一直强调的，考虑的地理空间既包括人文要素，也包括自然要素，因此集成社会感知和遥感有助于更全面地认识地理空间。第7章以夜光遥感、高空间分辨率遥感、街景影像三种数据为例，介绍了如何集成这两类数据源。社会感知有着广泛的应用，尤其是在城市有关并顾及人的行为模式的领域中，更能发挥价值。因此，本书第8章选择了城市管理、交通、公共卫生、旅游、环境等五个领域，介绍了社会感知的应用。

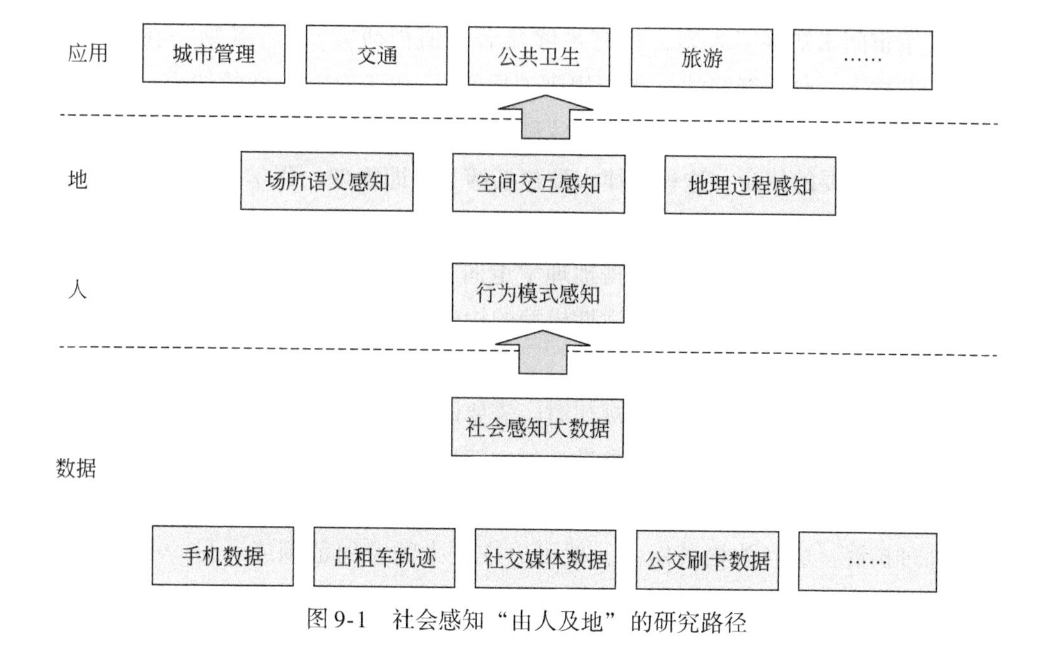

图 9-1 社会感知“由人及地”的研究路径

9.2 展 望

地理大数据的研究和应用方兴未艾，在新的信息技术的支持下，作为一个技术驱动的概念，社会感知的应用外延必将进一步拓展。本书主要介绍了目前常用的手机信令、社交媒体等数据类型。面向未来，视频数据、物联网数据、室内定位与导航数据等必将在地理信息科学方法研究和应用中扮演重要角色，从感知时空尺度和语义维度等不同角度拓展社会感知的边界。

从分析方法上看，人工智能（artificial intelligence，AI）技术已经改变并且必将更为深刻地改变几乎所有学科的面貌。例如，人工智能已经可以帮助科学家自动发现科学规律，提取科学知识（Granda et al.，2018；Iten et al.，2020），从而出现了“AI for Science”这一概念。对于地理学而言，这一趋势也不例外（Liu，2022）。因此，社会感知手段结合人工智能技术，必将在地理科学研究及地理知识发现中扮演重要的角色。

科学研究的核心使命之一是探索未知，而“未知”大致可以分为两类，即未知的事实和未知的机理和规律，前者源于人类对于世界的好奇心，后者源于对世界运行至简至真机理的追求。因此，评估一项研究成果的高下，前者的标准是显著（宇宙间未知事实太多，只有足够显著才值得研究），后者则是在“不错误”的前提下，尽可能简洁（奥卡姆剃刀原则）。由于时空尺度的约束，地理学研究未知事实的显著度弱于相邻的地球科学其他学科。因此对于规律的探求是地理学研究更重要的使命。这种规律大致包括两类，即物理、化学、生物等层面的机理规律，以及唯像规律（刘瑜等，2022）。机理规律从某种程度上造成了不同部门地理学之间的割裂，甚至使得地理学走向“空心化”。唯像规律则由于地理异质性的存在，阻碍了一般的普适性模型的构建，其中的讨论可以追溯到“舍费尔—哈特向之争”。

因此，当我们讨论一条地理规律时，需要同时确定其谓词的泛化性，以及适用的空间范围和相应的空间配置参数，如空间划分方式和空间语境。同样，当讨论地理发现的可再现性时，需要考虑对于规律的扩展和泛化。一条严格的规律，如果通过扩展，适当放松其定义，就可以在更大的空间范围或者另一个场所再现，这可以称为一种“弱可复现性”（Goodchild and Li，2021）。

针对以上地理规律的特点，我们需要在 AI 支持下，构建一条以社会感知大数据为主，辅之以其他传统地理数据的“数据驱动”知识发现路径，其中的理论关键在于如何处理地理异质性（甚至包括人群异质性）和一般规律性之间的折中，从而强化地理学的学科基础。在应用层面，未来地理空间人工智能支持下的社会感知研究，将致力于突破人地耦合复杂巨系统理解、模拟、优化等瓶颈，助力解决全球气候变化、环境污染、经济发展等人类社会面临的大挑战。

参考文献

刘瑜，郭浩，李海峰，等．2022. 从地理规律到地理空间人工智能．测绘学报，51（6）：1062-1069.

Goodchild M F，Li W. 2021. Replication across space and time must be weak in the social and environmental sciences. Proceedings of the National Academy of Sciences of the United States of America，118（35）：e2015759118.

Granda J，Donina L，Dragone V，et al. 2018. Controlling an organic synthesis robot with machine learning to search for new reactivity. Nature，559：377-381.

Iten R，Metger T，Wilming H，et al. 2020. Discovering physical concepts with neural networks. Physical Review Letters，124：010508.

Liu Y. 2022. Core or edge? Revisiting GIScience from the geography-discipline perspective. Science China Earth Sciences，65（2）：387-390.